DISSERTATIONES BOTANICÆ

BAND 221

Samenanalytische Untersuchung der früh-jungsteinzeitlichen Seeufersiedlung EGOLZWIL 3

von

THOMAS BOLLINGER

Mit 5 Photos und zahlreichen Abbildungen und Tabellen

J. CRAMER

in der Gebrüder Borntraeger Verlagsbuchhandlung

BERLIN · STUTTGART 1994

Anschrift des Verfassers:

Dr. Thomas Bollinger
c/o Botanisches Institut der
Universität Basel
Labor für Archäobotanik
Schönbeinstrasse 6
CH-4056 Basel

Printed in Germany by strauss offsetdruck gmbh, D-69509 Mörlenbach
ISBN 3-443-64133-4

Vorwort und Dank

Ab Herbst 1986, im Anschluss an den zweiten Teil der Ausgrabungskampagne des Schweizerischen Landesmuseums in Egolzwil/LU - im Auftrag der WIGGERTALER HEIMATVEREINIGUNG - wurde mir die Möglichkeit geboten, das geborgene Material zu dokumentieren und als Dissertation archäobotanisch zu bearbeiten.
Frau PD Dr. S. Jacomet hat mich in den 4 1/2 Jahren dieser Arbeit immer wieder beraten und unterstützt: Ihr und Herrn Prof. Dr. H. Zoller danke ich für diese Hilfen.

Den Herren Dres. R. Wyss und M. Höneisen, aber auch allen Mitarbeiterinnen und Mitarbeitern auf der Grabung, möchte ich für ihre Offenheit gegenüber meinen 'archäobotanischen' Wünschen und Vorschlägen meine Anerkennung aussprechen.
Im Botanischen Institut waren es vor allem die Herren Dres. Ch. Brombacher und M. Dick sowie die Angehörigen unserer archäobotanischen Arbeitsgruppe, die mir in vielen Gesprächen Ansätze für Problemlösungen aufzeigten. Frau F. Feigenwinter und meinen Eltern danke ich für die sehr sorgfältige Lektüre der Druckvorlagen.

Nicht unerwähnt sei auch meine Gastfamilie Ruth und Wilmar Eiholzer-Berenbold mit ihren beiden kleinen Buben in Egolzwil, deren Gastfreundschaft ich während beinahe fünf Monaten erleben durfte.

Meiner Familie und Freunden: herzlichen Dank für die kleinen, aber umso wichtigeren Unterstützungen und Aufmunterungen während der langen Arbeit.

Thomas Bollinger

Thomas Bollinger

4103 Bottmingen / BL, 23.12.1991

Die vorliegende, gedruckte Fassung entspricht - nach letzten Korrekturen, einigen Modifikationen und drucktechnischen Verbesserungen - in grossen Teilen der Dissertation, deren Original in der Universitätsbibliothek Basel/Schweiz eingesehen werden kann.

4103 Bottmingen / BL, 28.12.1993

Abstract

Egolzwil 3 is a locus typicus of a lakeshore settlement, dated about 4300 B.C cal., thus from the earliest neolithic period, in the central part (near Luzern) of Switzerland. An excavation team from the Swiss National Museum (Zürich) carried out investigations from 1985 to 1988.

125 different species of plants have been identified, among them four cereals: tree wheat species and barley (Triticum monococcum, T. dicoccum, T. aestivum/durum, Hordeum vulgare). In addition, oil plants: poppy (papaver somniferum) and linseed (linum usitatissimum), and peas (pisum sativum) were listed. Up to about 90% of all species have been of human use, as being food for men or animals, as well as for firewood, timber or medical purpose etc. The set of identified species fits rather well with other results known from lakeshore settlements of that ancient period.

The concentrations of grains within the cultural layers are very low, being disturbed by frequent inondations of the nearby small lake. On the other hand, the state of conservation of the organic deposits - grains and seeds - appears often to be excellent. The village seems having been abandoned by the settlers by unknown reasons, one of them might have been inondations, as there are many water plants to be found in almost all the sediments. There is no trace of fire or burning down of the settlement at all.

Anschrift des Verfassers :

Dr. Thomas Bollinger

via Botanisches Institut der Universität Basel

Labor für Archäobotanik

Schönbeinstrasse 6

CH - 4056 **Basel** / Schweiz

Inhaltsverzeichnis

Ergebnisse einer samenanalytischen Untersuchung aus der früh-jungsteinzeitlichen SEEUFER-SIEDLUNG EGOLZWIL 3

Kanton Luzern / Schweiz

A. Einleitung

1.1 Forschungsgeschichte

Bereits im letzten Jahrhundert wurden in der Schweiz im Rahmen von archäologischen Untersuchungen Sedimente auf ihren Gehalt an Samen und Früchten untersucht. Besondere Berühmtheit erlangte der Zürcher Forscher Oswald Heer, der sich eingehend mit den guterhaltenen, grösstenteils unverkohlten pflanzlichen Funden aus den sogenannten 'Pfahlbauten' im nordostschweizerischen Mittelland beschäftigte. Seine Forschungen widmete er in einem hervorragend illustrierten Werk 'Die Pflanzen der Pfahlbauten' (1865) der Zürcher Jugend.

Um die Jahrhundertwende bis in die 30-er Jahre waren es bedeutende Forscherpersönlichkeiten wie Neuweiler (1905) oder Bertsch (1932), die in heute noch beachteten Werken mit den damaligen Techniken wichtige Erkenntnisse zu Mensch und Umwelt in vorgeschichtlicher Zeit erschlossen. Die Archäobotanik oder Paläoethnobotanik war als ein eigenständiger Wissenschaftszweig, als eine Brücke zwischen Archäologie und Botanik entstanden. Pflanzenreste (Holz, Pollen, Samen und Früchte) als Zeugen menschlicher Aktivität ergänzen unser Wissen über die Vorzeit ebenso vortrefflich wie archäologische Artefakte, Keramik und Textilien.

Damit ergeben sich neue Aspekte zur Beziehung Mensch, Umwelt und Kultur. Einen Zugang zu den komplexen Erfassungs- und Aussagemöglichkeiten archäobotanischer Fragestellungen versucht Abbildung A 1 aufzuzeigen:

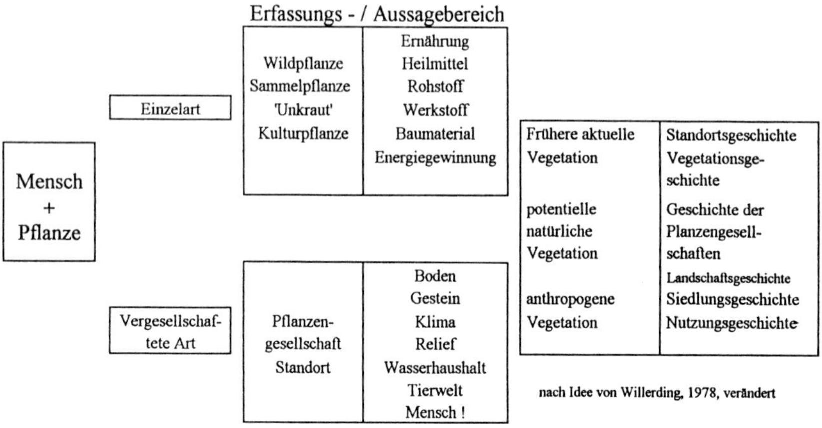

Abbildung **A1** : Erfassungs- und Aussagebereiche der Paläoethno- oder Archäobotanik

Unser Lebensraum, unsere Umwelt reagiert auf die wandelnden Kräfte verschiedenster biotischer und abiotischer Faktoren. Diese können wahrgenommen werden, z.B. als bodenbildende Faktoren bei der Verwitterung oder als zerstörende Kräfte bei der Erosion, sowie als Vegetationsveränderungen - respektive der Anpassung der Vegetation an sich ändernde Umweltbedingungen.

Grundsätzlich muss die Pflanzenwelt mit zwei unterschiedlichen Systemansätzen untersucht werden (siehe Abb. A 1); nämlich als

einzelne Art :	mit ihren Konkurrenzerscheinungen zu anderen Arten und ihren ökologischen Ansprüchen oder
vergesellschaftete Art :	als relationales System verschiedener Arten.

Gleichermassen ist auch der archäobotanische Aussagebereich 'zweigeteilt', je nachdem, ob Einzelarten oder Pflanzengesellschaften untersucht werden (Kap. 5 resp. 6-9). Die Abb. A 1 weist auf die unterschiedlichen *Erfassungs- und Aussagebereiche* archäologisch bearbeiteter Pflanzenreste hin. Die sinnvolle Kombination der Aussagen lässt - innerhalb gewisser Grenzen - anthropogene und natürliche Veränderungen des Raumes erkennbar werden. Besonders gute Resultate sind dabei bei Sedimenten aus Feuchtbodensiedlungen zu erwarten, da in diesem Falle weit mehr Arten als bei Trockenbodensiedlungen erhalten bleiben und nachweisbar sind.

Anders als in Deutschland oder in den Niederlanden wurde in der Schweiz dieser Forschungszweig bis vor fünfundzwanzig Jahren nicht mehr systematisch weiterentwickelt. Waren in den ersten archäobotanischen Arbeiten die morphologische und taxonomische Bestimmung der pflanzlichen Reste Schwerpunkte der Forschung - Vergleichssammlungen existierten damals noch nicht und mussten erst aufgebaut werden -, so hat sich das Gewicht in der modernen Forschung mehr zu systemhaften Fragestellungen verlagert.

In der Schweiz wurde die Archäobotanik vor 20 Jahren im Rahmen von Rettungsgrabungen im unteren Zürichseebecken neu "entdeckt". Wesentliche Impulse kamen dabei vom Zürcher Stadtarchäologen Dr. U. Ruoff und wurden vom damaligen Leiter des Botanischen Instituts der Universität Basel, Prof. Dr. H. Zoller und seinen Schülern aufgenommen. Die ersten Arbeiten galten vorwiegend der Pollenanalyse (=Mikrorest-Analyse; Heitz-Weniger 1976, 1977, 1978, Heitz, Jacomet & Zoller 1981, Hufschmid 1983). Seit 1976 arbeitete sich S. Jacomet in die Makrorest-Bearbeitung im Rahmen der Rettungsgrabung Zürich-Pressehaus Ringier ein (Jacomet 1980); eine kleine Arbeitsgruppe und weitere Publikationen entstanden: u.a. Twann (Jacomet & Bollinger 1981), Zürich-AKAD (Jacomet 1985), Zürich-Mythenschloss (Brombacher & Wagner 1985, publiziert in Jacomet, Brombacher & Dick 1989), Zürich-Mozartstrasse (Brombacher 1986, Dick 1988), Zürich-Kleiner Hafner (Jacomet 1987) und das schweizerische "Standardwerk" für Archäobotaniker: 'Archäobotanik am Zürichsee' (Jacomet, Brombacher & Dick 1989).

1.2 Stand der Forschung am Botanischen Institut in Basel

Waren es Mitte 70-er Jahre vor allem neolithische Seeufer-Siedlungen im Raum Zürich und später im westlichen Mittelland an den Jura-Fuss-Seen, so werden seit einigen Jahren auch Sedimente aus römischen (Augusta Raurica BL: Jacomet et al. 1989; Neftenbach ZH: Klee in Bearbeitung), mittelalterlichen (Laufen BE: Karg in Bearb.; Eptingen-Riedfluh: Jacomet et al. 1988), sowie hallstatt- (=früheisen)zeitlichen Stationen (Dick 1990) in Basel makrobotanisch untersucht. Daneben sind in Basel, im Rahmen der Arbeitsgruppe Archäobotanik, neue pollenanalytische Arbeiten mit Schwerpunkt Siedlungsgeschichte im Zürichseeraum (Haas, in Bearb. und Rodmann, in Bearb.) und Engadin (Zoller, in Bearb.) im Gang.

1986/87 bot sich dem Schreibenden die Möglichkeit, im Rahmen einer Ausgrabung des Schweizerischen Landesmuseums Zürich (L+M) in Egolzwil, Kanton Luzern, Schweiz, mitzuarbeiten und adäquates Probenmaterial für eine umfangreiche makrobotanische Dokumentation eines der ältesten festen Wohnplätze der Schweiz selbst zu entnehmen; der Bericht liegt hiermit vor.

1.3 Ziele der Arbeit

Die Station EGOLZWIL 3 im Kanton Luzern hat in der Siedlungsgeschichte der Schweiz bis heute einen wichtigen Platz inne: sie ist die bisher älteste, grössere neolithische Feuchtbodensiedlung im Schweizerischen Mittelland aus der Egolzwiler Kultur (Stöckli 1990).

Älter sind bisher nur bandkeramische Funde in der Nordschweiz in Gächlingen (Kanton Schaffhausen, Guyan 1953) und Bottmingen (Kanton Baselland, d'Aujourd'hui 1965, 1968), resp. Keramikfunde unklarer Kulturzuordnung in Sion (Kanton Wallis, Gallay et al. 1983) und Mesocco (Kt. Graubünden) in der südlichen Schweiz.

Abbildung **A 2** : Die Lage von Egolzwil 3 (Kt. Luzern) im Schweizerischen Mittelland

Das geborgene Probenmaterial war sehr umfangreich und liess eine systematische, botanische Bearbeitung dieser Kultur mit einer weitergefassten Fragestellung zu, nachdem vorher erst 16 Sedimentproben aus einem Siedlungsplatz der Egolzwiler Kultur aus Zürich-Kleiner Hafner (Jacomet 1987) analysiert worden waren. Ich beschränkte mich in dieser Arbeit auf die **botanische Analyse von Samen und Früchten** in den Sedimenten und bearbeitete sie mit folgenden Zielsetzungen:

- Welche pflanzlichen Makroreste können nachgewiesen werden; welche Aussagen erlauben diese zur Lebensweise der damaligen Bewohner ?
- Gibt es Unterschiede im Pflanzenspektrum in den land- und seeseitigen Sedimenten ?
- Lässt die Stratigraphie der Profile Aussagen zur Schichtentstehung zu ?
- Wie lassen sich die Befunde mit zeitgleichen Siedlungsplätzen (vor allem Zürich-Kleiner Hafner) vergleichen ?
- In welchem Masse sind die Resultate aus dieser Grabung mit Befunden zur Wirtschaftsform an andern Standorten zu vereinbaren ?

Welche Rückschlüsse auf die naturräumliche Ausgestaltung des damaligen Lebensraums lassen sich aus den aufgearbeiteten Sedimenten aus Egolzwil 3 ziehen ?

B. Die Grabung Egolzwil 3 im Wauwilermoos

2.1 Geographischer Überblick über das Gebiet

Das Wauwilermoos, am Südfuss des Santenberges (690m ü.M.) zwischen Zofingen und Sempachersee im Kanton Luzern (Zentralschweiz, Abb. B 1-3) gelegen, verdankt seine Entstehung einer würmzeitlichen Endmoräne. Das Ufer des nie sehr tiefgründigen Gewässers (10 bis max. 15m Wassertiefe) war bereits in mesolithischer Zeit ein beliebter Lagerplatz gewesen.

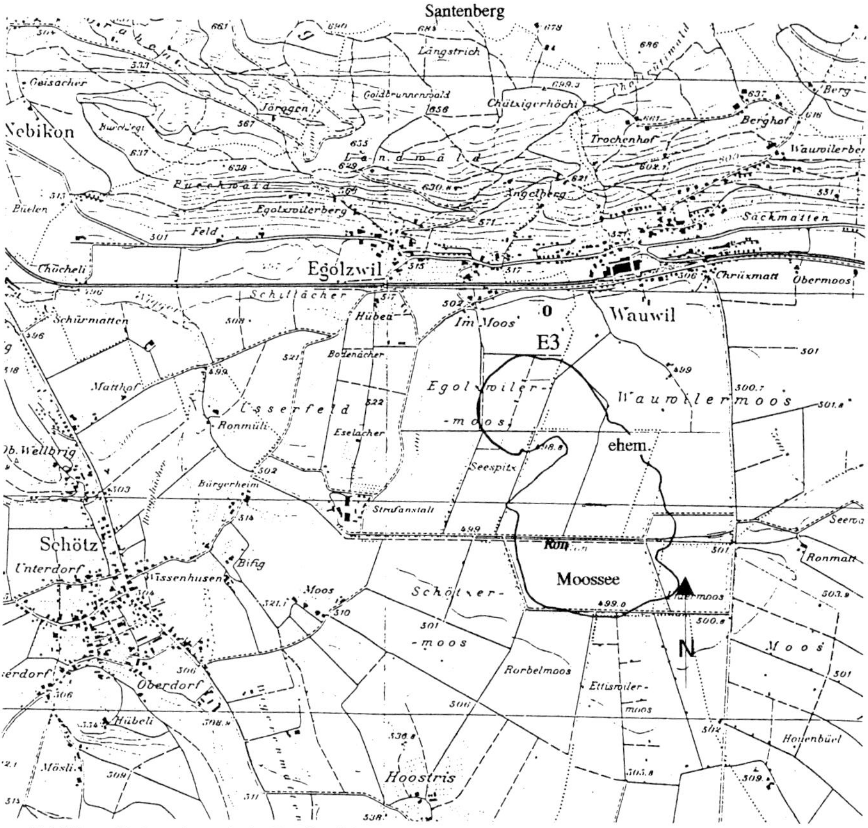

Abbildung **B 1** : Ausschnitt Egolzwil/Luzern der Landeskarte / L+T : Blatt Nr. 1129 Sursee - 1: 25'000

= 1 km

Mit über 30 Plätzen entlang der Moräne (siehe Karte B 4) gingen auch hier im Rahmen der Ausgrabungen von H.Reinerth anfangs der 30-er Jahren grosse Mengen an Informationen verloren, da keine nennenswerte Grabungsdokumentation geführt wurde und ein zusammenfassender Grabungsbericht nie erschienen ist. Für damalige Siedler bot der kleine See, mit einer vermuteten Grösse im Mesolithikum von knapp $5km^2$ - respektive anfangs des Neolithikums von $5.5km^2$ (Härri 1940) - ansprechende Vorteile wie gute Fischgründe, frisches Wasser und die Erfüllung gewisser Sicherheitsbedürfnisse.

Das Wauwilermoos liegt auf 499m ü.M. mit offener Süd-Exposition. Heute begrenzt im Norden der künstliche Damm der Bahnlinie Olten-Luzern die flache Senke des Mooses. Die Entwässerung erfolgt durch die Ron, einen kleinen Nebenbach der Wigger. Der heute geometrisch ausgerichtete Verlauf der Ron von E nach W ist Folge der Ameliorationen im letzten Jahrhundert. Vorher floss die alte Ron als mäandrierender kleiner Bach mit häufigen Überschwemmungen Richtung Wigger (nach Westen). Vom (Wauwiler)-Moossee - immerhin Titel eines der meistgelesenen SJW-Jugendhefte (Schweizerisches Jugendschriften Werk) - sind die letzten Reste bis ins 19. Jht. überliefert. Der Ausbau der Drainage seit 1856 und der Torfabbau - heute ist praktisch kein Torf mehr vorhanden - haben aus dem Sumpfgebiet flaches, intensiv genutztes Ackerland (mit künstlichem Humuseintrag) gemacht.

2.2 Geologischer Überblick / Boden / Vegetation

Das Wauwiler-Moos - eine von mehreren, einst von Seen respektive Mooren bedeckten Senken im Luzerner Hinterland - liegt im pleistozänen Grundmoränen-Bereich des Reuss-Gletschers (Hantke & Spiess 1981). Quartäre Elemente (Bergsturzmaterial, alluviales und diluviales Geschiebe) überlagern tertiäre Molasse (Spicher 1972). Bohrungen im Laufe der letzten 100 Jahre haben Mächtigkeiten der limnischen Sedimente, vor allem Seekreide, von gegen 14 Meter im Grossraum des Gebietes ergeben. Als dominante Barriere erhebt sich nördlich der Lokalität der Santenberg (690 m ü.M.) - ein an seinen Flanken von würmzeitlichen Rückzugschottern bedeckter oligozäner Hügelzug aus dem Kreis der unteren Süsswassermolasse. Unter diesen geologischen Verhältnissen sind ertragreiche Böden im Bereich Braun- und Parabraunerden mit günstigen Mineral- und Nährstoffbedingungen zu erwarten. Weniger günstig ist die Wasserführung, mindestens stellenweise ist mit Staunässetendenz, respektive Vergleyungsgefahr zu rechnen.

Das Moos ist halbkreisförmig umgeben von einem würmzeitlichen Endmoränenwall, dem Killwanger-Stadium, auf dem u.a. viele mesolitische Lagerplätze gefunden wurden (siehe Abb. B 4). Moränenwälle weiterer Würmzeit-Stadien (Zürich-Schlieren-Stadium) sind östlich vom Wauwiler-Moos gegen den Mauen- und Sempachersee aufgeschlossen. Weitere Formungen haben quartäre Bergstürze, Flussdeltas und die erodierenden Wirkungen von Wigger und Ron hinterlassen. Abbildung B 4 zeigt, dass bereits geringe Terrainverschiebungen, z.B. im Bereich der heutigen Ronmüli oder Erdstürze beim Engnis bei Büelen, das Wasserregime im Gebiet des Mooses nachhaltig beeinflussen konnten.

Abbildung **B 2** : Die Grabungsfläche 1986 am Rande der Siedlung Egolzwil-Wauwil (Kanton Luzern, Schweiz), der Santenberg im Hintergrund; (Blickrichtung Nord-Ost)

Abbildung **B 3** : Die Grabungsfläche 1987 in der 4. Grabungswoche (Blickrichtung Süd / Moos)

Pollenanalytische Untersuchungen in den Aufschlüssen der Grabungen von E.Vogt in den 50-er Jahren durch Troels-Smith (1955) und spätere Analysen durch Küttel (Mitteilung 1987) und Rasmussen (1988) ergaben, dass das Gebiet zur Zeit der Siedlung Egolzwil 3, um ca. 4300 BC kal. (Suter 1987), ausserhalb der Uferzone von einem Eichenmischwald mit Quercus, Fagus, Ulmus (Pollendiagramm Egolzwil 5; Wegmüller 1976) bestockt war. Dazu kommen Acer, Fraxinus und Tilia (siehe Kap. 6.2) sowie Abies. Cerealien treten auf, ebenso Gramineae und andere frühe Anzeiger sich öffnender Fluren (siehe Kap. 6.3ff). Neue dendrochronologische Resultate (Seifert 1989) respektive Makrorestfunde von Populus ergänzen diesen Aspekt.

2.3 Klima und Phänologie

Am Rande des Mittellandes, an der Schwelle der Voralpen gelegen, gehört die Gegend klimatisch in die kühlgemässigten Übergangsklimate der subozeanischen Zone (nach Troll & Paffen 1986). Bei mittleren Jahrestemperaturen um 10°C (mittlere Januartemperatur knapp unter 0°C / mittlere Juliwerte um 20°C; Kirchhofer 1982) liegt das Gebiet bereits im weiteren Einflussgebiet des Napfs (1407m ü.M.), einer markanten Erhebung im Schweizerischen Voralpengebiet mit weitreichenden und berüchtigten Einflüssen auf Klima und Witterungsverlauf.

Die allsommerlichen 'Napfgewitter' sind durch ihre verheerenden Folgen auf den Wasserhaushalt der weiteren Umgebung (Überschwemmungen etc.) noch heute gefürchtet. Vor 6300 Jahren - zwar ohne verbetonierte Landschaft, aber auch ohne Hochwasserschutzbauten - könnte das ähnlich gewesen sein. Im Jahresmittel liegen die Niederschlagswerte zwischen 1100 und 1400mm (mittlere Januarwerte um 120mm / Juliwerte zwischen 150 und 200mm; Kirchhofer 1982).

Das Wigger- wie das Rontal, im Schatten des Santenbergs gelegen, sind phänologisch gegenüber ihrer Umgebung eher etwas benachteiligt. Dieser Umstand ist wohl auf das breite und offene Tal als kanalisierender Windkanal zwischen Mittelland und Zentralschweiz/Voralpen zurückzuführen. So setzt z.B. die Blühphase von Löwenzahn (Leontodon spec.) im Schnitt 14 Tage später ein (2. Hälfte Juni) als in der weiteren Umgebung, ebenso beginnt die herbstliche Waldfärbung ungefähr 10 Tage früher.

2.4 Die früheren Grabungen im Wauwilermoos

Über 30 mesolithische Lagerplätze verweisen auf die bereits frühe, rege Besiedlungsaktivität in diesem Teil des Alpenvorlandes. Im weiteren wurden bereits im letzen Jahrhundert vom Schötzer J.Meyer (1859) und zu Beginn dieses Jahrhunderts von den Baslern F. und P. Sarasin, sowie dem damaligen Leiter des Basler Völkerkundemuseums, J.Heierli (1907/08), neolithische Siedlungsplätze rund um den heute verschwundenen Moossee erforscht.

Anfangs der 30-er Jahre dokumentierte der deutsche Forscher H. Reinerth die Ergebnisse seiner grossangelegten Kampagne in Egolzwil (heute E2/u.a. Cortaillod-Kultur) leider nur sehr ungenau und im Stil der damaligen, rein fundorientierten Sicht.

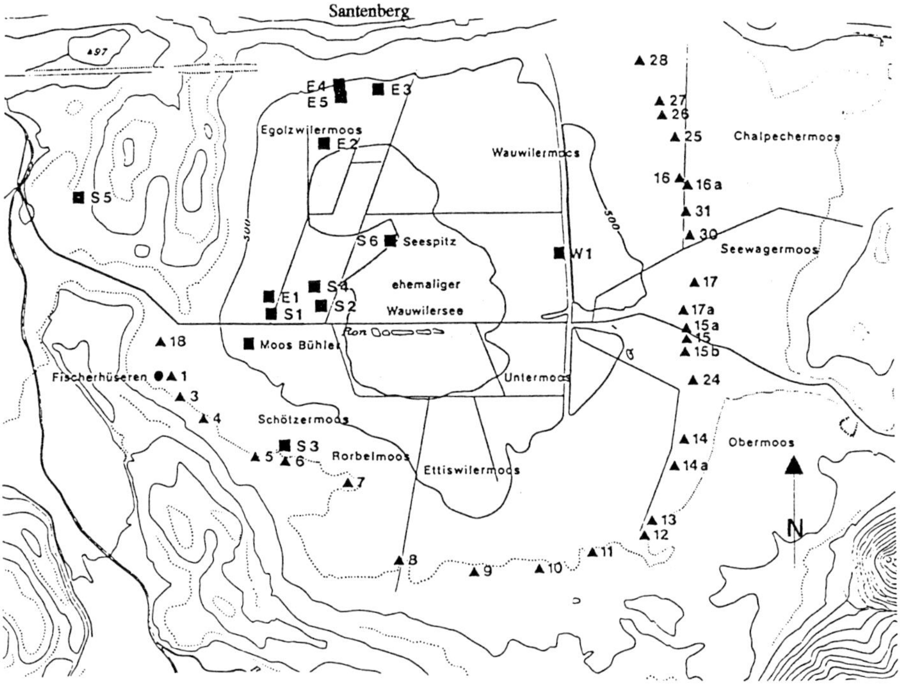

Abbildung **B 4** : Karte der prähistorischen Siedlungsplätze im Wauwilermoos

▲	=	Mesolithikum	■	=	Neolithikum
E	=	Egolzwil	S	=	Schötz
├──────┤			=	1 km	

nach einer Siedlungskarte auf L+T 11291: 25'000; von J.Speck; in: Die ersten Bauern, Band 1, L+M, Zürich 1990

Neben dem Siedlungsplatz Egolzwil 3 (E3) wurden weitere 'Dörfer' aus jungsteinzeitlichen Epochen freigelegt: E4 und E5 westlich von E3, E1 und E2 500m respektive 1km süd-westlich des Siedlungsplatzes E3, zusammen mit den Plätzen Schöz 1,2 und 4 bereits im Ausflussbereich der alten Ron liegend (siehe Abb. B 4 resp. Tab. B 5). Insgesamt sind neben Egolzwil 1-5 noch Schötz 1-6 und Wauwil 1 ergraben.

Die Tabelle B 5 gibt eine kurze Übersicht über die unter dem Namen Egolzwil ergrabenen und dokumentierten Siedlungsplätze aus verschiedenen jungsteinzeitlichen Kulturen:

Siedlungsplatz	Kultur	Entdeckung / erste Grabungen
Egolzwil 1	Schnurkeramik / Horgen	bekannt seit 1859
Egolzwil 2	Cortaillod / Horgen / Schnurkeramik	1902
Egolzwil 3	**Egolzwil**	1929
Egolzwil 4	Cortaillod	1952
Egolzwil 5	(Michelsberg) / Cortaillod	1956

Tabelle **B 5 :** In den Siedlungsplätzen 'Egolzwil' nachgewiesene neolithische Kulturen

In den 50-er Jahren wurde in einer Grabungskampagne von E.Vogt auf die Bedeutung des Wohnplatzes Egolzwil 3 (Kt. Luzern) im Wauwiler Moos hingewiesen, botanische Untersuchungen kleineren Umfangs wurden von Troels-Smith (1955) durchgeführt.

Besondere Bedeutung für die schweizerische Siedlungsgeschichte hat der Umstand, dass in Egolzwil 3 (4300 BC kal., Suter 1987) die bis heute ältesten Spuren fester Siedlungsaktivität im schweizerischen Mittelland repräsentiert sind.

Das von E.Vogt zur kritischen Neubeurteilung aufgeworfene "Pfahlbauproblem" (ZAK 12, 1951) basierte in starkem Masse auf den Erkenntnissen der Grabungen des Schweizerischen Landesmuseums (L+M Zürich) in Egolzwil 3 in den Jahren 1950-52. Interessant sind auch die Überlegungen Vogts zur Dorfpalisade, die sowohl berg- wie seeseits ergraben wurde und von Vogt als einfacher Zaun ohne Verteidigungsfunktion interpretiert wurde. Er belegte dies vor allem mit dem kleinen Pfahldurchmesser der verwendeten Pfosten (siehe Abb. B 7). Vogt verwahrt sich gegen die Möglichkeit, aus dem pfahlreichen Grabungsfeld Hausgrundrisse zu deuten, wagt aber im Fall einer isolierten Pfahlgruppe, 8x5m als hypothetischen Grundriss zu nennen (Vogt 1951).

Von Bedeutung waren im Besonderen Vogts Erkenntnisse über die in grosser Zahl gefundenen Rindenbahnen, die er als Isolationsmaterial der Häuser gegen die feuchte Seekreide deutete. Ihre durchgehende, praktisch ungefaltete und **nicht verstürzte Lage direkt auf der Seekreide und das Fehlen jeglicher darunterliegender Konstruktionselemente einer Plattform** (bei quantitativ bedeutenden Holzfunden aus der Schicht) waren Hauptelemente der Theorie der **Seeufersiedlung** in Abkehr vom (romantischen) Bild der über dem Wasser errichteten Pfahlbauten. Vogt (1951) hat ausserdem die Lehmplatten oder Lehmlinsen als von den Bewohnern zur Stabilisierung der Feuerstellen eingetragenes Lehmmaterial aus der Siedlungsumgebung gedeutet.

Schwerpunkt der damaligen Forschungen waren aber vor allem die Siedlungen E4 und E5, die durch die guten günstigen Fundbedingungen klare Vorstellungen der damaligen Dorfstrukturen zuliessen und die Grundlagen für die hervorragenden Dorf- und Hausrekonstruktionen von F. Rüfenacht (L+M Zürich) bildeten.

2.5 Die neue Grabungskampagne 'Egolzwil 3' des Schweizerischen Landesmuseums (ab 1985)

Die Grabungsareale (E3/86 und E3/87) liegen in der Landwirtschaftszone, 100 m südlich der Bahnlinie Olten-Luzern und ca. 500 m vor der Bahnstation Wauwil-Egolzwil der Schweizerischen Bundesbahnen (SBB). Das gesamte Siedlungssareal Egolzwil 3 (inkl. der Grabungen von E.Vogt aus den 50-er Jahren) misst etwa 200 x 50 m und liegt am Nordende des heute trockengelegten 'Wauwiler-Sees' (siehe Abb. B 1 und B 4).

Der gute Zustand des geborgenen Sedimentmaterials aus der Grabungskampagne 1985 veranlasste den Grabungsleiter, Dr. R. Wyss, botanische Untersuchungen in die Wege zu leiten. Vom Schreibenden wurden für eine kleine Evaluationsuntersuchung zur Feststellung der Schichterhaltung 4 Proben (1986, unveröffentlicht) bearbeitet: die Befunde ermunterten zu einer ausgiebigen Bearbeitung der Sedimente. Die Resultate zeigten gut erhaltene botanische Makroreste in sehr geringer Fundkonzentration, liessen aber - mangels grabungsrelevanter Daten (Fundbeschriftung) und Konservierungsbedingungen nach der Bergung (Austrocknung) - eine Integration in die vorliegende Arbeit nicht zu. Auf Grund dieser ersten Daten konnten aber für die Grabungskampagnen 1986 und 1987 Bergungskonzepte erarbeitet werden, und die Mitarbeit des Schreibenden auf der Grabung wurde in die Wege geleitet.

Im Sommer 1986 und 1987 wurden - wiederum unter Leitung von R. Wyss vom Schweizerischen Landesmuseum, Zürich - zwei an die Grabung Vogt (1952) unmittelbar anschliessende Felder, und 1988 ein abschliessender Bereich ergraben, so dass heute die Siedlungsfläche Egolzwil 3 zu gut zwei Dritteln ausgegraben und archäologisch bearbeitet worden ist. Meinerseits nahm ich an diesen Kampagnen teil und habe alle bearbeiteten und hier beschriebenen Proben selbst geborgen.

Neben den palynologischen Exkrementanalysen von P. Rasmussen (1988) wurden auch die zahlreichen liegenden und stehenden Hölzer durch M. Seifert, Büro für Archäologie, Zürich (Leitung Dr. U. Ruoff) für dendrochronologische Untersuchungen entnommen. Die ersten Resultate (Seifert 1989) der stehenden Hölzer weisen auf eine knapp 30-jährige Besiedlungsdauer des Wohnplatzes hin. Eine Dendrodatierung ist zur Zeit noch nicht möglich; zur dendrochronologischen Einordnung laufen momentan Untersuchungen. Archäoosteologische Analysen wurden von H.R. Stampfli (Mitteilung 1989) durchgeführt.

2.5.1 Schichtbeschreibung

In etwa 120 cm Tiefe (ca. 497.25 m ü.M., nach Süden leicht absinkend) wurde eine 10 bis knapp 50 cm (im Bereich der Lehmlinsen) mächtige Kulturschicht der jungneolithischen Egolzwilerkultur aufgeschlossen. Sie lag unter rund 30 cm Braunerde, die im Verlauf der Rekultivierung nach dem Torfabbau, der bis in die 40-er Jahre dieses Jahrhunderts stattfand, künstlich eingebracht wurde. Als hangende Schicht folgten 60-90 cm Seekreide (siehe Abb E 48). Bis vor einigen Jahren noch stark vom Grundwasser beeinflusst, war der Erhaltungszustand des Sediments recht gut: relativ wenig Erosionsspuren und mässige Pfahlverzüge und Schichtpressung liessen auf grosse und intakte Funde hoffen, die dann auch nicht ausblieben. Mit dem zunehmenden Ausbau der Drainage im Wauwiler-Moos sind die Sedimente aber heute immer stärker von der Austrocknung (und damit unmittelbaren Zerstörung) bedroht.

Stratigraphisch finden sich deshalb klare Verhältnisse: eine see- und landwärts auslaufende Kulturschicht von liegender und hangender Seekreide umgeben[1].

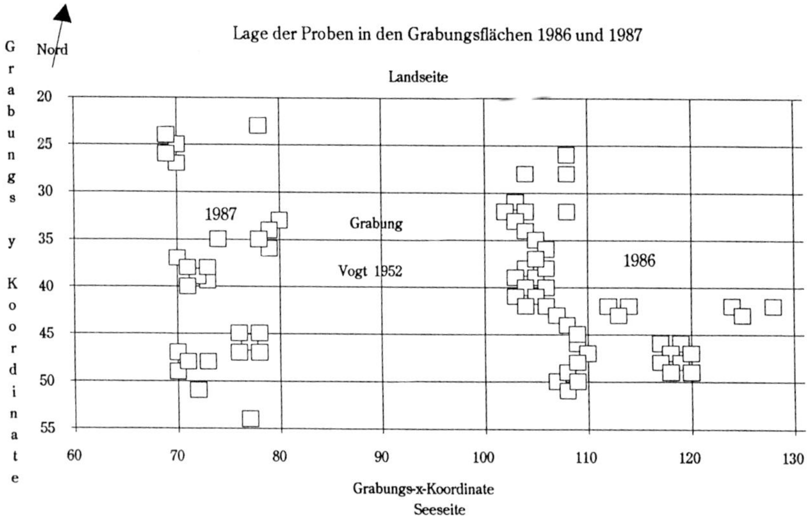

Abbildung **B 6** : Schematischer Plan der Grabungsflächen E3 1986 und 1987 mit den geborgenen Sedimentproben / detaillierter Plan im Anhang 4/8

1 Eine etwa 25cm über der untersuchten Kulturschicht liegende organische Lage - (höchstens 3-5mm mächtig) - speziell in der Grabung 1987 mehrmals festgestellt - könnte einen Ausläufer des südwestlich angrenzenden jüngeren Siedlungsplatz E5 umfassen, ist aber nicht Gegenstand dieser Untersuchung.

Die grösstenteils einphasige Kulturschicht bestand auf einem grossen Teil der Grabungsfläche aus einer ungefähr 10 cm mächtigen organischen Detrituslage. Holzkohlereiche Brandhorizonte wurden nicht gefunden. In verschiedenen Bereichen kamen Lehmplatten zum Vorschein. Hier war die Kulturschicht insgesamt gegen 50 cm mächtig und bestand aus 1-3 übereinanderlagernden Lehmstrichen mit organischen Zwischenlagen. Die mittelbraune Färbung und geringere Kompaktheit der Schicht bei mässigem Feuchtigkeitsgehalt, erleichterte die Abgrenzung zur kompakten Seekreideunterlage, welche das gesamte Grabungsareal unterlagerte. Eine grosse Zahl Holzpfosten und liegende Hölzer sowie Rindenbahnen im Bereich einzelner Lehmplatten konnten ausgegraben werden. Im seeseitigen Grabungsbereich (Südseite der Grabungsareale) konnten an wenigen Stellen kleinräumig Mistlagen identifiziert und geborgen werden (Rasmussen 1988). Die gesamte Kulturschicht wurde von 60-90 cm Seekreide überlagert (siehe Profil 6, Abb. E 48, resp. Abb. B 7).

Abbildung **B** 7 : nordseitige Begrenzung der Grabungsfläche 1987 mit Pfostenreihe (landseitige Siedlungsbegrenzung / Palisade)

C. Material und Methoden

3.1 Einführung

Es ist seit langem bekannt, dass die Feuchtboden-Siedlungen im zentraleuropäischen Alpenvorland, die bekannten Seeufer- und Moorsiedlungen, neben dem gut erhaltenen archäologischen Fundgut auch für botanische Funde weit günstigere Konservierungsbedingungen aufweisen als die Trockenboden-Siedlungen (Willerding 1970). Das anstehende Grundwasser verhindert den Sauerstoffzutritt und damit das Einsetzen von Abbauprozessen, so dass auch unverkohlte Reste bis in die heutige Zeit erhalten bleiben.

Die untersuchten Sedimente der beiden Grabungskampagnen 1986 und 1987 waren von liegender (mehrere Meter mächtig) und hangender (mindestens 60-70 cm) Seekreide umgeben und ohne Kontakt zur Aussenwelt. Einzelne Trockenrisse reichten von der rezenten Ackeroberfläche in die hangende Seekreide und endeten 'blind' 40 cm über der Kulturschicht. Der organische Materialanteil der Kulturschichtsedimente, ausser bei den Seekreide- und einigen Lehmproben, lag mit 60-90% sehr hoch. Bei der Schlämmung konnten zudem schwankende Sand-, Ton- und Lehmanteile festgestellt werden.

3.2 Entnahme und Lagerung der Proben

Prinzipiell basiert der technisch-'handwerkliche' Teil der Probenentnahme auf dem Konzept der Basler Arbeitsgruppe für Archäobotanik, das von Jacomet (1985), Brombacher (1986) und Dick (1988) in grosser Breite beschrieben wurde, so dass ich mich hier auf wesentliche Unterschiede und Neuerungen beschränken möchte.

3.2.1 Flächenproben

Aus der gesamten Grabungsfläche (1986 und 1987: insgesamt 805m^2) wurden schachbrettartig aus jedem zweiten Flächenmeter Sedimentproben (>500ml / Plan im Anhang 4/8) zur makrobotanischen Auswertung entnommen. Dieser Ansatz sollte sicherstellen, dass Befunde von botanischem Interesse in der Fläche sowie ausgewählte Siedlungsbereiche wie Wohnplatzzentrum, Haus-Aussen/-Innenraum genauer verfolgt werden können.

Das Probenvolumen (erdfeucht auf der Grabung entnommen) wurde der zu erwartenden kleinen Fundkonzentration, eine der Haupterkenntnisse der vier Vorproben aus dem Jahre 1985 (siehe Kap. 2.5), angepasst und dementsprechend gross gewählt.

Möglichst alle auftretenden Sedimenttypen, mit Schwergewicht auf den organisch geprägten, sollten in repräsentativer Anzahl (siehe Kap. 4.3) untersucht werden.

Vom rein technischen Ablauf hat es sich gezeigt, dass die Anwesenheit eines Archäobotanikers auf der Grabung sinnvoll ist: aus den beiden insgesamt knapp 5-monatigen Kampagnen fehlt keine einzige Probe.

3.2.2 Profilproben

Um den vertikalen Aufbau der Kulturschicht - und somit der zeitlichen Komponente der Entstehung gerecht werden zu können - wurden an interessanten Stellen Profilsäulen (=Profilkolonnen) geborgen und analysiert. Da nur im Bereich der Lehmlinsen die Kulturschicht in mehrere Straten unterteilt werden konnte, habe ich die Profilkolonnen auch dort entnommen (siehe Kap. 3.4, 5.6).

Leider ist bis heute die Auswertung der archäologischen Befunde noch nicht endgültig abgeschlossen. Aufgrund bisheriger Ergebnisse ist anzunehmen, dass die Siedlung Egolzwil 3 nur kurzzeitig, wohl weniger als 30 Jahre (Seifert 1989) bewohnt war, weshalb die Kulturschicht auch nur einphasig ist. Trotzdem konnten im Bereich der Lehmlinsen verschiedene 'Bauphasen' von Auge gefasst (siehe Kap. 5.6) werden.

Das Gesamtkonzept der Grabung liess bedauerlicherweise eine Korrelation der einzelnen 'Phasen' innerhalb der verschiedenen Herdstellen nicht zu, da diese 'inselartig' isoliert und abgebaut wurden. Aus meiner Sicht wäre mit der Erfassung des flächenhaften Zusammenhanges der Kulturschicht über die gesamte Grabungsfläche ein enormer Mehrwert an Aussagen der Befunde, vor allem im siedlungshistorischen Bereich, verbunden gewesen.

3.2.3 Bergung und Lagerung der Proben

Bereits bei Arbeitsbeginn lagen mit Koordinaten- und Grabungsnummer beschriftete Plastiksäcke von ca. 1000 ml Inhaltsvermögen in den zur Bearbeitung vorgesehenen Abstichen. Das Sediment - vor allem im randlichen Bereich oft die Gesamtheit des anfallenden organischen Materials - wurde unmittelbar nach der Entnahme noch 'erdfeucht' auf der Grabung luftdicht verschweisst.

Die luftdichte Verschweissung und klare Beschriftung[1] der Sedimentproben sowie die richtige Korrelation mit den Grabungsplänen (siehe Anhang 4/8) musste mit grosser Sorgfalt erfolgen.

Bei der Bergung der Profile wurde ein verwindungssteifes Aluminium-U-Profil mit gewünschter Länge und 20 cm Grundfläche in die Grabungswand getrieben. Das relativ weiche Material wurde seitlich abgegraben und das Profil mit einem Draht entlang der Schenkelkanten 'abgesägt'.

---

1 Wert wurde dabei auf die gute Lesbarkeit der Grabungsdaten = Probenidentifikation gelegt, ein Ziel, das mit einer zweiten Schweissnaht am Beutel zwischen Sedimentmaterial und Fundzettel erreicht wurde und erst noch die Dichtigkeit des Beutels wesentlich erhöht.

Ein nach dem Diatomeen-Schalen-Prinzip aufgebauter, nur unwesentlich grösserer Alu-Deckel stabilisiert die (normalerweise) exakt 20x20 cm messende Profilsäule für Transport und Lagerung. Diese Methode erlaubt eine ±verlagerungsfreie Bergung des Profilmaterials, da mit der formstabilen Metallform das Sedimentmaterial scharf ausgeschnitten wird und Quetschungen resp. Materialverschiebungen ausbleiben. Zweige, Holzartefakte oder Keramik werden mühelos durch die scharfen Aluminiumkanten 'ausgeschnitten'. Auch die Profilsäulen wurden noch auf dem Grabungsgelände luftdicht in Plastikfolie verschweisst.

Alle Sedimente wurden in Basel im Dunkeln in einer Kühlkammer im Botanischen Institut der Universität bei 3-5°C gelagert. Testproben - 1991 nach fünf Jahren geöffnet - waren noch feucht und problemlos weiterverarbeitbar.

3.3 Umfang und Anzahl der untersuchten Proben

In den beiden Ausgrabungskampagnen wurden gegen 240 **Flächenproben** à ca. 1 Liter Sediment geborgen, von denen insgesamt 70 Stück vollständig untersucht wurden. Daneben wurden 1987 7 Profilsäulen aus Lehmplatten-Bereichen entnommen, von diesen habe ich 3 in 13 respektive 15 Teilproben zerlegt, vollständig untersucht und dokumentiert. Im weiteren sind 2 Topf-/Flascheninhalte* und 3 Moospolster, die sich als vollständig fundleer erwiesen haben, und deshalb datenmässig nicht erfasst wurden, analysiert worden.

Im Rahmen der gesamten Untersuchungen zu Egolzwil 3 86/87 wurde mit für Feuchtbodenverhältnisse vergleichsweise grossen Probegewichten und -volumina gearbeitet. Hauptüberlegung war dabei die aus den Vorproben der Kampagne 85 bekannt gewordenen sehr kleinen Restzahlen resp. Restkonzentrationen (siehe Kap. 5.3, 5.3.1).

Die Tabellen C 1 und C 2 weisen die wichtigsten Daten zu den untersuchten Fundkomplexen aus der Kulturschicht der Grabung EGOLZWIL 3 aus:

1. Probenmaterialumfang der beiden Untersuchungsjahre

	Organisch			**Seekreide**			**Lehm**			**Gesamt**	
	in l	in kg	Dichte	in l	in kg	Dichte	in l	in kg	Dichte	in l	in kg
86:	41.4	43.1	(1.15)	1.8	3.1	(1.72)				**43.1**	**46.6**
87:	21.6	23.8	(1.13)	10.2	12.1	(1.37)	6.1	9.5	(1.56)	**38.4 ***	**46.0***
Tot:	63.0	66.9	(1.16)	12.0	15.2	(1.47)	6.1	9.5	(1.56)	**81.5**	**92.6**

Tabelle **C 1** : Gewicht und Volumen in den verschiedenen Sedimenttypen
(* inklusive Werte der beiden Flascheninhalte und drei Moospolster)

2. Zuweisung zu Proben- und Sedimenttyp

Probenart	Probentyp	(xx / yy = Grabung 1986 / 1987)				
Sedimenttyp -->		**Organisch**	**Seekreide**	**Lehm**	Total	
Profil	oPf	0/ 9	0/10	0/9	0/28	28
Fläche	oFf	41/21	5/ 3	-	46/24	70
	Einzelfunde	3/ 0	0/ 2*	-	0/ 2*	5
Total		44/30	5/15	9	43/54	103
		74	**20**	**9**		**103**

Tabelle **C 2** : Probentypologie
(* inklusive Werte der beiden Flascheninhalte und drei Moospolster)

Trotz der grossen Probenzahlen ergibt sich eine gewisse Einschränkung der Aussage aus dem Umstand, dass chronologische Entwicklungen des Pflanzenspektrums nicht erfasst werden können, da diese einphasige Kulturschicht nur einen sehr kurzen Zeitraum repräsentiert.

Die zusammenfassende Darstellung C 3 zeigt klar, dass vom untersuchten Materialumfang der vorliegenden Untersuchung Egolzwil 3 repräsentative Resultate erwartet werden dürfen (siehe Kap. 4.3). Im speziellen ist es auch gelungen, die schmale Datenbasis der Egolzwilerschichten aus Zürich-Kleiner Hafner (Jacomet 1987) zu erweitern und in vielen Aspekten zu bestätigen.

Kultur	Siedlungsplatz	Schicht-bez.	Anzahl Proben alle	SEDIMENT / SCHICHT >100ml >100g	org. Sediment s.s.	Brand-schicht	Lehm i.w.S.	Misch-sediment	Ober-kante	Unter-kante	Verschwemmung zentr.	Verschwemmung randl.	See-kreide
Spätbronzezeit	Mozartstrasse	SBZ	11	5	-	-	-	-	-	-	-	10	1
Frühbronzezeit	Mozartstrasse	1	93	83	65		4	9	9	5	-	1	-
Schnurkeramik	Mozartstrasse	2	103	79	53	14	15	13	5	3	-	-	-
	Mythenschloss	2	51	51	25	8	5	5	2	5	-	-	1
	(Pressehaus)	C2u	18	12	< keine Klassifizierung vorgenommen >								
Horgener Kultur	Mozartstrasse	3	139	133	61	21	14	27	6	7	-	2	-
	Mythenschloss	3	10	7	5	-	1	-	2	2	-	-	-
	(Pressehaus)	E, G	11	6	< keine Klassifizierung vorgenommen >								
Pfyner Kultur	AKAD-Seehofstr.	J	128	126	50	19	17	9	16	9		5	2
	Kleiner Hafner	4G	3	3	3	-	-	-	-	-	-	-	-
	(Pressehaus)	J,L	14	8	< Keine Klassifizierung vorgenommen >								
Cortaillod-Kultur	Kleiner Hafner	4A-F	78	30	23	7	3	3		2	-	-	-
	Mozartstrasse	5,6	82	57	22	1	4	36	8	7	1	-	-
Egolzwiler Kultur	Kleiner Hafner	5A + B	16	9	5		-	-	2	2	7	-	-
	Egolzwil 3 / LU	**E3 86/87**	**103**	**98 ***	**65**	**-**	**8**	**4**	**2**	**2**	**1**	**2**	**14**

Tabelle **C 3** : Probenkategorien Egolzwil 3 im Vergleich zu Zürcher Untersuchungen
(ergänzt nach Jacomet, Brombacher & Dick 1989)

2/3 des bearbeiteten Materials entstammt organischen Sedimenten (i.e.S.) - seien das Flächenproben oder Profilproben, mit organischen Anteilen >80%. 8 Lehmproben sind den Lehmlagen der Lehmlinsen entnommen und zeigen mehr oder weniger starke Prägung durch die umgebenden organischen Schichten. Mischsedimente konnten in den beiden Profilen in den Übergangsbereichen Lehm / organisch respektive Seekreide / Lehm bearbeitet werden. Bei diesen Proben wäre eine Zuordnung zu einem bestimmten Sedimenttyp nicht möglich. Verschwemmte Kulturschicht wurde in Profil 7 und in den Randbereichen zweier Lehmplatten (Proben E3_86_37 / E3_86_54) bearbeitet (siehe Kap. 5.6).

3.4 Lage der Flächenproben und Profilsäulen in der Grabungsfläche

Die Bemühungen gingen in beiden Grabungskampagnen davon aus, flächendeckend Sedimentmaterial aus möglichst allen Sediment-/ resp. Schichttypen zu bearbeiten.

3.4.1 Lage der Proben in der Grabungsfläche 1986

Aus der Grabungsfläche des Jahres 1986 wurden insgesamt 46 Flächensedimente bearbeitet. Die Grabung wies eine L-Form mit Basis im Süden auf, um den Anschluss an die früheren Grabungen von Vogt sicherzustellen, Die Kulturschicht war im ganzen Grabungsareal sehr geringmächtig und lief vor allem im Nord- und Südostbereich der Grabung in der anstehenden Seekreide aus. Die Form der Grabung erlaubte es, mittels regelmässig entnommener Flächenproben, einen Süd-Nord- (d.h. 'See-Land'-)Transsekt zu verwirklichen.

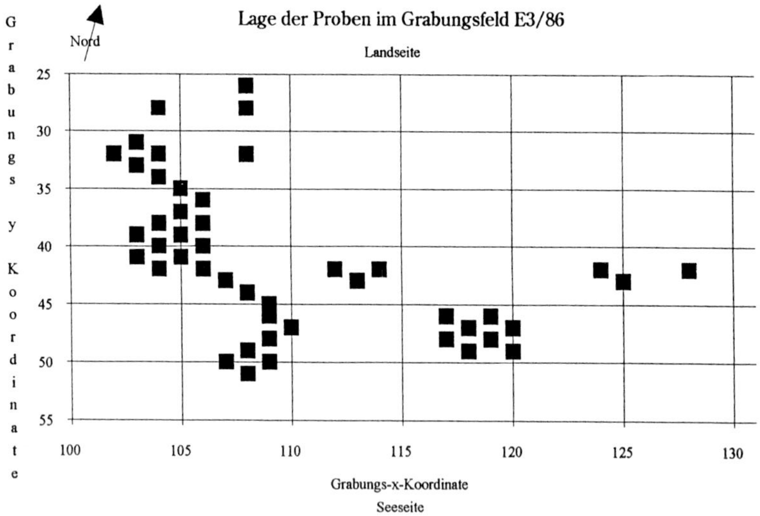

Plan **C 4** : Lage der untersuchten Proben aus der Grabungsfläche 1986
(Fläche östlich an Grabung Vogt (1952) anschliessend)

Um Aussagen über eine Wasserbeeinflussung der Sedimente machen zu können, habe ich in der Grabungsfläche 1986 - bei einer aufgeschlossenen Kulturschicht von gut 20 m Länge - aus jedem Laufmeter Flächenproben (insgesamt 20 'organische', plus 2 'reine ' Seekreideproben auf der Landseite des Wohnplatzes = 22) entnommen, um die Wasser-, respektive anthropogene Beinflussung (siehe Kapitel 5.2ff) aufzeigen zu können. Mit 46 untersuchten Proben in der Fläche darf man von einer repräsentativen Bearbeitung der Schicht (Grabung 1986) sprechen.

3 Moospolster (je ca. 100 g; Neckera crispa, N. complanata, Thuidium erectum), die aus verschiedenen Flächenmetern als geschlossene Fundkomplexe entnommen wurden, erwiesen sich als schlecht erhalten, d.h. stark zersetzt und - nach sehr vorsichtiger Bearbeitung - als fundleer. Sie werden deshalb in die Berechnungen nicht miteinbezogen - siehe Kap. 8.8).

3.4.2 Lage der Proben und Profile in der Grabungsfläche 1987

Der Schnitt der Grabung des Jahres 1987 umfasste etwa 350m2 und war von rechteckiger Form. Es wurden vor allem Randbereiche der Siedlung erfasst, in denen die Kulturschicht bereits ausdünnte und oft nur noch wenig organisches Material enthielt. Ziel der Untersuchungen war es, mit den entnommenen Proben sowohl die Fläche abzudecken, als auch mit Hilfe von Profilsäulen die vertikale Ausdehnung der Kulturschicht zu erfassen. Zu diesem Zweck wurden 24 Flächenproben aus der ganzen Grabungsfläche und mit den beiden auftretenden Sedimenttypen 'organisch' und 'Seekreide' untersucht.

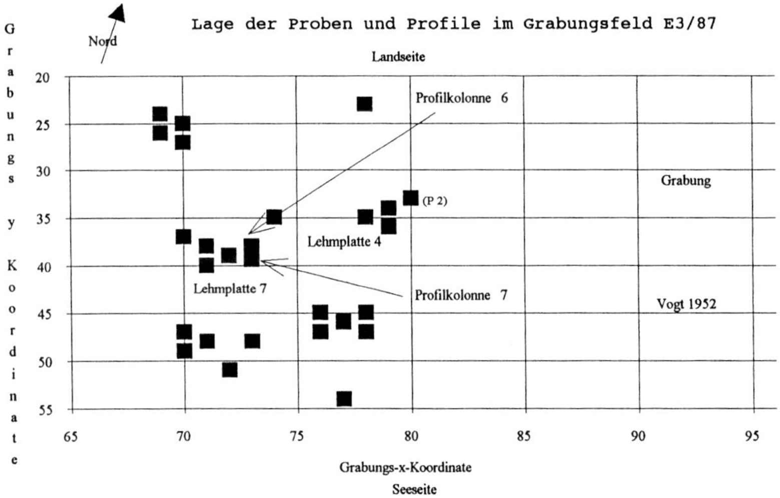

Plan C 5 : Lage der untersuchten Proben und Profile aus der Grabung 1987
(Fläche westlich an Grabung Vogt (1952) anschliessend)

Zusätzlich wurden 3 Profilsäulen, die in insgesamt 28 Proben zerlegt wurden, bearbeitet. Die beiden längeren Profilsäulen wurden im Zentrum und im Randbereich der Lehmplatte 7/87 geborgen, d.h. an Stellen, wo die Kulturschicht mächtig ausgebildet war. Dies könnte eine Möglichkeit sein, innerhalb der Säulen, dank der trennenden Lehmlagen, Rückschlüsse auf die Schicht-/Profilgenese ziehen zu können. Mit einer Aufschlüsselung nach Arten/Gruppen innerhalb der einzelnen Straten sind u.U. weitere Hinweise auf Genese und frühere Funktion der Lehmlinse wahrscheinlich. Mit Profil 6/87 (Kapitel 5.6.1) und Profil 7/87 (Kap. 5.6.2) versuchte ich, die feinstratigraphisch erarbeiteten Profilbefunde weitergehend zu deuten und (eventuelle) Bezüge zu damaligen Aktivitäten zu belegen. Das dritte Profil stammt aus dem Randbereich der Grabung mit relativ geringmächtiger Kulturschicht.

Zwei verkrustete Flascheninhalte aus zwei Lehmlinsenbereichen konnten Erwartungen, auf Speisereste zu stossen, nicht erfüllen. Einer der Inhalte - praktisch nur Lehm - war fundleer, und der zweite enthielt Spuren von vermutlich sekundärer Beeinflussung nach der Auflassung der Siedlung, nämlich Seekreide und 2 geflügelte Birkenfrüchte - ein Makrorest, der durch seine gute Flugfähigkeit praktisch überall zu finden ist und sogar rezent sein könnte.

Leider kamen in beiden Jahren keine grösseren geschlossenen Fundkomplexe zum Vorschein: Vorratsfunde, Druschreste oder grössere Exkrementkonzentrationen, wie sie unter anderem aus den 50-er Jahren von Vogt noch geschildert wurden, fehlten in der neuen Grabungskampagne weitgehend. Erstaunlich ist ausserdem, dass die von Vogt (1951) belegten und beschriebenen Hinweise auf Stallungen innerhalb der Siedlung in Form grosser Mistlagen und Tausender von Fliegenlarven beschrieben, in dieser **ausgeprägten Form** nicht wieder auftauchten, obwohl speziell darauf geachtet wurde[2]. Mögliche Gründe für dieses Fehlen könnten die zunehmenden Trockenlegung des Mooses während der letzten 35 Jahre sein, oder weil kein eigentlicher 'Stallbereich' der damaligen Siedlung aufgeschlossen wurde.

3.5 Probenbeschreibung

	Probentyp	Probenart	Probenzustand	EDV-Kürzel
			feuchte Schichtprobe	gPf
		Profilprobe		
			(Einzelfund)	gE
	geschlossener Fundkomplex			
			feuchte Schichtprobe	gFf
		Flächenprobe		
Probe	Einzelfund		(Einzelfund)	gE
		Profilprobe	feuchte Schichtprobe	oPf
	offener Fundkomplex			
		Flächenprobe	feuchte Schichtprobe	oFf

Tabelle **C 6** : Probenbeschreibung

2 P.Rasmussen, Dänisches Nationalmuseum Kopenhagen, wurde als Spezialist für die palynologische Untersuchung von Stallmist zugezogen und hat einige Proben geborgen und untersucht (1989)

Im Wesentlichen sind die Grundlagen von Jacomet et al. (1989) übernommen worden:

Im Falle der Grabungen in Egolzwil 3 1986/87 wurden keine Trockenproben entnommen, weshalb sie in der Tabelle C 6, die aufgrund einer Graphik in 'Archäobotanik am Zürichsee', (Jacomet, Brombacher & Dick 1989) gestaltet wurde, nicht aufgeführt sind.

Das ausgewertete Material entstammt grösstenteils offenen Fundkomplexen (*oFf/oPf*). Geschlossene Fundkomplexe wie z.B. Vorräte, Exkrementkonzentrationen konnten (leider) auf der Grabung nur wenige ausgemacht werden, so ungefähr ein Dutzend Moospolster.

3.5.1 Probentyp

Unter Probentyp versteht man die Zusammensetzung bzw. Fundsituation einer Probe, ausgehend von makroskopisch sichtbaren Einschlüssen. In Anlehnung an den archäologischen Wortgebrauch unterscheiden wir drei Probentypen:

- *geschlossener Fundkomplex :* von blossem Auge sichtbare Anhäufung von pflanzlichen Resten, z.B. Vorratsfund, Moospolster. Die Ablagerung ist oft das Resultat einer bewussten Handlung des Menschen und dürfte in kurzer Zeit erfolgt sein. Die Funde stellen eine Momentaufnahme einer damaligen Lebenssituation dar. Oft handelt es sich um eine ehemalige Vergesellschaftung von Pflanzenresten im Sinne einer Paläobiocönose (Willerding 1979; Birks & Birks 1980; Jacomet et al. 1989).

- *offener Fundkomplex :* zufällig abgelagertes Konglomerat von Pflanzenresten, eigentlich der "Abfall" der damaligen Siedler; die Entstehung des Sediments kann Monate oder Jahre gedauert haben. Das Material wurde unbewusst von den damaligen Siedlern in den Wohnbereich eingetragen oder nach der Verwertung achtlos weggeworfen. Es handelt sich deshalb um eine Thanatocönose (Willerding 1979).

- *Einzelfund :* Einzelne oder wenige Exemplare eines Restes, z.B. ein Pilz oder einzelne Haselnüsse.

3.5.2 Probenart

Die Probenart ist ein technischer Begriff, der auf die Entnahmetechnik der Probe aus der Grabung verweist; wir unterscheiden dabei:

- *Flächenproben :* Es wird Material aus der gesamten abgebauten Fläche - meist pro Quadratmeter - entnommen.

- *Profilproben :* Das untersuchte Material entstammt einer Profilsäule/-kolonne (siehe Kap. 7) und wird erst im Labor mittels feinstratigraphischer Methoden getrennt. Der Abbau kann speziell für die Schichtentstehung wichtige Hinweise zu Tage fördern.

3.5.3 Probenzustand

Der Probenzustand wird in hohem Masse von der Feuchtigkeit des zu untersuchenden Erdmaterials beeinflusst.

- *Feuchte Schichtproben :* Bei Seeufer-Siedlungen kann erdfeuchtes bis nasses Erdmaterial erwartet werden. Es wird über eine einfache Nass-Siebkolonne im Wasserstrahl[3] nach Korngrössen aufgetrennt und die entsprechenden Fraktionen weiterbearbeitet.

- *Trockenproben/trockene Schichtproben :* Im Gegensatz zu Trockenboden- sind bei Seeufer-Siedlungen Trockenproben eher ungewöhnlich. Es handelt sich dabei z.B. um verbackene, verkohlte Getreideklumpen ("Pfahlbaubrote" früherer Autoren wie Heer, Neuweiler) oder Einzelfunde in geschützten Fundsituationen. Die Verkohlung bringt mit sich, dass sie ohne weitere Behandlung oder Konservierung weiterverarbeitet oder gelagert werden können. Wie bereits erwähnt (siehe Kap. 3.3), fehlen sie in den Kampagnen von Egolzwil 3 in den Jahren 1986 und 1987 vollständig.

3.6 Probengewichte und -volumina

Kultur	Siedlungsplatz	Schichtbezeichnung	Anzahl untersuchte Proben		wassergesättigtes Gewicht d. Proben		wassergesättigtes Volumen d.Proben		Minimum Gewicht wassergesättigt	Maximum Gewicht
			alle	nur Feucht-proben	Total kg	du./g	Total Lit.	du./ml		
Spätbronzezeit	MOZ	SBZ	11	11	5.20	521	4.24	423	15	1960
Frühbronzezeit	MOZ	1	93	93	52.90	569	51.00	549	20	1750
Schnurkeramik	MOZ	2	103	98	51.50	500	40.90	398	15	3340
	MYT	2	51	45	35.20	691	28.70	564	14	3130
	(PHA)	C2u	18	18	3.29	179(1)	nicht gemessen		45,3(1)	611(1)
Horgen	MOZ	3	139	138	70.90	510	68.20	491	15	2735
	MYT	3	10	10	1.40	56	1.40	56	10	240
	(PHA)	E+G	11	11	1.20	107(1)	nicht gemessen		50,2(1)	183(1)
Pfyn	AKA	J	128	128	181.70	982(2)	210.30	741(2)	91	4515
	(PHA)	J+L	14	14	1.25	90(1)	nicht gemessen		55,3(1)	109(1)
	KHA	4G	3	3	3.40	1132	nicht gemessen		385	2299
Cortaillod	MOZ	5+6	82	79	32.90	402	26.70	318	5	2465
früh.-klass.	KHA	4A-F	78	38	11.50	301	13.30	348	20	2337
Egolzwil	KHA	5A+B	16	16	6.30	393	6.00	377	35	1821
Egolzwil	**Egolzwil 3**	**86/87**	**103**	**98**	**92.60**	**926**	**81.50**	**815**	**120**	**2710**

Tabelle C 7 : Volumina und Gewichte der Sedimentproben von Egolzwil 3 86/87 -
* 5 Proben = 3 Moospolster und 2 Flaschenböden wurden nicht quantitativ verarbeitet, sind aber ebenfalls als Feuchtproben erfasst (ergänzte Darstellung aus Jacomet, Brombacher & Dick 1989)

3 Nur in ganz hartnäckigen Fällen, vor allem bei Sedimenten aus dem Litoral mit viel Wurzelwerk, ist eine Vorbehandlung mit $NaHPO_4$ angezeigt (u.a. Bollinger 1981).

Ich habe in Kap. 2.5.1 darauf hingewiesen, dass die Kulturschicht-Sedimente in der Grabung Egolzwil 3 1986/87 nicht die Spuren eines vor 6300 Jahren nach einer Brandkatastrophe verlassenen Wohnplatzes sind (siehe Kap. 3.9), sondern dass vieles darauf hinweist, dass das die Siedlung aufgegeben und - aus welchen Gründen auch immer - von den Bewohnern geordnet verlassen wurde.

Aufgrund der niedrigen Fundkonzentrationen in den Vorproben aus der Kampagne 1985 wurden deshalb für die vorliegenden Untersuchungen die durchschnittlichen Probengewichte und -volumina gegenüber den Zürcher Grabungen wesentlich höher angesetzt. Die wassergesättigten Probengewichte liegen deshalb zwischen 120 und 2710 g, (im Mittel: 918g) und somit deutlich über den Erfahrungswerten von 500g/500ml (Jacomet, Brombacher & Dick 1989). In der Retrospektive hat sich dieser Mehraufwand vor allem für die statistische Auswertung sehr gelohnt (siehe Kap. 5.3.1 und 5.6).

3.7 Einteilung der Sedimente (Schichttypen)

Sediment- oder Schichttypen sind die Folge natürlicher (Seekreide und Sand) oder anthropogener Ablagerungen (Kulturschichten wie Brand- oder Lehmlagen). Neben dem reinen Sedimentationsmechanismus spielen auch

- Sedimentationsdauer und der
- Sedimentationsort

eine wesentliche Rolle.

Die Tabelle C 8 listet die verschiedenen Schichttypen i. w. S. auf, wie sie in den beiden bisher bearbeiteten Stationen der Egolzwilerkultur in der Schweiz, in Zürich-Kleiner Hafner (Jacomet 1987) und Egolzwil 3 auftreten. Die Grenz-/Mischsituation randlicher oder verschwemmter Proben mit spezieller Entstehung wird - obwohl kein Sedimenttyp - zusätzlich berücksichtigt.

Kultur	Siedlungs-platz	Schicht-bez.	Anzahl Proben	SCHICHTTYPEN									
			alle	>100ml >100g	org. Sediment s.s.	Brandschicht	Lehm i.w.S.	Mischsediment	Seekreide	Oberkante	Unterkante	Verschwemmung zentr.	Verschwemmung randl.
Egolzwiler Kultur	Kl. Hafner	5A + B	16	9	5	-	-	-	-	2	2	7	-
	Egolzwil 3	E3 86/87	103	98 *	65	-	8	4	14	2	2	1	2

Tabelle **C 8** : Schichttypen in Grabungen der Egolzwilerkultur in der Schweiz
(* 5 Proben = 3 Moospolster und 2 Flaschenböden wurden nicht quantitativ verarbeitet)

Aus dem Bereich der Hauptgruppen konnten - ausser Brandschichten- alle wesentlichen Sedimenttypen in grösserer Zahl bearbeitet werden, was statistisch vertretbare, quantitative Aussagen ermöglicht (siehe Tabelle C 8, aber auch Kapitel 4.3, 5.2ff resp. Anhang 4/7).

3.7.1 Sedimenttypen : Hauptgruppen (abgekürzt durch Grossbuchstaben)

1.1 Kulturschicht gut erhalten

Abkürzung	Sediment
OR	organische Schicht ('fumier')
BR	Brandschicht
LL	Lehmlinse; Sediment mit vorwiegend anorganischer Komponente
MI	Kulturschicht-Mischsediment; nicht genau einem Sedimenttyp zuweisbares Material oder Mischhorizont
OK	Material von der Oberkante einer Kulturschicht
UK	Material von der Unterkante einer Kulturschicht

Tabelle **C 9** : Gut erhaltene Kulturschicht-Sedimente.

Oranische Sedimente stellen den Hauptanteil der untersuchten Proben. 65 der 103 Proben (66.9 kg) stellen praktisch rein organisches Material ('fumier') dar. Im Bereich der Profilsäulen wurden zudem organisch beeinflusste Lehmlagen und Mischsedimente sowie Übergangshorizonte zu liegender und hangender Seekreide geborgen (siehe Tab. C 8, unterste Zeile).

1.2. Kulturschicht, verschwemmt (erodiert)

Abkürzung	Sediment
VS	Kulturschichtreste aus dem Bereich des ehemaligen Siedlungszentrums
VA	Kulturschichtreste aus dem Randbereich einer Siedlung ('Ausläufer')

1.3. Natürlich entstandene Sedimente

Abkürzung	Sediment
CL	Seekreide (i.w.S.)

Tabelle **C 10 + C 11** (wie C 9, in Anlehnung an Tabelle 4 in Jacomet, Brombacher & Dick 1989)

In der Hauptgruppe der natürlichen Sedimente treten Seekreideablagerungen in den Vordergrund: 14 Proben (15.2 kg) aus den Randbereichen der Siedlung resp. oberhalb und unterhalb der Profilsäulen.

3.7.2 Sedimenttypen : Untergruppen (abgekürzt durch Kleinbuchstaben)

Zur sedimentologisch klareren Abgrenzung wurden aus dem Katalog (gemäss Jacomet,

Brombacher & Dick 1989) folgende Untergruppen ausgeschieden:

2. Untergruppen: (abgekürzt durch Kleinbuchstaben)

Abkürzung	Sediment
c	Seekreide
f	wahrscheinlich Fäkalien
h	holzreich
i	Silt
k	Kies
l	Lehmlinsen.Material
o	organisches Material
r	Rinde
s	Sand
t	Ton
w	Wurzeln

Tabelle **C 12** : Sedimenttyp-Untergruppen (Quelle wie C 9-11)

Die Arbeiten von Dick (1989) resp. Jacomet, Brombacher & Dick (1989) würdigen den Fragenkomplex eingehend, weshalb an dieser Stelle nur noch die für Egolzwil 3 relevanten Untergruppen erwähnt werden sollen.
[Zur besseren Verständlichkeit: Probe E3_86_103 wird als Sedimenttyp ORk c beschrieben. Organisches Material (OR) mit Kies durchsetzt (k) und mit wenig Seekreideanteil (c).]

3.8 Probenaufbereitung

3.8.1 Flächenproben

Die Probenaufbereitung folgte dem am Botanischen Institut Basel seit Beginn der 80-er Jahre weiterentwickelten Nassieb-Verfahren und ist von Jacomet (u.a. 1985) in aller Breite beschrieben worden.

Der hohe Anteil an fragilem, organischem Material der Proben bedingte eine sanfte Dosierung des Wasserstrahls; die sechs Standard-Maschenweiten 8/4/2/1/0.5 und 0.25 mm der DIN-Prüfsieb-Kolonne FRITSCH konnten aber beibehalten werden. Die Siebung auf der zur Verfügung stehenden Nasssiebmaschine durchzuführen, erwies sich aber aus verschiedenen Gründen als unrealistisch: Verstopfung der Siebmaschen durch Sand- , Silt- oder Tonpartikel als Folge des starken Druckabfalls in den unteren, kleinmaschigeren Sieben, zu geringer Volumendurchsatz (<300ml/ Ansatz) und zu grosser Wasserverbrauch. Ein Stück Gartenschlauch mit handelsüblicher, dosierbarer Brause und einzeln zugänglichen Sieben hat sich dagegen sehr bewährt.

Die Trennung der organischen und anorganischen Fraktion erfolgte im 'Goldwäscher-Stil' in einem grossen flachen Becken. Dabei sinken die schwereren anorganischen Teile ab und der organische Sedimentanteil kann abgegossen und analysiert werden.

3.8.2 Profilsäulen / Profilkolonnen

Die Profile von je knapp 50 cm Mächtigkeit wurden im Labor nach optisch sichtbaren Grenzlinien wie Sandbändchen, Lehmschichten etc. in 13 (Profil 6/87) und 15 (Profil 7/87) Teilproben von mindestens 375ml wassergesättigtem Volumen zerlegt. Ausnahmen: Probe E3_87_0611 und E3_87_0708 mit 200 resp. 180ml. Alle wurden nach dem in Kapitel 3.7.1 beschriebenen Verfahren aufbereitet.

Profil 2/87, nur sehr geringmächtig, lieferte nach dem Abbau kaum 100 ml organisches Material und wurde deshalb mit dem zugehörigen Flächenmeter E3_87_0525 gesamthaft bearbeitet (siehe Kap. 5.6.3.1).

3.9 Quantitative Grundlagen für alle statistischen Daten

Allen Berechnungen liegt das wassergesättigte Probenvolumen **vor** der Schlämmung zu Grunde. Im weiteren wurden immer ermittelt:

•	organische Volumina	vor / nach der Schlämmung
•	anorganische Volumina	vor / nach " "
•	Proben-Gewicht / -Volumen	erdfeucht und wassergesättigt
•	Schlämmverluste	

Die vollständigen Grunddaten zu allen Proben dieser Untersuchung sind in Anhang 4/5 resp. 4/6 zusammengestellt.

Bei der Kulturschicht E3 handelt es sich nicht um eine Brandschicht. Dies zeigt sich unter anderem auch in den tiefen Makrorestkonzentrationen der verkohlten Pflanzenreste in allen Sedimenten aus Egolzwil 3 (Kampagnen 1986-88). Die Werte sind sehr viel geringer als in Untersuchungen der Arbeitsgruppe an vergleichbaren Standorten im Raum Zürich (siehe Kapitel 5ff). Es war deshalb schon aus rein quantitativen Überlegungen angezeigt, fossile Samen und Früchte nicht nur in Stichproben, sondern aus dem gesamten Probenmaterial (insgesamt 81.5 Liter untersuchtes Sedimentvolumen) auszulesen.

3.10 Bestimmung der Reste

Alle organischen Sedimente mit Teilchengrössen >0.5mm (sowie einige Stichproben >0.25mm) wurden unter dem Stereomikroskop WILD M3 mit 5 - 40-facher Vergrösserung nach Samen und Früchten durchgemustert und aussortiert. Ihre morphologische Bestimmung erfolgte mit demselben Gerät.

Für ganz kleine Funde oder für die Identifikation besonderer Oberflächenmerkmale war ein WILD M-20-Binokular (bis 1000fache Vergrösserung mit Auflicht-Ausrüstung) notwendig.

Von zentraler Bedeutung für die abschliessende Bestimmung war die von Dr. C. Farron aufgebaute und von PD Dr. S. Jacomet den Bedürfnissen der Archäobotanik angepasste Vergleichssammlung unseres Instituts in Basel. Dabei wurde nach Möglichkeit mit mehreren rezenten Vergleichsobjekten gearbeitet, um die Bandbreite der morphologischen Varianz eines Resttyps abschätzen zu können. Zusätzlich erschwert wurde die Bestimmung mancher Reste durch ihre unvollständige Erhaltung, Korrosionserscheinungen u.ä.m. Aus diesen Gründen wurde für Vergleichszwecke künstlich in KOH fossilisiertes Belegmaterial verwendet (siehe Jacomet et al. 1989) oder aber eine bereits bestehende Vergleichssammlung mit Belegen aus den Zürichsee-Siedlungen verwendet.

Bestimmungsliteratur von Bertsch (1941), Bejjerink (1976), Körber-Grohne (1964), Jacomet (1987), Jacomet, Brombacher & Dick (1989) u.a. (siehe Literaturverzeichnis) war zuweilen hilfreich für die Grobbestimmung. Die Feinbestimmung erfolgte mit der Vergleichssammlung und unter Mithilfe meiner Kolleginnen und Kollegen (Jacomet, Brombacher, Dick, Wacker, Wagner).

Taxonomisch bestimmte, unverkohlte Reste wurden in einer Glyzerin-Alkohol-Wasser-Lösung (2-2-2-1) mit etwas Thymol als Fungizid gelagert. Versuche mit Gefriertrocknung als Konservierungsmethode sind vielversprechend, apparativ aber auch aufwendig in der Realisation. Verkohltes Material wurde trocken aufbewahrt.

Im Bereich der Datenerfassung[4] und des Drucks wurden die von Dick/Brombacher (siehe Dick, 1988) unter dBaseIII^{plus} geschriebenen Programme benutzt und vom Verfasser zum Teil modifiziert und erweitert.

---

[4] EDV IBM-kompatibler PC-AT unter MS-DOS 4.01, resp. 6.0;

Datenerfassung	dBaseIIIplus	Ashton Tate
Graphische Oberfläche	Windows 3.1	Microsoft
Graphik	Excel 2.1 unter Windows	Microsoft
	Reflex 2.0	Borland
Text	Word für Windows 2.0	Microsoft
Druck	HP Deskjet 500	Hewlett Packard

D. Grundlagen der Auswertung

4.1 Aussagewert ökologischer Gruppen

Es erscheint richtig, den Aussagewert pflanzensoziologischer Vergleiche zwischen der Jungsteinzeit und heute nicht überzugewichten, denn viele rezente Pflanzengesellschaften waren im Jung-Neolithikum in ihrer heutigen Prägung und Artengarnitur noch nicht vertreten. Auf dieser Erkenntnis basiert unter anderem auch die Forschung der letzten 20 Jahre, die gezeigt hat, dass Aussagen zur Ökologie während der neolithischen Besiedlung vor allem in der als Kulturpflanzen nicht relevanten Flora und weniger in den Kulturpflanzen zu suchen sind (u.a. Behre & Jacomet 1991). Kultur- und Sammelpflanzen wurden besonders konzentriert in den Siedlungsbereich eingebracht und hatten deshalb statistisch grössere Chancen, konserviert, (oft) verkohlt und gefunden zu werden. Die naturräumliche Ausgestaltung widerspiegelt sich besser in den Resten unverkohlter Wildpflanzen, zufällig ein- oder mitgebracht, die zudem nur im Falle von Feuchtboden-Siedlungen günstige Erhaltungungsbedingungen vorfinden und deshalb auch seltener geborgen werden. Das vorliegende Pflanzenmaterial ist eine Mischung dieser beiden Gruppen, eingebracht aus verschiedenen Stellen der Siedlungsumgebung und kann durch Aktivitäten der damaligen Dorfbewohner sehr wohl geprägt oder verändert worden sein.

Insgesamt orientieren sich die qualitativen und quantitativen Auswertungsmethoden an den eigenen Erfahrungen der Arbeitsgruppe in Basel sowie der Literatur (u.a. Willerding 1970). Vor allem im Bereich der quantitativen Aussage konnten dank weitgehender Anwendung der EDV (statistische Auswertungsprogramme in dBaseIII^{plus}) grosse Datenmengen erschlossen und tabellarisch aufgearbeitet werden. Durch umfassenden Einsatz des Tabellenkalkulationsprogramms 'Excel' (Vers. 2.1, später 4.0 von Microsoft) unter der graphischen Oberfläche 'Windows 3.1' ist es auch gelungen, diese Daten ansprechend darzustellen.

4.1.1 Einteilung der ökologischen Gruppen

Bereits im Kapitel 1.1 habe ich auf den zunehmend systemhaften, ökologisch orientierten Schwerpunkt archäobotanischer Untersuchungen hingewiesen: Pflanzen, so wichtig ihre individuellen Einzigartigkeiten auch sind, bilden immer Teile eines Systems. Für diese Arbeit wurden die nachgewiesenen Arten deshalb in zehn ökologische Gruppen (= Standortgesellschaften) aufgeteilt, denen die pflanzensoziologischen Kriterien nach Oberdorfer (1957, 1977, 1978, 1983) und ökologischen Zeigerwerte nach Ellenberg (1979) zu Grunde liegen. Die (nutzungsbedingt !) "künstliche" Gruppe der 'Kulturpflanzen' - ihrer zentralen Bedeutung für diese Arbeit wegen - wurde, wie in den meisten Untersuchungen unserer Arbeitsgruppe (Jacomet 1985, 1989; Brombacher 1986, 1989; Dick 1988, 1989) als eigenständige Gesellschaft (Ökogruppe 9.1) beibehalten.

Hauptkriterium für die Zuordnung einer Pflanzenart zu einer Gruppe ist die heutige pflanzensoziologische Zuweisung dieser Art. Als Synthese definierter Ansprüche an den Lebensraum wie Wassertiefe, Feuchtigkeitsregime, Besonnung oder Schattenverträglichkeit etc. entspricht sie in etwa auch den höheren pflanzensoziologischen Einheiten (Klassen, Ordnungen oder Verbände).

	Gruppenkennzahl
Wasser-Pflanzen	1.
Untergetauchte Wasser-Pflanzen z.B. Laichkraut-Gesellschaften	1.1
Schwimmblatt-Pflanzen z.B. Seerosen-G.	1.2
Ufer-Pflanzen (Verlandungs-Standorte)	2.
Röhricht z.B. Schilf-, Seebinsen-G.	2.1
Gross-Seggenried	2.2
Uferpionier-Pflanzen z.B. Zypergras-G.	2.3
Pflanzen weiterer baumfreier Uferstandorte	3.
Nasswiesen z.B. Pfeifengras-G.	3.1
Bruch- und Auenwald-Pflanzen (feuchte Standorte)	4.
Wald-Pflanzen	5./6.
Offene Baumgesellschaften/lichter Mischwald	5.
Schattholzwald	6.
Waldrand-Pflanzen	7.
Waldschlag-Pflanzen	7.1
Waldrand-Pflanzen	7.2
wärmeliebende Waldrandpflanzen	7.3
Wiesen-Pflanzen	8.
Kulturzeiger	9.
Kulturpflanzen	9.1
Sommerfrucht-Begleiter / Segetalpflanzen	9.2
Winterfrucht-Begleiter / "	9.3
Ruderal-Pflanzen	10.

Tabelle **D 1** : Ökologische Gruppen 1-10 (verändert nach Jacomet, Brombacher & Dick 1989)

Die in Tabelle D 1 **unterstrichenen Pflanzengruppen** figurieren - der guten Lesbarkeit halber - unter diesen **Gruppenamen** in **allen graphischen** Darstellungen. Weitergehende hierarchische Unterteilungen würden einerseits die Graphiken zur Unlesbarkeit verurteilen, andererseits würde eine zu geringe Anzahl Taxa in zu vielen Gruppen sinnvolle Vergleiche mit anderen Grabungen verunmöglichen.

Eine vollständige Zusammenstellung der ökologischen Gruppen mit weitergehender Hierarchie ist in 'Archäobotanik am Zürichsee' (Jacomet, Brombacher & Dick 1989) veröffentlicht. Die für Egolzwil 3 relevanten Daten sind, leicht verändert, in Tabelle D 1 (respektive bei den einzelnen Gruppen in den Unterkapiteln 5.2ff, respektive 6.2ff) zusammengefasst.

Die Kategorie 'Weitere Arten/Gattungen' in allen Graphiken beinhaltet Artengruppen mit breiter ökologischer Amplitude und alle nur bis auf die Gattung oder nur als 'cf' bestimmten Pflanzenreste (siehe Kap. 6.7). Sie spielen sowohl für die Auswertung als auch statistisch gesehen eine kleine Rolle, wurden aber in den mathematischen Auswertungen mitberücksichtigt. Bei 125 verschiedenen Taxa sind dies 7 Gattungen/Arten (~5%); in absoluten Zahlen: 70 Stück auf ca. 30'000 Makroreste (~0.23%) im Gesamtfund. Darunter allein 48 der Gattung Rumex (Rumex spec.).

4.1.2 Ökologische Zeigerwerte nach Ellenberg (1979)

Lichtzahl	**L**	Schattenzeiger	1
		Vollichtzeiger	9
Temperatur	**T**	Kältezeiger	1
		Wärmezeiger	9
Kontinentalität	**K**	euozeanische Verbreitung	1
		eukontinentale Verbreitung	9
Feuchtezahl	**F**	Trockenzeiger	1
		Nässezeiger	9
		Wasserzeiger	10 - 12
Reaktionszahl	**R**	Säurezeiger	1
		Basen-/Kalkzeiger	9
Stickstoffzahl	**N**	N-Armutszeiger	1
		N-Abundanzzeiger	9

Tabelle **D 2** : Zeigerwerte nach Ellenberg (1979)

Die Zeigerwerte einer Art decken sich nicht unbedingt mit ihrer Gesamtverbreitung, denn vor allem Konkurrenzsituationen können das Vorkommen einer Art wesentlich beeinflussen. Dennoch liefern sie wichtige Hinweise auf die *ökologischen Voraussetzungen in der nahen Umgebung* eines Siedlungsplatzes (siehe Kap. 6).

Die Gliederung der Pflanzengesellschaften an einem Seeufer hängt stark mit den in 4.1.2 besprochenen Faktoren zusammen. Dazu kommen Wasser- und Lufttemperaturen, Wasserbewegungen und der Chemismus des Gewässers (inkl. Eutrophierungsgrad). Sie spielen alle eine wesentliche Rolle bei der Ausbildung der Vegetationsgürtel (siehe Kap. 5.5).

Die Grunddaten sind u.a. in Bollinger (1981), Jacomet (1985), Dick (1988) in grosser Breite dargestellt und sollen nicht wiederholt werden.

4.2 Arbeitshypothesen

Gehen wir von ähnlichen Sedimentations- und Erhaltungsbedingungen seit dem frühen Jung-Neolithikum aus, so lassen sich folgende Arbeitshypothesen postulieren:

1) Ein breites Spektrum von Arten aus verschiedenen ökologischen Gruppen im Sediment weist auf einen vielfältig gegliederten Lebensraum in der Umgebung des Wohnplatzes hin.

2) Eine grosse Artenzahl innerhalb einzelner ökologischer Gruppen lässt auf eine entsprechend differenzierte und vermutlich auch räumlich bedeutende Pflanzengesellschaft schliessen.

Beide Fragestellungen werden uns in der Folge noch beschäftigen.

4.3 Repräsentativität der Untersuchung

In Feuchtbodensiedlungen mit ihren grundsätzlich guten Erhaltungsbedingungen wird fossiles pflanzliches Material sowohl verkohlt als auch in unverkohltem Zustand gefunden. Die pflanzensoziologisch oder kulturgeschichtlich zu ziehenden Schlüsse können deshalb breiter abgestützt werden, da meistens mehr Arten nachweisbar sind als in Trockenboden-Grabungen mit ausschliesslich verkohlten Funden.

Insgesamt deuten die Schichtbefunde auf eine mässig verschwemmte Kulturschicht mit wenig mechanischer Beeinträchtigung der Sedimente seit ihrer Ablagerung hin (siehe Kap. 5.2ff).

Praktisch alle Makroreste lagen in der unverkohlten Erhaltungsform vor, verkohltes Material, vor allem die Funde von Cerealia, machen nur knapp 1% des geborgenen Materials aus (siehe Kapitel 5.2.4ff, Tab. E 8 - 12).

Im Referenzwerk 'Archäobotanik am Zürichsee' wird mittels einer Checkliste (Tab. 21/S.83, Jacomet, Brombacher & Dick 1989) auf die Überprüfbarkeit der **Repräsentativität** einer untersuchten Schicht hingewiesen. Zentrale Bedeutung kommt dabei der datenmässigen Erfassung **aller auftretenden Sedimenttypen** einer Untersuchung zu. Der Vollständigkeit halber ist die genannte Checkliste, um die Daten von Egolzwil 3 1986/87 ergänzt und modifiziert, im Anhang

4/7 (resp. Faltblatt) zu finden. Um eine statistisch repräsentative Untersuchung zu gewährleisten, muss die Frage der Probenzahl aus allen auftretenden Sedimenten, im Normalfall meist Stichproben, und deren Volumen definiert werden. Eine sinnvolle Auswahl der Stichproben muss ebenfalls getroffen werden. Die Repräsentativität ist deshalb ein statistisches Problem. Es ist auch richtig, dass der Erhaltungszustand (siehe Kap. 5ff) der Schicht eine wesentliche Rolle spielt, insbesondere beim Vergleich von Befunden verschiedener Untersuchungen. Als **Optimal-Programm** für eine **einphasige Kulturschicht** bezeichnen Jacomet, Brombacher & Dick (1989) eine Untersuchung mit etwa **100 Proben** mit Volumina >500ml **aus allen Sediment- oder Schichttypen**.

Für die vorliegende Untersuchung darf man von einem repräsentativen oder 'Optimal'-Programm sprechen, wurden doch insgesamt 103 Proben (siehe Tab. C 2, C 7 und C 8) aus einer Kulturschicht bearbeitet, davon 2/3 als Flächen- und 1/3 als Profilproben. Die Resultate vermögen deshalb repräsentative Auskunft zur untersuchten Kulturschicht und damit zur Vegetation und Wirtschaftsarchäologie des Wohnplatzes Egolzwil 3 zu geben.

4.4 Quantitative Aspekte der Auswertung

Gesamtkonzentration :	Gesamtanzahl **aller Reste** pro **Einzelprobe** und Liter wassergesättigtes Volumen - Characeen und Moose nicht eingeschlossen.
Konzentration :	Gesamtanzahl **eines Restes** pro **Einzelprobe** und Liter wassergesättigtes Volumen.
Stetigkeit :	Prozentanteil derjenigen Proben, in denen eine Art auftritt.
Durchschnittskonzentration :	Durchschnittliche Anzahl **eines Restes** pro Liter wassergesättigtes Volumen über eine zu **definierende Anzahl Proben.**

Verglichen mit Untersuchungen aus anderen Grabungen fiel bereits bei den Vorproben aus der Kampagne 1985 die niedrige Anzahl (Gesamtkonzentration) an Samen und Früchten in den Sedimenten von Egolzwil 3/LU auf. Die Arbeitstechnik "Stichprobe" musste deshalb bereits zu Beginn weggelassen werden, da mit Gesamtkonzentrationen von 1-300 Stück/Liter und sehr oft nur 2 - 5 Stück pro Art und Probe auf Grund von Stichproben keine statistisch zulässigen Aussagen möglich gewesen wären. In der Arbeit von Dick (1988, Tabelle 5) werden *statistische Probleme und Überlegungen* in grosser Breite erläutert und sie sind in ihrer Grundkonzeption auch in diese Arbeit eingegangen.

Zwei Beispiele zu den 'statistischen Schwierigkeiten' der Egolzwiler-Schichten:

1.	Von	**154**	(100%)	verschiedenen Taxa in 103 Proben treten
		51	(33%)	insgesamt 1 bis 3mal auf, und nur bei
		85	(54%)	Resttypen sind mehr als 7 Reste belegt,

was zeigt, dass viele verschiedene Taxa nur in kleiner Stückzahl vorhanden sind (siehe Kap. 5.2). Die Werte basieren auf 81.5l untersuchtem Probenvolumen (siehe Kap. 3.3, Tab C 1).

2. Die Gesamtkonzentrationen der Reste (Mittelwert Grabung 1986: 368 Reste/l; siehe Kap. 5.2ff) mit Werten bis knapp 1000 Reste/Liter in den Proben täuschen über die Tatsache hinweg, dass bei den hohen Werten vor allem die Wasserpflanzen Nixenkraut (Najas marina und N.flexilis) sowie die Sammelpflanzen Erd-, Brom- und Himbeere (Fragaria vesca, Rubus spec.) respektive die Kulturpflanze Schlafmohn (Papaver somniferum) oft mehr als die Hälfte aller gefundenen Reste ausmachen. Diese Überlegungen führten zu einem **Korrekturwert** (siehe Kap. 4.6.1) Die Gesamtkonzentration - ausser bei den obenerwähnten Taxa - liegt im Schnitt deutlich unter 300 pcs/l (siehe Kap. 5.2, Abb. E 1 - 8).

Gerade im Fall von Egolzwil 3 mit geringen Konzentrationen der Reste spielt die Stetigkeit der einzelnen Reste eine bedeutendere Rolle bei der Beurteilung der Bedeutung einer Art als in Grabungen mit hoher Funddichte. Das mehrfache Auftreten eines Taxons (auch in kleinen Stückzahlen) an verschiedenen Orten innerhalb des Wohnplatzes markiert eine 'gewisse Bedeutung dieser Art (Gattung) im damaligen Umfeld'. Je nach Fundsituation kann diese Aussage noch wesentlich spezifiziert werden. Vom rein statistischen Gesichtspunkt spielt deshalb

* die Anzahl der untersuchten Proben (siehe Kapitel 4.3)
* die Grösse der Stichproben
* die Lage des Probenentnahmeortes innerhalb der Siedlung
* die Besiedlungsdauer
* die Unversehrtheit der Schicht/Probe (siehe Kap. 5.2f)
* die Samenproduktion

eine wesentliche Rolle: Grundsätzlich macht ein Schlehenstein eine Frucht aus. 40 bis 90 Erdbeerkernchen repräsentieren hingegen 40 bis 90 Erdbeeren, im Extremfall aber auch nur eine einzige Erdbeere ! Die Tabelle D 3 zeigt dies an einigen in Egolzwil 3 nachgewiesenen Taxa:

Gattung / Art	Anzahl Samen/Früchte	Mittelwert
Fragaria vesca	50-90	± 40
Rubus fruticosus	10-60	± 40
Rubus idaeus	dito	dito
als Vergleich :		
Sambucus spec.	1	1
Quercus spec.	1	1

Tabelle **D 3** : Anzahl Samen/Früchte pro Verbreitungseinheit einer Art
(verändert nach Jacomet, Brombacher & Dick 1989)

In Egolzwil 3 - bei mässig guter Erhaltung der Sedimente (siehe Kap. 5.2ff) - darf durchaus davon ausgegangen werden, dass die gefundenen Reste die Vegetation der damaligen Siedlung zwar gut repräsentieren, dass aber eigentlich noch mehr Arten zu erwarten gewesen wären.

4.5 Qualitative Vergleiche

Bei qualitativen Vergleichen müssen wir folgende Aspekte mitberücksichtigen:

1. Schichten/Proben innerhalb einen Grabung, und erst recht in verschiedenen Grabungen, unterliegen verschiedenen Erhaltungbedingungen (siehe Kap. 5.2).

2. Verschiedene Arten haben eine sehr unterschiedliche Samenproduktion (siehe Tab. D 3) und damit unterschiedliche Chancen, überhaupt in die Siedlung zu gelangen und erhalten zu bleiben.

3. Verschiedene Arten haben unterschiedliche Erhaltungsfähigkeiten (siehe Kap 4.3), sei das durch den Aufbau der Aussenhüllen (z.B. Nusschale) oder durch die Erhaltungsform (verkohlt <> unverkohlt) bedingt (siehe Kap. 5.2ff resp. 5.2.6).

4.6 Darstellungsmethoden der Resultate

Alle nachstehenden Graphiken und Erläuterungen beziehen sich auf die Standardgrösse

1 Liter wassergesättigtes Volumen vor der Schlämmung.

Die durchschnittlichen Gesamtkonzentrationswerte zeigen mit 392 Stück/Liter für die Grabung 1986, resp. 252 für 1987 nur scheinbar unterschiedliche Verhältnisse. Bei einem ausschliesslichen Vergleich der Flächenproben, d.h. ohne die Proben der Profilkolonnen, liegen sie nämlich mit 392 und 410 Stück/l Sedimentmaterial sehr nahe zusammen (siehe Tab. D 5) und befinden sich im Rahmen der Werte der frühbronzezeitlichen Funde von Zürich-Mozartstrasse.

4.6.1 Durchschnittliche Gesamtkonzentrationen der beiden Ausgrabungskampagnen 1986 und 1987

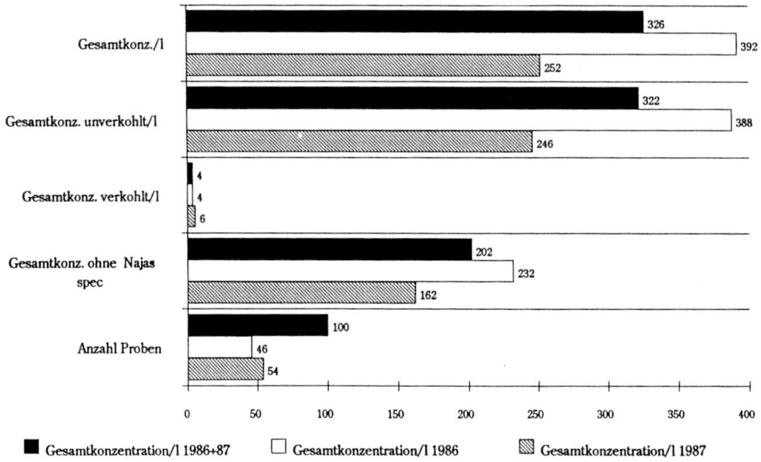

Abbildung **D 4** : Durchschnittliche Gesamtkonzentrationen in Stück/Liter (pcs/l)

Erwähnenswert ist vor allem der sehr niedrige Wert der verkohlten Reste (siehe Abb. D 4 und D 5) in der Gesamtheit aller Proben: Durchschnittskonzentrationen zwischen 4 und 7 Stück/Liter ! Dass in Egolzwil 3 keine Brandschicht vorliegt, wurde bereits mehrfach erwähnt.

	Anzahl Proben	unverkohlt	verkohlt	TOTAL Stück/Liter
Egolzwil 3, Egolzwil/LU				
- Kampagne 1986 (nur Flächenproben)	46	388	4	392
- Kampagne 1987	52	246	6	252
Flächenproben 1987	24	403	7	410
Profilproben 1987	28	135	5	140

Abbildung **D 5** : Durchschnittliche Gesamtkonzentrationen nach *Probenart*

Eine Interpretation der Totalwerte ist grundsätzlich problematisch, da sie einen Durchschnittswert aus allen untersuchten Proben darstellen. Sie beinhalten deshalb auch Werte von Proben aus dem Randbereich der Kulturschicht, aus reinen Seekreideproben respektive aus den Lehmlagen der Lehmlinsen. Alle diese Proben weisen erfahrungsgemäss eher niedrige Konzentrationen an Samen und Früchten auf und senken deshalb den Durchschnittswert. Eine spezielle Erwähnung verdient der hohe Anteil der Wasserpflanze Najas (Nixenkraut) am Wert der Durchschnittskonzentration. Deshalb sind in den Abbildungen jeweils die Gesamtkonzentrationen *mit* und *ohne* Najas spec. dargestellt. Für Vergleiche mit anderen Grabungen ist vor allem der zweite Wert ohne Najas spec. relevant: Nach Abzug von Najas spec. bleiben die Relationen zwischen den einzelnen Konzentrationswerten erhalten und verstärken die Annahme, dass Najas spec. (siehe Kap 5.3ff) die Kulturschicht gleichmässig kontaminiert hat. Wenn ein oder wenige Taxa, die zur lokalen Vegetation des Siedlungsplatzes gezählt werden müssen, in verhältnismässig grosser Stückzahl auftreten, scheint es angebracht, ihre Anteile bei statistischen Auswertungen und in Graphiken sorgfältig zu gewichten oder mit einem Korrekturfaktor zu versehen. Dies vor allem dann, wenn es um wirtschaftsarchäologische Interpretationen geht. Ganz anders ist es, wenn es um Darstellungen oder Interpretationen der lokalen Vegetation geht.

Ob der Wohnplatz jeweils nur während eines bestimmten Teiles des Jahres während einiger Monate besiedelt wurde und als **ein** Standplatz einer nomadisierenden Sippe zu verstehen ist, soll als alternative Hypothese zumindest erwähnt sein. Die Resultate **schliessen diese Möglichkeit auf jeden Fall nicht aus**, zumal bis heute mehr als 30 Rastplätze aus mesolithischer Zeit in der unmittelbaren Umgebung des ehemaligen Sees bekannt sind, die auf eine traditionelle Besiedlungsaktivität in dieser Gegend hinweisen (siehe Kap. 2.4 und 6.1).

4.6.2 Anteil der Arten *pro ökologische Gruppe* in den Flächenproben

Alle Flächenproben habe ich gesamtheitlich auf den Inhalt an pflanzlichen Resten untersucht (siehe Anhang 4/1) und die bestimmten Taxa den 10 ausgewiesenen Ökogruppen zugewiesen (siehe Kap.4.1, Tab. D 1 resp. Kap. 6ff). Aus diesen Daten wurden in Form von Tabellen und Kreisdiagrammen (siehe Abb. D 6 als Beispiel) relevante Sachverhalte dargestellt und für die Diskussion der einzelnen Fragestellungen aufgearbeitet. Die Datenbasis der Kreisdiagramme ist einerseits die Artenzahl innerhalb der ökologischen Gruppe, anderseits die Anzahl der gefundenen Reste/Liter respektive die Stetigkeit des Auftretens eines Taxons.

■ Weitere Gattungen/Arten	□ Wasser-Pflanzen	□ Ufer-Pflanzen	▤ Wald-Pflanzen
▦ Waldschlag-Pflanzen	▩ Waldrand-Pflanzen	▤ Wiesen-Pflanzen	▥ Sommerfrucht-Begleiter
▧ Winterfrucht-Begleiter	▨ Ruderal-Pflanzen	▥ Kultur-Pflanzen	

Von besonderem Interesse ist dabei der Anteil der Wasser- und Uferpflanzen (Ökogruppe 1 und 2) und der Bereich Kulturpflanzen (Ökogruppe 9.1) und deren Begleitflora: Segetal- und Ruderalpflanzen (Ökogruppe 9.2, 9.3 und 10). Um die Bedeutung der Kulturpflanzen zu verdeutlichen, ist das Segment 'Kulturpflanzen' jeweils durch Ausschneidung aus dem Kreisdiagramm speziell abgesetzt, und die bestimmten Kulturpflanzen-Artengarnitur angeschrieben:

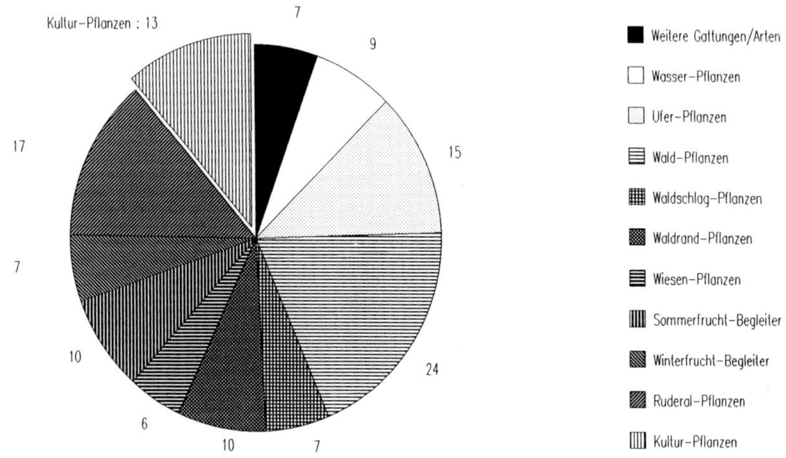

Abbildung **D 6** : Anteil der Arten *pro ökologische Gruppe* in Flächenproben

4.6.3 Anteil der Arten *pro ökologische Gruppe* in den Profilkolonnen (siehe Kap. 5.6.1 resp. 5.6.2)

Für die einzelnen Abstiche der Profilkolonnen gilt 4.6.1 in seiner Gesamtheit ebenfalls. Zusätzlich sind die Artenzahlen der einzelnen Ökogruppen in Balkendiagrammen verdeutlicht (siehe Abb. D 7 als Beispiel).

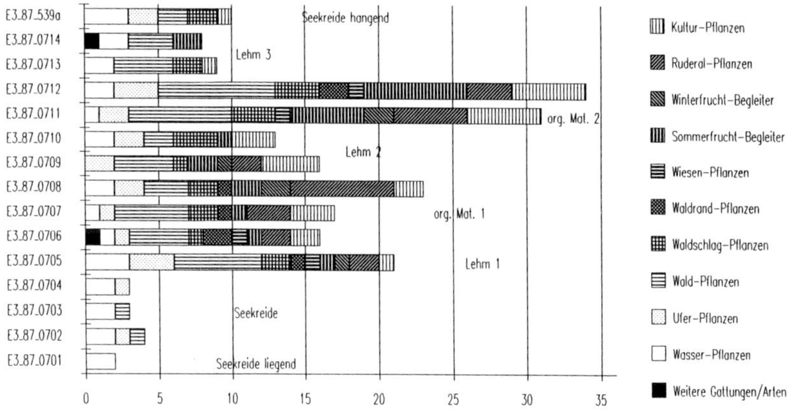

Abbildung **D 7** : Anteil der Arten *pro ökologische Gruppe* in Profilkolonnen

4.6.4 Verteilung *einzelner Arten* in der Grabungsfläche

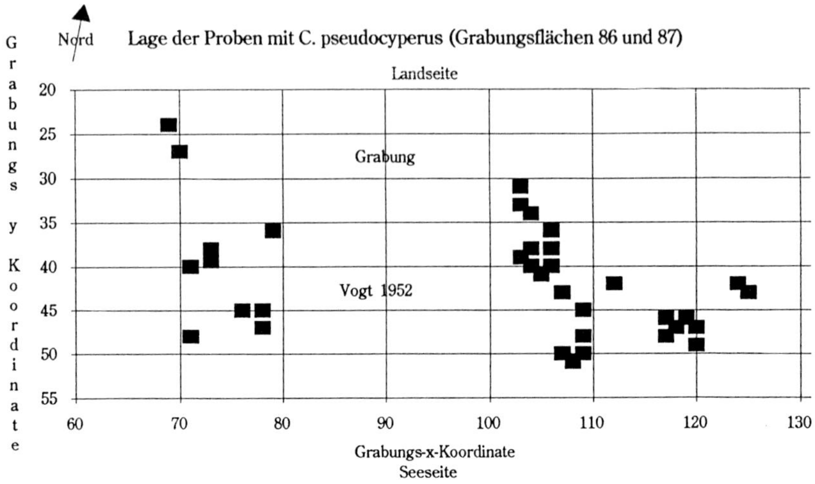

Abbildung **D 8** : Fundverteilung am Beispiel von Carex pseudocyperus in der Grabung Egolzwil 3

Die Verteilung der Funde einzelner oder mehrerer Arten einer Ökogruppe wurde flächendeckend auf der Grundlage der graphischen Grabungspläne dargestellt mit dem Ziel, Aktivitätszentren zu isolieren. Bei den extrem niedrigen Konzentrationen (siehe Anhang 4/2) vieler Reste erscheinen Aussagen über Aktivitätszentren indessen etwas gewagt. Vorhandensein oder Fehlen mag einen Hinweis auf solche Aktivitätsschwerpunke liefern. Die Plandarstellungen sind rein qualitative Aussagen - die quantitativen Aspekte sind den beistehenden Legenden zu entnehmen. Leider fehlen uns momentan die meisten archäologischen Auswertungen zu den archäologischen Sachverhalten. Sie sind noch in Bearbeitung.

E. Ergebnisse zur Schichterhaltung

5.1 Einleitung

Das Kapitel 5 soll grundsätzlich alle wichtigen Erkenntnisse aus den Sedimentuntersuchungen zusammenfassen und ist in fünf Teile gegliedert:

Schichterhaltung (Kap. 5.2)
Wasserbeeinflussung der Kulturschicht (Kap. 5.4)
Seeufervegetation (Kap. 5.5)
Analyse der Proben und Hinweise auf anthropogene Aktivitäten (Kap. 5.6)
Bearbeitung eines Transsekts 'See-Land' in der Grabungsfläche 1986, zur Frage des Wasser-Land-Gradienten in der Kulturschicht (Kap. 5.7)

5.2 Erhaltungszustand der Kulturschicht

In Feuchtbodensiedlungen mit ihren relativ guten Erhaltungsbedingungen wird fossiles pflanzliches Material sowohl verkohlt als auch in unverkohltem Zustand gefunden. Die pflanzensoziologisch und kulturgeschichtlich zu ziehenden Schlüsse können deshalb breiter abgestützt werden, da meist mehr Arten nachweisbar sind als in Trockenboden-Grabungen mit ausschliesslich verkohlten Funden. Vor allem Willerding hat in mehreren Arbeiten die Repräsentationstreue eines Artenspektrums diskutiert. Diese ist abhängig von :

		Erosion	Verschwemmung
1.	Schichterhaltung	Zersetzung	Trockenlegung / Sauerstoffzutritt
		Pressung	mechanische Zerstörung
2.	Samenproduktion der einzelnen Arten		
3.	Unterschiedliche Fragilität oder Erhaltungsfähigkeit der Samen und Früchte		
4.	vermutliche Bedeutung der Art im Leben der damaligen Bewohner		
5.	Grund der Siedlungsauflassung wie z.B. Brand, Überschwemmung oder Seuche		

Neben den Vorzügen der Konservierung von unverkohltem Material unter feuchten, anaeroben Bedingungen kommen noch rein mechanisch bedingte Erhaltungseigenschaften der verschiedenen Reste dazu: eine robuste Haselnussschale hat eine bessere Stabilität gegen Rollung, Verformung oder Zerstörung durch Wellenbewegungen als eine feinflüglige Birkenfrucht ! Schlichterle (1985) hat darum vor allem die beiden Parameter

* Samengesamtkonzentration (Korndichtewert) im Sediment (siehe Kap. 5.3) und
* Präsenz fragiler, korrosionsanfälliger Pflanzenreste

als Indikatoren für den Erhaltungsgrad einer Schicht postuliert: Wenn viele unverkohlte Arten nachweisbar sind, darf davon ausgegangen werden, dass das Artenspektrum die frühere Umwelt eher repräsentativ widerspiegelt.

Indikator-Arten Deutsche Bezeichnung	Kleiner Hafner Egolzwil 5A+5B	**Egolzwil 3 Egolzwil E3 86/87**	Kleiner Hafner Cortaillod 4C	AKAD Pfyn J	Ökogruppe	Fachbezeichnung
unverkohlt	verschwemmte KS	mässige Erhaltung	gute Erhaltung KS	gute Erhaltung KS		
Getreide-Spindelglieder:						
Gerste	4.1	fehlt	4.2	0.7	9.1	Hordeum vulgare
Nacktweizen	32.3	fehlt	60	21.7	9.1	Triticum aestivum/durum
Emmer	6.4	fehlt	18.5	6.3	9.1	Triticum dicoccum
Einkorn	35.5	fehlt	31	0.6	9.1	Triticum monococcum
Leinreste:						
Kapselteile	3.5	0.5	130	166.5	9.1	Linum usitatissimum
Samen	4.9	5.89	125	112	9.1	"
Erbse	20.6	0.2	fehlt	fehlt	9.1	Pisum sativum
Samen diverser Arten:						
Leindotter	nachgewiesen	0.13	13.8	nachgewiesen*	9.3	Camelina s.l.
Schlafmohn	2099	76.31	242	1546	9.1	Papaver somniferum
Vogelknöterich	fehlt	<1	0.54	1	10.2	Polygonum aviculare
Pfirsichblättriger Knöter.	0.87	1.88	0.7	0.7	9.2	Polygonum persicaria
Windenknöterich	19.5	0.1	2.48	0.9	9.3	Fallopia convolvulus
Kriechender Hahnenfuss	0.35	0.59	3.26	1.33	10.2	Ranunculus repens
Wiesen-Bärenklau	nachgewiesen	0.1	nachgewiesen	fehlt	8.2	Heracleum sphondylium
Gewöhnlicher Dost	1.88	0.49	4.83	4.15	7.3	Origanum vulgare
Hühnerdarm	nachgewiesen	0.6	1.03	0.5	9.2	Stellaria media

Tabelle **E 1** : Durchschnittskonzentration unverkohlter Schichterhaltungs-Indikatoren
(* = nachgewiesen, aber nicht immer sicher bestimmbar; KS = Kulturschicht)

Die Tabelle E 1, in Anlehnung an Tabelle 9 aus Jacomet, Brombacher & Dick (1989), vergleicht die Kulturschichten von Egolzwil 3 mit den ebenfalls relativ erodierten (verschwemmten) Egolzwilerschichten (Schicht 5A+5B) aus Zürich-Kleiner Hafner (Jacomet 1987) und mit guterhaltenen Cortaillod-Schichten aus Zürich-Kleiner Hafner (Schicht 4E; Jacomet 1987) sowie Pfyner Material aus Zürich-Mozartstrasse (Schicht J; Jacomet, Brombacher & Dick 1989). Wir entnehmen ihr zweierlei Aussagen:

1. Die tiefen Konzentrationswerte für unverkohlte Makroreste der Egolzwilerschichten weisen auf eine eher mässige Erhaltung der Schicht hin !

2. Das Vorhandensein von einigen fragilen unverkohlten Arten und einer breiten Artengarnitur im Sediment von Egolzwil 3 lassen aber dennoch eine *gute* Darstellung der früheren Vegetation vermuten !

Die für die Schichtverhältnisse in Egolzwil 3 hohe Durchschnittskonzentration (76 pcs/l in organischen Materialproben) für Mohn (Papaver somniferum) ist im Vergleich zu zeitgleichen Zürcher Stationen ein tiefer Wert. Dasselbe gilt für die Durchschnittskonzentration (7 pcs/l) von Lein (Linum usitatissimum). Untersuchungen von Schlichterle (1985) haben aber gezeigt, dass gerade Mohn- und Flachs/Lein-Reste unter **ungünstigen** Erhaltungsbedingungen oft fehlen. Die Stetigkeiten für beide Arten (Papaver somniferum: 82%; Linum usitatissimum: 53%; siehe Kap. 7.8) unterstreichen die Aussage einer mässigen, sicher aber nicht schlechten Schichterhaltung in allen Sedimentypen der Grabung Egolzwil 3 1986 und 1987. Unter dieser Voraussetzung sind Aussagen über die ursprüngliche Vegetation des Siedlungsplatzes und dessen Umgebung jedenfalls noch statthaft.

Das Auftreten von Camelina sativa s.l. und des sehr fein gebauten Heracleum sphondylium L. oder von Stellaria media L. verweist ebenfalls auf eine Schicht mit nicht ungünstigen Erhaltungsbedingungen für Makroreste. Vor allem die fragilen und selteneren unverkohlten Reste geben wichtige Hinweise auf den Erhaltungszustand eines Sediments bezüglich Erosion oder Zersetzung (Schlichterle 1985).

Die Tatsache, dass unverkohlte Körner und Spindelglieder von Cerealien in Egolzwil 3 vollständig fehlen, wird noch besonders diskutiert (Kap. 7). Sie hat aber mit der Repräsentativität der Untersuchung nichts zu tun (siehe auch Kap. 4.3). Der Einfluss subrezenter anthropogener Aktivitäten hält sich - soweit im Sediment feststellbar - in Grenzen. Die Auswirkung des überschwemmenden Moossees hat sich mehr in der Verteilung der Reste über die Siedlungsfläche als in der Zerstörung von Befunden manifestiert und dürfte mitverantwortlich für die vergleichsweise niedrigen Konzentrationswerte der Makroreste in der Kulturschicht sein. Trotz einer intensiven Abtorfung und späterem Humuseintrag (siehe Kap. 2.1) waren zudem nur wenig schichtpressende Verzüge zu erkennen.

Man muss aber leider davon ausgehen, dass sich Schicht- und Resterhaltung in den letzten 30 Jahren durch die immer weitergehende Trockenlegung des Mooses dennoch etwas verschlechtert haben; Vogt (1952) berichtet noch geradezu begeistert von sehr gut erhaltenen Hölzern in grossen Stückzahlen. In den Kampagnen 1986 und 1987 waren - vorallem bei den liegenden Hölzern - zwar grosse Mengen, aber nur noch mässig gute Erhaltung festzustellen.

5.2.1 Gesamtkonzentrationen der beiden Ausgrabungskampagnen 1986 und 1987

Die Gesamtkonzentrationswerte aller Proben zeigten mit 392 Stück/Liter für die Grabung 1986, respektive 252 für für das Jahr 1987 (siehe Abbildung E 2) nur scheinbar unterschiedliche Verhältnisse. Bei einem ausschliesslichen Vergleich der Flächenproben, d.h. ohne Proben aus den Profilkolonnen, lagen sie nämlich mit 392 und 410 Stück/l Sediment sehr nahe beisammen (siehe Tabelle E 3) und befinden sich im Rahmen der Werte der frühbronzezeitlichen Schicht von Zürich-Mozartstrasse, in welcher Makroreste relativ schlecht erhalten waren (Schicht 1A/1B, Jacomet, Brombacher & Dick 1989).

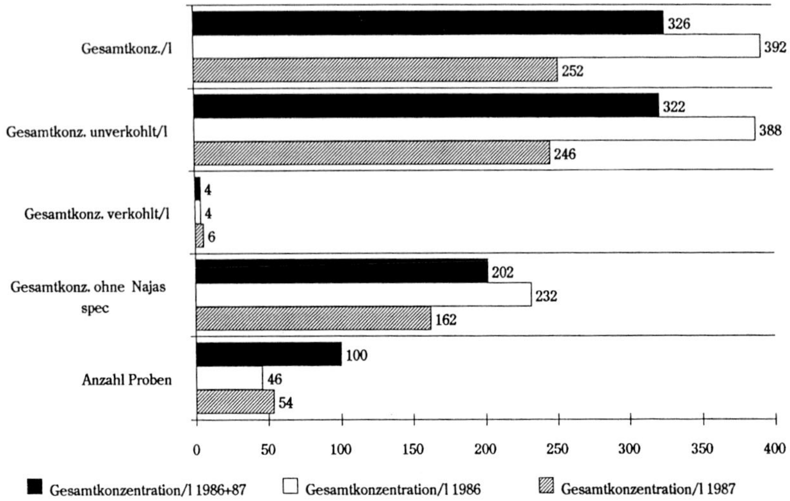

Abbildung **E 2** : Gesamtkonzentrationen in Stück/Liter (pcs/l) in den Grabungen Egolzwil der Jahre 1986 und 1987

Eine Interpretation der Gesamtkonzentration bezüglich Probenart ist nicht sehr aussagekräftig, da sie bei den Profilproben einen Durchschnittswert aus verschiedenen untersuchten Sedimenttypen (siehe Kap. 3.7) darstellt. Sie beinhaltet Werte von relativ fundleeren Proben aus dem Randbereich der Kulturschicht, aus reinen Seekreideproben und aus den Lehmlagen der Lehmlinsen; bei den Flächenproben dagegen findet sich weitgehend einheitliches, organisches Material. Diese Proben weisen erfahrungsgemäss höhere Konzentrationen an Samen und Früchten auf und heben die Durchschnittswerte.

	Anzahl Proben	unverkohlt	verkohlt	TOTAL Stück/Liter
Egolzwil 3, Egolzwil/LU				
- Kampagne 1986	46	388	4	392
(nur Flächenproben)				
- Kampagne 1987	52	246	6	252
Flächenproben 1987	24	403	7	410
Profilproben 1987	28	135	5	140

Tabelle **E 3** / Gesamtkonzentrationen nach *Probenart* und *Erhaltungsform*

Erwähnenswert ist vor allem der sehr niedrige Wert der verkohlten Reste in der Gesamtheit aller Proben (Gesamtkonzentrationen zwischen 4 und 7 pcs/l - siehe Tab. E 3). Der Umstand, dass keine Brandschicht vorliegt, wurde bereits mehrfach erwähnt.

5.2.2 Gesamtkonzentration der Flächenproben 1986

Die Proben aus der Grabung im Sommer 1986 weisen eine tiefe Gesamtkonzentration der Reste auf, verglichen mit Grabungsresultaten anderer neolithischer Stationen, z.B. Zürichseeraum (Jacomet, Brombacher & Dick 1989). Dies bezieht sich sowohl auf die Gesamtheit aller Proben als auch nur auf die organischen Sedimente mit Durchschnittskonzentration von knapp 400 pcs/l.

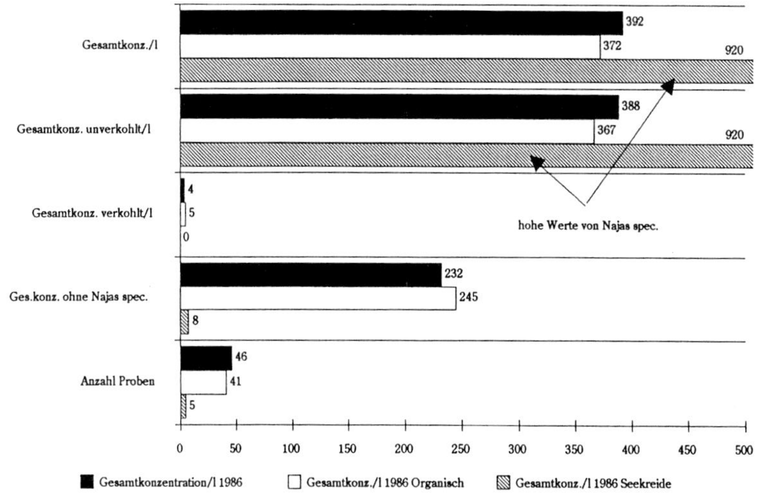

Abbildung **E 4** : Gesamtkonzentration (Stück/l) in den 86-er Flächenproben

Die Spitzenwerte in den Seekreideproben liegen bei 920 Stück/Liter; dies ausschliesslich der hohen Werte von Najas spec. wegen (siehe Abb. E 4). Dieser Sachverhalt war u.a. ausschlaggebend, dass in den Graphiken ein Korrekturwert - ohne Najas spec. - eingeführt wurde (siehe Kap. 4.6.1). Die korrigierten Werte der Gesamtkonzentration ermöglichen Vergleiche mit Sedimenten aus anderen Bereichen der Grabung sowie mit weiteren Grabungen mit weniger wasserbeeinflussten Sedimenten (Schlichterle 1985).

5.2.3 Gesamtkonzentrationen der Flächenproben 1987

Bei der Auswertung der Sedimente aus der Kampagne 1987 muss zwischen den beiden Probenarten *'Fläche'* (24 Proben) und *'Profil'* (28 Proben) unterschieden werden.

Wie die Abbildung E 5 zeigt, liegen die Durchschnittswerte der Gesamtkonzentrationen im Bereich der entsprechenden Werte aus der Kampagne 1986. Werden die hohen Anteile von Najas spec. (siehe Kap. 4.6.1) korrigiert, fallen die Konzentrationen in den Seekreideproben um 80%. Der Anteil des verkohlten Materials liegt im 2%-Bereich, d.h. doppelt so hoch wie in der Kampagne 1986, was daran liegt, dass der Gehalt an organischem Material in allen Flächenproben 1987 höher lag als in den Proben des Vorjahres, und dass die Proben gruppenweise aus der Umgebung von Lehmplatten stammten (siehe Plan C 5, resp. Plan 4/8 im Anhang).

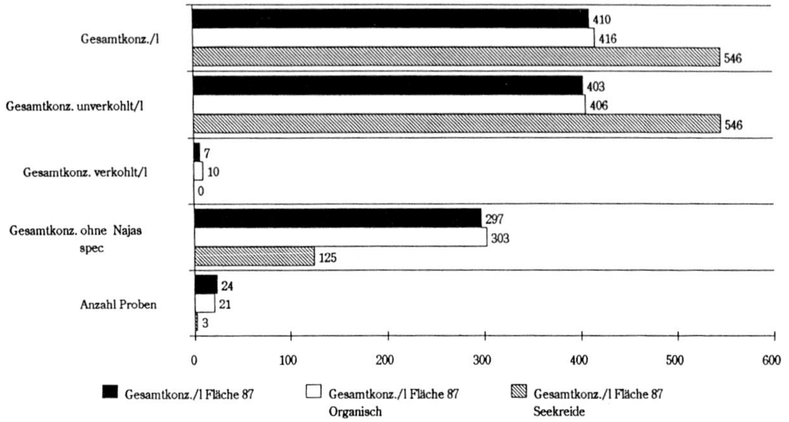

Abbildung **E 5** : Gesamtkonzentrationen der <u>Flächenproben</u> der Kampagne 1987

Genau wie in den Seekreideproben aus dem Jahre 1986 (5 Proben) fanden sich in den Seekreidesedimenten (3 Proben) von 1987 (insgesamt 8 Flächenproben) keine verkohlten Reste (siehe Abb. E 5). Es wäre immerhin denkbar gewesen, dass verkohltes Material unter bedeutendem Wassereinfluss dorthin gelangt wäre.

5.2.4 Gesamtkonzentration der Profilproben 1987

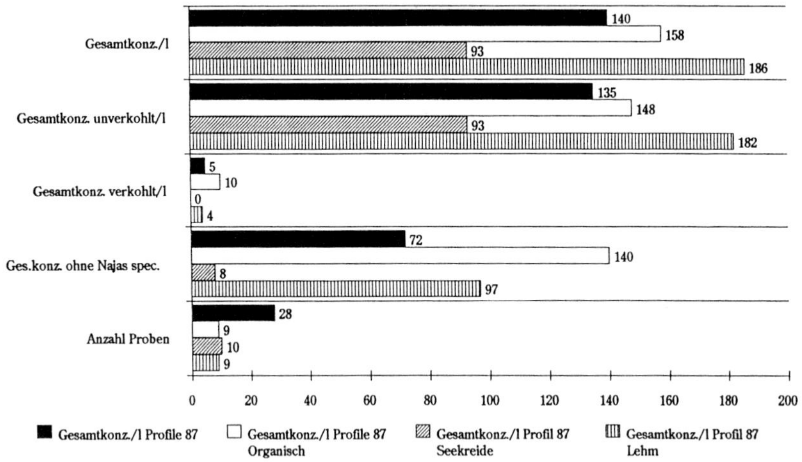

Abbildung **E 6** : Gesamtkonzentration der Reste in den <u>Profilproben</u> 1987 (in pcs/l)

Die insgesamt 28 Profilproben aus 3 Profilen der Kampagne 1987 zeigten deutlich tiefere Werte in den Gesamtkonzentrationen (siehe auch Kap. 5.2.1) als die Flächensedimente, nämlich zwischen 93 und 186 Stück/l (Abb. E 6) und erreichten jeweils kaum 50% jener Werte (Abb. E 3-5). Diese auf den ersten Blick kontroverse Feststellung kann verschiedene Ursachen haben und soll darum etwas differenzierter erörtert werden:

1. Einzelne der z.T. recht feinen, organischen Lagen (jeweils 4 - 8 cm stark) zwischen den drei Lehmplatten zweier Profile zeigten Gesamtkonzentrationen, die mit 200 bis 783 Stück/l bei Profil 7, respektive mit bis gegen 400 Stück/l im Profil 6, im Bereich der Gesamtkonzentrationen der (organischen) Flächenproben der beiden Grabungskampagnen lagen (siehe Abb. E 6 und E 7). Die Artenzahlen lagen mit 20 bis 34 Arten in derselben Grössenordnung respektive meist leicht höher als bei den organischen Flächenproben (siehe Kap. 5.3.2, Abb. E 16).

2. Der tiefe Durchschnittswert für das Gesamt-Profil (um 150 Stück/l, siehe Abb. E 6) kann mit einem verhältnismässig hohen Anteil Lehm und/oder fundarmer Seekreide in Zwischenlagen und Kontaktzonen der Profile erklärt werden. Wesentlich sind dabei vor allem die tiefen Werte der Seekreideproben an der Profilkolonnenbasis (insbesondere Profil 6, siehe Tab. E 7).

3. Die Profilsäulen stammten aus vermuteten Aktivitätszentren (Lehmlinsen / Herdstellen), in denen neben Spuren der Aktivität 'Kochen' eher wenig 'Abfall' im landläufigen Sinne herumliegt. Konkret bedeutet dies, dass einerseits in diesem Bereich verkohlte Reste in den Proben immerhin 7% Anteil am gesamten organischen Fundmaterial an Samen und Früchten ausmachen (10 von 158 pcs/l), da offensichtlich mit Feuer hantiert wurde und anderseits organisches Material - sehr oft mit Bezug zur menschlichen Ernährung - durch die Füsse arbeitender Menschen in den Lehm gedrückt, fixiert oder überdeckt wurde und deshalb weniger verschwemmt werden konnte. Verkohlte Reste erreichten deshalb in den (organischen) Profilproben mit 10 Stück/l (siehe dazu Abb. E 6) für Egolzwil 3 relativ hohe Konzentrationswerte.

Die Tabelle E 7 zeigt im schraffierten Bereich die Werte der Gesamtkonzentrationen und Artenzahlen im organischen Probenbereich der Profilkolonnen. Recht deutlich kommt auch zum Ausdruck, dass im Profil 7 an der Basis der organischen Schicht (Probe E3_87_0706) und der unterlagernden Lehmschicht eine weniger klare Trennung der Sedimenttypen in Bezug auf Gesamtkonzentration und Artenzahl sichtbar wird als in Profil 6, wo die Werte über der ersten Lehmlage (Probe E3_87_0605) sprunghaft ansteigen. Die Feinanalyse des Profils 7 zeigte in den Proben E3_87_0706 und E3_87_0707 auch einen deutlich höheren Sandanteil, der auf eine Verschwemmung oder Durchmischung des Sediments hinwies.

Profil-position	Proben-Nr.		Proben-höhe	Gesamtkonzentrationen total	Gesamtkonzentrationen verkohlt	Artenzahlen total	Artenzahlen verkohlt	Artenzahlen unverkohlt	Artenzahlen Wasserpfl.	Artenzahlen Kulturpfl.
		Profil 6								
13	E3_87_539	wenig org. Mat.einschlüsse	497.40	290	0	10	0	10	2	1
12	E3_87_0612	2.Lehmlage, oberer Teil	497.31	69	0	12	0	13	3	1
11	E3_87_0611	2.Lehmlage, unterer Teil	497.27	110	0	6	0	6	2	0
10	E3_87_0610	2.KS-Phase	497.26	134	6	31	3	29	2	2
9	E3_87_0609	Übergang zu 2.KS-Phase	497.21	377	13	20	3	17	2	3
8	E3_87_0608	2.Lehmlage ,oberer Teil	497.21	198	5	6	1	5	2	2
7	E3_87_0607	Übergang 2.Lehmlage, unt. T.	497.19	135	15	40	3	39	2	5
6	E3_87_0606	obere 1.KS-Phase	497.16	84	4	32	2	30	2	4
5	E3_87_0605	untere 1.KS-Phase	497.11	405	30	34	5	31	2	3
4	E3_87_0604	1.Lehmlage	497.10	16	1	10	1	9	3	1
3	E3_87_0603	CL	497.07	65	0	4	0	4	2	1
2	E3_87_0602	CL	497.02	12	0	2	0	2	2	0
1	E3_87_0601	untere Seekreidenkante	496.97	82	0	3	0	3	2	0
		Profil 7								
15	E3_87_539a	wenig org. Mat.einschlüsse	497.48	290	0	10	0	10	3	1
14	E3_87_0714	3.Lehmlage, oberer Teil	497.40	574	0	8	0	8	2	0
13	E3_87_0713	3.Lehmlage, unterer Teil	497.35	155	0	9	0	9	2	1
12	E3_87_0712	2.Kulturschicht-Phase	497.30	116	10	34	4	30	2	5
11	E3_87_0711	Übergang zu 2.KS-Phase	497.26	224	32	31	2	29	1	5
10	E3_87_0710	2.Lehmlage, oberer Teil	497.25	50	7	13	4	10	2	3
9	E3_87_0709	2.Lehmlage, unterer Teil	497.22	82	2	16	3	13	0	4
8	E3_87_0708	1.Kulturschicht-Phase	497.18	783	50	23	4	20	2	2
7	E3_87_0707	1.verschwemmte KS-Phase ?	497.17	98	5	17	1	16	1	3
6	E3_87_0706	Kontakt CL-KS/ kein Lehm !	497.14	260	0	16	0	16	1	2
5	E3_87_0705	1.Lehmlage/Kulturschicht (K	497.12	150	2	21	1	20	3	1
4	E3_87_0704	(1.Lehmlage)/CL/Wurzeln	497.10	248	0	3	0	3	2	0
3	E3_87_0703	Seekreide (durchwurzelt)	497.07	94	0	3	0	3	2	0
2	E3_87_0702	untere Seekreide (CL)	497.05	78	0	4	0	4	2	0
1	E3_87_0701	untere Seekreidenkante	497.00	212	0	2	0	2	2	0

Tabelle **E** 7 : Übersicht über Gesamtkonzentrationen in den beiden Profilkolonnen
[untere Seekreidenkante = anstehende Seekreide / doppelt markiert = organische Sedimente

4. Die Lehmproben - von ihrer Funktion als Hauptschichten in den Herdstellen sicher stark, aber nicht dominant mit Resten kontaminiert - treten in den Restwerten der Tabelle E 7 erwartungsgemäss deutlich hinter den organischen Sedimenten zurück. Die Probe E3_87_0714 enthielt sehr viel Najas spec. (ca. 250 Stück/l) und sehr zahlreiche Früchte von Betula spec., was zum hohen Gesamtkonzentrationswert von 574 pcs/l führte. Die Verlagerung der Reste der beiden Taxa in die oberste Lehmlage ist gut vorstellbar, insbesondere, wenn man an die Durchmischung mit hangender Seekreide bei Wasserbewegungen, an Hochwasser oder an Überschwemmungen (siehe Kap. 5.4) denkt.

5.2.5 Vergleich der Konzentrationswerte mit Grabungen im unteren Zürichseebecken

Durchschnittliche Samenkonzentrationen	Anzahl Proben	< Reste > unver- kohlt	verkohlt	TOTAL pcs/l		Anzahl Proben	< Reste > unv.	vk.	TOTAL pcs/l
Frühbronzezeit, Mozartstrasse					Horgen, Mozartstrasse				
- ganze Schicht	51	376	33	409	- ganze Schicht	22	3455	11	3466
- Horizont 1cH (Holzboden)	8	532	4	536	- 3. oben	16	2984	13	2997
- Horizont 1c (ohne Holzboden)	29	470	55	525	- 3. unten	6	4216	4	4221
- Horizonte 1a/b	11	105	8	114					
					Pfyn, AKAD-Seehofstrasse				
					- ganze Schicht	13	4754	113	4860
Schnurkeramik, Mozartstrasse					- J1 = J oben	4	5025	275	5300
- ganze Schicht	36	174	15	189	- J3 = J unten	8	5204	33	5237
- Horizont 2.3.	24	196	12	208					
- Horizont 2.2.	4	102	14	116	Egolzwil, Kleiner Hafner				
- Horizont 2.1.	6	186	15	200	- organische Proben	5	5275	102	5377
					- Kulturschicht	2	2060	5	2065
					- verschwemmte Kultursch.	7	2339	56	2395
Schnurkeramik, Mythenschloss									
- ganze Schicht	18	2497	193	2690	**Egolzwil 3, Egolzwil/LU**				
- Horizont 2.4.	9	2645	35	2680	- Kampagne 1986	46	388	4	392
- Horizont 2.3.	5	2032	107	2139	(nur Flächenproben)				
- Horizont 2.2.	4	2747	657	3403	- Kampagne 1987	52	246	6	252
					Flächenproben 1987	24	403	7	410
					Profilproben 1987	28	135	5	140

Tabelle **E 8** : Gesamtkonzentrationen einiger Grabungen **nicht** nach Sedimenttyp gegliedert
(nach Jacomet, Brombacher & Dick 1989 ergänzt)

Die Tabelle E 8 zeigt, dass die Gesamtkonzentrationswerte in gut erhaltenen neolithischen Kulturschichten des Zürichseeraums meist bei über 1000 Stück/Liter Sedimentmaterial liegen (Jacomet, Brombacher & Dick 1989; Schlichterle 1985). Die niedrigen Werte bei Mozartstrasse in der Frühbronzezeit respektive Schnurkeramik sind unter anderem die Folge schlechterer Schichterhaltung und Konservierungsbedingungen für unverkohltes organisches Material, was bei den Makroresten von Egolzwil 3 nur bedingt zutrifft (siehe Kapitel 4.3, 5.2). Insgesamt liegen die Werte für die durchschnittlichen Samenkonzentrationen, verglichen mit den Ausgrabungen im unteren Zürichseebecken (Tabelle E 8) in Egolzwil 3 1986 und 87, niedrig. Sie schwankten um 10 - 15% der Vergleichswerte von gut erhaltenen Pfyner- und Horgener-Schichten und lagen deutlich unter 10% der verschwemmten Egolzwilerschichten 5A/5B von Zürich-Kleiner Hafner. Diese wiesen Gesamtkonzentrationen von >5000 Diasporen/l Sediment auf, wobei die hohen Werte dort vor allem durch grosse Mengen an Schlafmohn (Papaver somniferum) bedingt waren.

5.2.6 Verhältnis verkohlte/unverkohlte Reste in Egolzwil 3

Wie in vielen Feuchtbodensiedlungen mit hohem Anteil an organischen Sedimenten, liegen auch in der Grabung von Egolzwil 3 rund 99% (oder 29'697 von 29'994 Stück) aller Reste unverkohlt vor. Das wenige verkohlte Material (siehe Tab. E 9) kam durch Ereignisse wie Kochen, Rösten, Darren etc. zustande. Weitere Möglichkeiten wie z.B. Brandereignisse kommen für Egolzwil 3 nicht in Frage, da keine Brandschicht gefunden wurde.

Gesamtfund 29964 pcs = 100%			Anteil am Gesamtfund
Total Cerealia verkohlt	189		0.70%
Total weitere Kulturpflanzen verkohlt:	31		0.12%
Total **Kulturpflanzen** verkohlt	**220**	220	**0.82%**
Total andere Arten/Gattungen		47	0.18%
Total Reste verkohlt		**267**	**1%**

Tabelle **E 9** : Übersicht über die verkohlten Reste der Grabungen E3 1986/1987

Problematisch wirkte sich der niedrige Anteil verkohlter Reste im Egolzwiler Material bezüglich des Nachweises von Getreide aus. Wie gezeigt werden konnte (siehe Tab. E 10), ist Getreide - vor allem in verkohltem Zustand - normalerweise gut repräsentiert und in grösseren Stückzahlen vorhanden (Jacomet et. al. 1989).

Siedlungsplatz	Kultur	Schichtbezeichnung	Total Getreidereste (Stück)	Total Getreidereste **(Stück) verkohlt**	Anteil am Gesamtfund **(verkohlt** in %)
MOZ	Spätbronzezeit	SBZ	5229	4895	94
MOZ	Frühbronzezeit	1	2448	2441	98
MOZ	Schnurkeramik	2	1541	1283	83
MYT	Schnurkeramik	2	11260	6341	56
MOZ	Horgen	3	27689	28810	96
MYT	Horgen	3	135	9	7
AKA	Pfyn	J	11509	9025	78
MOZ	Cortaillod	5	315	178	57
MOZ	Cortaillod	6	6541	6128	94
KHA	Cortaillod	4E	29878	28393	95
KHA	Cortaillod	4A-C	14061	13076	93
KHA	Egolzwil	5A+B	488	181	37
E3	**Egolzwil**	**E3 86/87**	**189**	**189**	**100**
Gesamttotal			111291	100949	91

Tabelle **E 10** : Anteile verkohlter Getreidereste im Vergleich zw. Egolzwil 3 und verschiedenenen Ausgrabungen im Zürichseeraum
(nach Jacomet, Brombacher & Dick 1989 ergänzt)

Die Getreidefunde aus den neolithischen Seeufersiedlungen trugen darum Wesentliches zum Verständnis der Entwicklungsgeschichte dieser Kulturpflanzen bei. Durch den extrem niedrigen Getreideanteil an den Gesamtfunden in Egolzwil 3, insgesamt nur 189 Stück (siehe Tab. E 9), werden die Aussagemöglichkeiten zu diesem Problemkreis sehr eingeschränkt, insbesondere auch deshalb, weil unverkohltes Getreide völlig fehlt.

Eine direkte Relation zwischen der Erhaltungsform der Reste verkohlt/unverkohlt und dem Erhaltungszustand der Schicht scheint dagegen nicht zu bestehen. Diesen (Nicht-)Zusammenhang habe ich für die zitierten Untersuchungen im Raum Zürich und für Egolzwil 3 in Tabelle E 11 darzustellen versucht:

Kultur, Lokalität	Schichtbez.	Erhaltung	Anteile verkohlt/unverkohlt
Frühbronzezeit, Mozartstr.	1c	gut	10%
" , "	1a/1b	schlecht	8 %
Schnurkeramik, "	2	schlecht	9 %
" , Mythenschloss	2	gut	7 %
Horgen, Mozartstr.	3	gut	0.3%
Pfyn, AKAD	J	gut	2 %
Egolzwil, Kl. Hafner	5A+B	schlecht	2 %
Egolzwil, Egolzwil LU alle Pr.	**E3 86/87**	**mässig / verschwemmt**	**1 %**
nur organische Profilproben	**E3 87**	**mässig / verschwemmt**	**7 %**

Tabelle **E 11** : Verhältnis verkohltes/unverkohltes Material in den Sedimenten verschiedener neolithischer Stationen der Schweiz
(Datenbasis: Stück/l Sediment - nach Jacomet, Brombacher & Dick 1989 ergänzt)

Wie Tab. E 11 zeigt, wäre es nicht zulässig, bei einem niedrigen Anteil unverkohlter Samen und Früchte generell von einer schlecht erhaltenen Schicht zu sprechen.

5.3 Artenzahlen in den Sedimentproben der Grabung Egolzwil 3 1986/87

Die Artenliste dieser Untersuchung von 103 Proben aus der Egolzwilerkultur umfasst identifizierbare 154 Restgruppen. Von diesen konnten mit Hilfe der Vergleichssammlung des Instituts und unserer Arbeitsgruppe

118 auf die Art
+ 23 auf Gattung/Typ betimmt werden.
141
+ 13 Mehrfachnennungen * (siehe nächste Seite)
154 Restgruppen

bestimmt[1] (siehe Tab. E 12), ausgelesen und konserviert (siehe Kap. 3.7) werden.

[1] Nachbestimmungen schwieriger Taxa und aller Cerealia durch Frau PD Dr. S. Jacomet

* Mehrfachnennungen bedeutet: Makroreste ein und derselben Art/Gattung (z.B. bei Betula) mit Anthere verkohlt, unverkohlt und Fruchtschuppe unverkohlt sind zwei Resttypen in zwei Erhaltungsformen, aber 3 Restgruppen und nur eine Art/Taxon! Dies betrifft 6 verkohlte + 5 unverkohlte Arten + 2 Sammelnennungen = 13 Restgruppen.)

	Restgruppen	*	Gattung		Art		Total	in %
unverkohlt	**118**	(5)	15		98		29697	99%
verkohlt	36	(6+2)	8		20		267	<1%
	154	(13)	23		118		29964	100%
Doppel-/Sammelnennung **			(14+2)	(2)		(14)		
Total	**154**	**(29)**	**21**		**104**		**29964**	**100%**
Total Taxa				**125**				

Tabelle **E 12** : In Egolzwil 3 86/87 nachgewiesene Pflanzenreste

** = Doppelnennung: 14 Arten und 2 Gattungen treten sowohl verkohlt als auch unverkohlt auf; 2 Gattungen (Hordeum und Triticum Total) sind Sammelnennungen (=> 14+2)

Insgesamt sind in den Sedimenten von Egolzwil 3 somit **125 Taxa** nachgewiesen.

5.3.1 Abhängigkeit der Artenzahl vom Probenvolumen in verschiedenen Sedimenttypen

Es erscheint vernünftig - vor allem im Hinblick auf eine zusammenfassende Bearbeitung einer grösseren Anzahl von vergleichbaren Siedlungen - Mindestwerte für Volumina und Gewicht der verschiedene Sedimenttypen zu definieren, bei denen möglichst alle Arten im Sediment erfasst werden können (Jacomet 1980). In der Arbeit von Dick (1988) konnte gezeigt werden, dass in *ungestörten* Sedimenten bereits Probenvolumina um 500 ml genügen, um mit ausreichender Wahrscheinlichkeit die gesamte Artengarnitur einer Probe erfassen zu können. Er zeigte dies an zwei Kulturschichten aus der Horgener- und der Cortaillod-Zeit. Mit derselben Fragestellung ergibt sich für Egolzwil 3 ein anderes Bild, was in den Abbildungen E 13 - 15 in graphischer Form klar ersichtlich wird.

Bereits die Voruntersuchungen an vier Proben aus Egolzwil 3/1985 und die ersten organischen Proben der Kampagne 1986 zeigten, dass vor allem organische Stichproben mit Volumina <500ml bei den gegebenen kleinen Konzentrationswerten mit weniger als 30 Arten deutlich unter den Werten von knapp 50 bestimmbaren Taxa aus vollständig ausgezählten Proben blieben. Bei einer oberen Volumengrenze von 900ml wurde hingegen praktisch das vollständige Spektrum erfasst (siehe insbesondere Abb. E 13). Bei den Seekreide- und Lehmproben (siehe Abb. E 14 und E 15) zeigte sich hingegen, dass auch bei verschwemmtem Schichtmaterial Volumina um 500ml mit grosser Wahrscheinlichkeit bereits das gesamte Artenspekrum enthalten können.

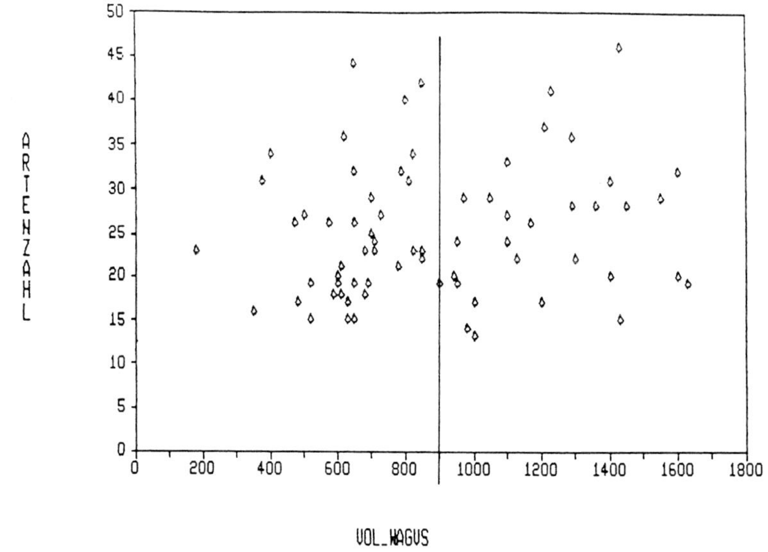

Abbildung **E 13** : Abhängigkeit der Artenzahl vom Volumen <u>organischer</u> Proben in den Sedimenten von Egolzwil 3 (Vol_WAGVS =Volumen wassergesättigt vor Schlämmung in ml)

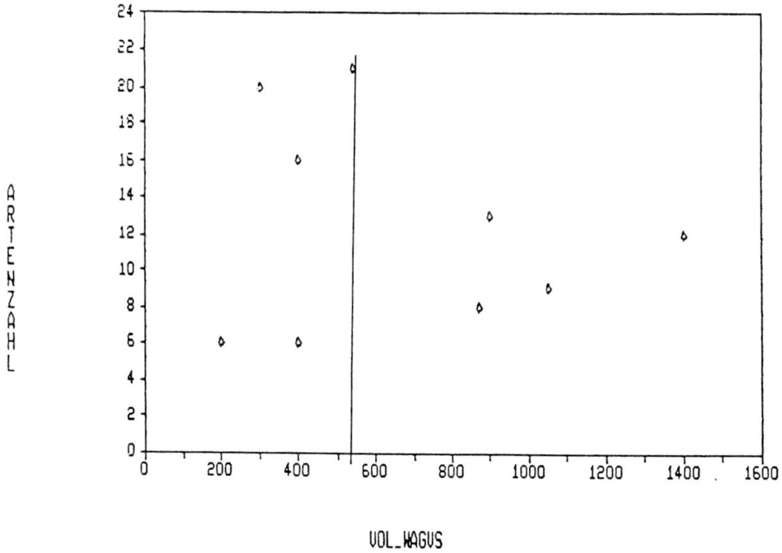

Abbildung **E 14** : Abhängigkeit der Artenzahl vom Volumen der <u>Lehmproben</u>; insgesamt für 8 Lehmproben und 1 verschwemmtes Sediment (siehe Abb. C 8)
(Vol_WAGVS =Volumen wassergesättigt vor Schlämmung in ml)

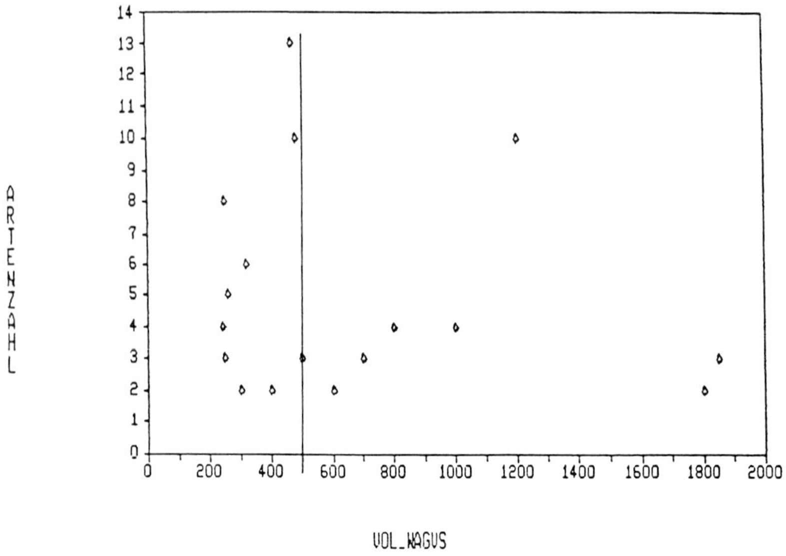

Abbildung **E 15** : Abhängigkeit der Artenzahl vomVolumen der Seekreideproben
(Vol_WAGVS =Volumen wassergesättigt vor Schlämmung in ml)

Auf Grund dieser Überlegungen wurde für die vorliegende Bearbeitung der Sedimente generell das gesamte geschlämmte Material zwischen 0.5 und 8mm untersucht und nur in der 0.25mm Fraktion mit Stichproben gearbeitet.

5.3.2 Artenzahlen in den verschiedenen Sedimenttypen der Grabung Egolzwil 3

Die Tabelle E 16 zeigt, dass im Mittel in den organischen Flächenproben beider Kampagnen 25, in den organischen Profilproben aber 30 Pflanzenarten typisch waren. Dieser Wert liegt damit 20% über dem Durchschnittswert der organischen Flächenproben und 50% über dem Durchschnitt aller ausgewerteten Proben (20 Arten).

Die Artengarnituren der organischen Proben enthielten jeweils viele nutzbare Taxa und konnten deshalb auf anthropogene Aktivitätsbereiche (siehe Kap. 5.6ff, Kap. 6-8) hinweisen. Zudem haben die Lehmschichten auch die Verschwemmung der Reste behindert, und die Sedimente sind deshalb zwischen diesen Straten besser erhalten.

Tabelle E 16 weist auch klar aus, dass die organischen Proben am artreichsten sind, und dass vor allem unverkohlte Taxa den Grossteil aller gefundenen Gattungen und Arten ausmachen. Interessanterweise liegt in den organischen Profilproben die (durchschnittliche) Anzahl an **verkohlten** Taxa, meist Kulturpflanzenreste, nur unbedeutend höher als in den organischen Flächenproben. Im Rahmen dieser Arbeit habe ich die Vielfalt der Sedimenttypen für statistische Auswertungen auf die drei Typen 'organisches Material', 'Lehm' und 'Seekreide' beschränkt.

Feinere Untergruppen sind erhoben worden und kommen in den (mit kleinen Buchstaben bezeichneten) Untergruppen (siehe Anhang 4/6) zum Ausdruck.

(Arten: xx/yy/zz = durchschnittl. Anzahl Arten/ unverkohlte/ verkohlte Arten pro Sedimenttyp)

	Gesamt	**Organisch**	**Lehm**	**Seekreide**	Anzahl bestimmter Samen und Früchte*
Jahr	**Artenzahl**				**Reste** verk./verkohlt
86:	23/22/1	25/24/1	-/--/-	4/4/0	16774/ 64
87:	17/16/1	25/23/2	12/11/1	6/6/0	9483/203
Fläche :	20/18/2	23/21/2	-/--/-	8/8/0	
Profil :	15/14/1	30/27/3	12/11/1	5/5/0	
Total :	20/19/1	25/24/1	12/11/1	5/5/0	26257/267
Makroreste:	(inklusive aller botanischer Reste wie Abies-Nadeln etc.)				29697/267 *
Total Reste der Gesamtgrabung Egolzwil 3 1986/87 :					**29964**

Abbildung **E 16** : Durchschnittliche Artenzahlen in den verschiedenen Sedimenttypen
* = inklusive Werte der beiden Flascheninhalte

5.3.3 Artenzahlen in Egolzwil 3 im Vergleich zu Siedlungen im Raum Zürich

Siedlungsplatz	Kulturschicht	Anzahl Taxa	Anzahl Proben
Mozartstrasse	Spätbronzezeit	110	11
Mozartstrasse	Frühbronzezeit	163	93
Mozartstrasse	Schnurkeramik	140	100
Mythenschloss	Schnurkeramik	178	45
Mozartstrasse	Horgener K.	199	138
Mythenschloss	Horgener-K.	48	10
AKAD-Seehofstr.	Pfyner K.	199	128
Mozartstrasse	Cortaillod-K. 5.	163	36
Mozartstrasse	Cortaillod-K. 6.	164	39
Kleiner Hafner	Cortaillod-K., 4E	140	20
Kleiner Hafner	Cortaillod-K. 4C	81	6
Kleiner Hafner	Cortaillod-K.4A+4B	86	12
Kleiner Hafner	Egolzwiler-K. 5A+B	98	16
Egolzwil / LU	**E3 86/87**	**125**	**103**

Tabelle **E 17** : Vergleich der Anzahl Taxa in den offenen Fundkomplexen von Egolzwil 3 mit Feuchtbodensiedlungen im Raum Zürich (nach Jacomet, Brombacher & Dick 1989 ergänzt)

1) Verglichen mit der Anzahl Taxa aus anderen, jüngeren Kulturschichten, wie z.B. den Horgener Schichten in Zürich-Mozartstrasse mit knapp 200 oder den Pfyner Schichten aus Zürich-AKAD mit 199 Taxa (siehe Tabelle E 17), erscheinen 125 Taxa in Egolzwil 3 bei mehr als 100 untersuchten Proben eher niedrig.

2) Verglichen mit den Werten aus den Egolzwilerschichten von Zürich-Kleiner Hafner liegen sie aber mit 125 deutlich über dem dortigen Wert von 98 Taxa. Diese resultierten allerdings aus einer Bearbeitung von nur 16 Proben. An sich wäre vor allem bei besserer Schichterhaltung in Egolzwil 3 eine noch höhere Anzahl zu erwarten gewesen !

5.4 Die Wasserbeeinflussung der Kulturschicht

Es muss damit gerechnet werden, dass die Sedimente von Egolzwil 3 nur mässig stark verschwemmt (siehe Kap. 5.2ff; 5.6.2.2) und deshalb die vorhandenen botanischen Makroreste kaum mechanisch zerstört wurden. Die Tätigkeit des überschwemmenden Moos-Sees hat sich wohl vor allem in der Verfrachtung der Reste manifestiert und dürfte deshalb verantwortlich sein für die vergleichsweise niedrigen Konzentrationswerte der Makroreste in der Schicht.

Auf die Wasserbeeinflussung wiesen unter anderem auch die erhöhten Sandanteile in einigen tieferliegenden Profilproben der Profilkolonne 7 (siehe Kap. 5.6.1f), sowie die Omnipräsenz von Najas spec. in praktisch allen Proben der Untersuchung hin. Diese Wasserpflanzenreste mit ihrer glatten Aussenhülle und der 'schlupfgünstigen' Form können mit grosser Leichtigkeit bereits bei schwachen Wasserbewegungen und niedrigem Wasserstand, via Wurzelbahnen oder Sedimentverzerrungen etc., in die organischen Sedimente verlagert worden sein.

Überschwemmungen des Wohnplatzes, die unter Umständen als Grund für die Siedlungsaufgabe nach relativ kurzer Besiedlungsdauer vermutet werden könnten, wären denkbar. Ähnliche Gedanken zu den relativ kurzen Besiedlungsphasen (27 Jahre) von neolithischen Wohnplätzen an Gewässern hat sich W.E. Stöckli (1990) am umfangreichen Material der Grabungen von Twann/BE (1974-1976) gemacht. Er belegt zudem, dass Perioden ohne Bautätigkeit einerseits mit Seespiegelhochständen recht gut korrelierten, anderseits aber klar auf das Fehlen eines (traditionellen) 'Pfahlbaues' hindeuten.

5.5 Die soziologische Gliederung der Vegetation an einem Seeufer

5.5.1 Grundlagen

Die Grunddaten sind u.a. in Jacomet (1985), Bollinger (1981) und Dick (1988) in grosser Breite dargestellt und sollen hier nicht wiederholt werden.

1981 konnte der Autor in einer Rezentsedimentuntersuchung an vier naturnahen Standorten an den Ufern von Zürich- und Greifensee zeigen, dass die Standortvegetation im Sediment tatsächlich repräsentiert wird, in der Repräsentationstreue hingegen deutliche Unterschiede zwischen den verschiedenen Gesellschaften bestehen. Die zartwandigen Schilf-Karyopsen (Phragmites) weisen auf ein meist sehr lokales Vorkommen - meist sogar den Wuchsort - der Pflanze hin, während Seebinse (Schoenoplectus) mit resistenten, schwimmfähigen Früchten auch aus grösseren Distanzen in die Sedimente gelangen können.

Die zusammenfassenden Betrachtungen in der Untersuchung von Jacomet (1985) zeigten noch weitergehende Zusammenhänge zwischen Samenspektren und der lokalen Vegetation auf: alle untersuchten Sedimente repräsentierten aber dennoch mehrheitlich die zugehörigen Pflanzengesellschaften. Die bereits erwähnte Rezentsedimentuntersuchung im Raume Zürich (Bollinger 1981) nahm die Idee mit einem 'Schicht-Kennkoeffizienten' bereits 1981 auf und konnte zeigen, dass die aktuelle Standortgesellschaft eines

• Caricetum elatae	± vollständige Repräsentation
• Phragmitetum communis	
• Scirpetum lacustris	abnehmender
• Salicetum albae	Repräsentationskoeffizient
• Alnetum glutinosae	
• Molinetum coeruleae	wenig eindeutige Repräsentation

in dieser (abnehmenden) Reihe durch ihr Sediment repräsentiert wird.

Von dieser Überlegung ausgehend, weisen die Funde von Carex pseudocyperus, Carex elata/gracilis, einer geringen Anzahl Reste von Menyanthes trifoliata sowie die wenigen Karyopsen von Phragmites communis in den Sedimenten von Egolzwil 3 auf ein Grosseggenried und einen Schilfgürtel hin, wenn auch die niedrigen Werte auf eine eher kleine Bedeutung der beiden Pflanzengesellschaften deuten. Die beiden Gesellschaften des Salicetum albae und des Alnetum glutinosae repräsentieren sich im allgemeinen eher schlecht im Sediment. Die nachgewiesenen Arten (Alnus glutinosa, Sambucus nigra, respektive Salix) deuten schwach auf das einstmalige Aussehen des Ufers als wassernahen Bruchwald-Saum um den kleinen Egolzwiler-See hin.

Die Bereiche am Seeufer können wie folgt definiert werden:

1. Sublitoral / Wasser: Wasserpflanzen (Najas spec., Potamogeton spec., Characeae), aber auch vereinzelt Röhrichtpflanzen, vor allem Schoenoplectus treten auf. Landseitige Arten fehlen normalerweise vollständig.

2. Eulitoral / Röhricht : Vor allem Röhrichtpflanzen und seeseitige Wasserpflanzen sind häufig im Sediment. Praktisch kein festzustellender Anschluss an die landseitige Vegetation ist im Sediment erkennbar.

3. Magnocaricion / Grosseggenried : Standortvegetation dominant, relativ wenig Wasserpflanzen (vor allem vereinzelt Schoenoplectus) im Sediment feststellbar.

Das dichte Halmwerk eines Röhrichts wirkt bei der Verfrachtung der Makroreste als wirksame horizontale Barriere im Spülsaum eines Gewässers. Für die Auswertung bedeutet dies unter anderem, dass Sedimente aus den Bereichen unmittelbar seewärts des Röhrichts in ihrer Aussage kritischer beurteilt werden müssen als Sedimente direkt aus dem Röhricht oder einem Grosseggenried (Bollinger 1981, Jacomet 1985).

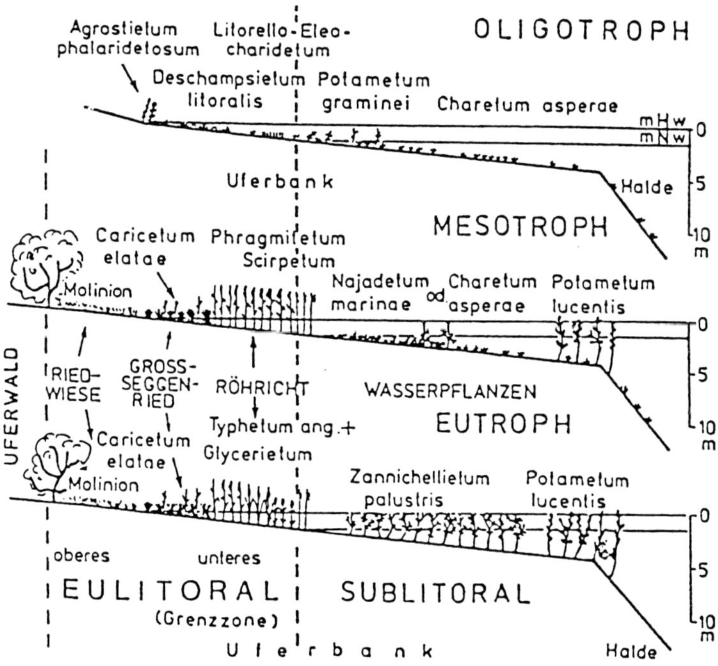

Graphik **E 18** : Gliederung des Vegetationsgürtels am Seeufer (nach Jacomet 1985/Lang 1967)

5.5.2 Wasser und Uferpflanzen

Ein Fünftel aller auftretenden Taxa (24 von 125) sind Wasser- und Uferpflanzen (Ökogruppen 1 und 2; siehe Tabellen E 19, E 22).

5.5.2.1 Wasserpflanzen (Ökogruppe 1)

8 Arten höhere Pflanzen sind sicher nachgewiesen, dazu in relativ geringer Zahl Armleuchteralgen (Characeaen).

DEUTSCHE BEZEICHNUNG	Fachbezeichnung	Anzahl	Stetigkeit	Ökogruppe
Armleuchteralgen	Nitella, Tolypella, Chara	n.b.	n.b.	1.1/1.2
Biegsames Nixenkraut	Najas flexilis (Willd.)Rostk.& Schm.	5744	92	1.1
Durchwachsenes Laichkraut	Potamogeton perfoliatus L.	24	15	1.1
Grosses Nixenkraut, Meer-Nixenkraut	Najas marina L. s.l.	4170	95	1.1
Laichkräuter	Potamogeton spec.	13	9	1.1
Schwimmendes Laichkraut	Potamogeton natans L. (-Typ)	6	3	1.2
Teichrose	Nuphar lutea (L.)Sm.	2	2	1.2
Weisse Seerose	Nymphaea alba L.	11	8	1.2
Zwerg-Laichkraut	Potamogeton pusillus agg.	4	2	1.1

Tabelle **E 19** : Wasserpflanzen

Unter den Wasserpflanzen weisen die Nixenkräuter (Najas spec.), vertreten durch die beiden Arten N.marina und N.flexilis auf die flachgründige, ruhige Uferzone eines kleineren Gewässers hin. Ihr auch in absoluten Zahlen dominantes Auftreten (N. spec. = 9915 Reste) und das Fehlen von Zannichelia lassen noch oligo- oder mesotrophe Wassserverhältnisse annehmen (Lang 1967). Najas spec. findet sich mit 3 Ausnahmen in allen untersuchten Proben. Ganz deutlich sind sowohl im unteren Bereich der Profile (siehe Kap. 5.6ff), d.h. unter der ersten Lehmschicht (Proben E3_87_0601-0603 respektive E3_87_0701-07004), als auch in den gegen oben abschliessenden Seekreideproben (E3_87_539/539a) prozentual hohe Najas-Anteile (bis 100 %) festzustellen. Deutlich weniger Najas spec. findet sich in den Lehmlagen der Profile: verständlich, wenn man sich den anthropogenen Ursprung der recht kompakten Lehmschichten während einer relativ kurzen Besiedlungsdauer vor Augen hält. Dasselbe gilt für die eigentlichen Seekreideproben (z.B. E3_86_140) am Siedlungsrand mit 130 Stück Najas spec. auf imsgesamt 136 Makroreste. Die hohe Stetigkeit der Nixenkräuter mit 95% im gesamten Bereich der Grabung ist bereits mit kleinen Überschwemmungen während oder nach der Besiedlung des Wohnplatzes zu erklären (siehe Kap. 5.4).

Die Wasserpflanzen können den folgenden Ökogruppen zugewiesen werden:

Ökogruppe 1 :Wasserpflanzen (Sublitoral)

1.1. Submerse Wasserpflanzen: Gesellschaften der Charetea = Armleuchteralgegesellschaften

Gesellschaften der Potamogetonetea, Verband Potamogetonion = untergetauchte Laichkrautgesellschaften

1.2. Schwimmblattgesellschaften: Gesellschaften der Potamogetonetea, Verband Nymphaeion = Seerosen-, Schwimmblattgesellschaften

Tabelle **E 20** : Wasserpflanzen (nach Ellenberg 1978/1979; Oberdorfer 1979)

Auf die ruhigen Wasserverhältnisse an einem kleinen See weisen auch die beiden Schwimmblattpflanzen Seerose (Nymphaea alba) und Teichrose (Nuphar lutea) hin. Beide sind aus dieser frühen Zeit bisher nicht sicher nachgewiesen worden (Plan E 21), da die bisherigen Untersuchungen meistens Wohnplätze an grösseren, und damit unruhigeren Gewässern, wie z.B. am Zürichsee, bearbeiteten.

Die beiden Nuphar-Reste (Teichrose) fanden sich im seeseitigen Bereich einer auslaufenden Lehmplatte (Nr. 4/1986) der Grabungsfläche 1986 (siehe Plan E 21). Ein Zusammenhang der Fundlage von Nuphar und Nymphaea mit dem Wasser scheint deshalb gegeben: alle Funde von Nymphaea alba (11 Reste in 8 Proben = 8% Stetigkeit) wurden ebenfalls im südlichen, seeseitigen Grabungsbereich der beiden untersuchten Flächen gefunden.

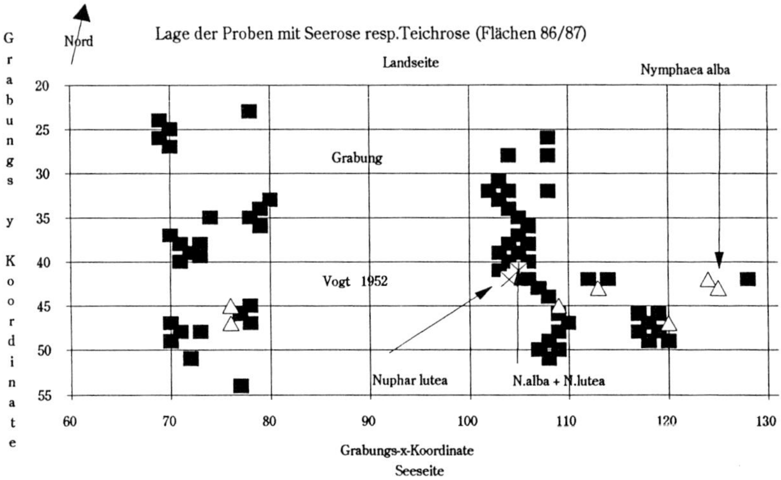

Plan **E 21** : Lage der See- und Teichrosenfunde in den Grabungsflächen von Egolzwil 3

Die Characeaen-Oogonien - nie in grosser Zahl (<500 insgesamt) vorhanden - gingen nicht in Berechnungen ein (n.b. = nicht berechnet). Ihre Stetigkeit liegt unter 20%: eine klare Aussage 'Sedimentprobe in Seenähe (Südseite der Grabungsflächen) = mehr Characeen-Oogonien' liess sich ebenfalls nicht belegen.

5.5.2.2 Pflanzen in der Verlandungszone (Ökogruppen 2.../3..)

Aus dem Uferbereich landseits des Wasserpflanzengürtels konnten 15 Arten (insgesamt 356 von knapp 30'000 Resten) nachgewiesen werden. Die Tabelle E 22 zeigt, dass dennoch alle wesentlichen Verlandungsgesellschaften (siehe Tab. E 24) durch Arten belegt werden konnten.

1. Der Schilfgürtel ist mit nur 2 Karyopsen von Phragmites im Sediment nur undeutlich markiert. Die mehrfach geäusserten Überlegungen (Bollinger 1981; Jacomet 1985), dass die Früchte nur sehr lokal sedimentieren, d.h. nicht wesentlich verfrachtet werden und mit ihrer Dünnwandigkeit eine relativ schlechte Erhaltungsfähigkeit aufweisen, dürften eine Erklärung sein. Dazu kommt, dass zur Zeit der Egolzwiler Besiedlung der Röhrichtgürtel noch recht wenig entwickelt war (Heitz-Weniger 1978; Jacomet 1980). Dass dieser wohl bestand, zeigen - neben den Schilf-Karyopsen - die Funde von Seebinse (Schoenoplectus lacustris, 20 Stück in 24 Sedimentproben), deren schwimmfähige Früchte vom Wellenschlag im Uferbereich disloziert und in

den Schilfgürtel eingeschwemmt wurden. Sie können diesen aber wegen der Reusenwirkung des Halmwerks selten landwärts überwinden (Bollinger 1981; Jacomet 1985).

DEUTSCHE BEZEICHNUNG	Fachbezeichnung	Anzahl	Stetigkeit	Ökogruppe
Acker-Minze	Mentha arvensis L.	2	2	2/3.
Blaues Pfeifengras	Molinia caerulea agg.	44	21	3.
Blutauge	Potentilla palustris (L.)Scop.	2	1	3.
Blutwurz,Fingerkraut	Potentilla erecta (L.)R.uschel	15	9	3.1/ 8.3.
Braunes Zypergras	Cyperus fuscus L.	7	5	2.3.
Fieberklee	Menyanthes trifoliata L.	9	8	2/3.
Gelbe Segge	Carex flava L. / pendula Huds. (-Typ)	11	6	3.
Gelbe Wiesenraute	Thalictrum flavum L.	1	1	3.
Schein-Zypergras-Segge	Carex pseudocyperus L.	162	43	2.2.
Schilfrohr	Phragmites australis (Cav.)Trin.ex Steud.	2	2	2.1.
Seebinse	Schoenoplectus lacustris (L.)Palla	19	13	2.1.
Steife Segge	Carex elata All. / gracilis Curt. (-Typ)	8	5	2.2.
Sumpf-Labkraut	Galium palustre agg.	1	1	2/3.
Ufer-Wolfstrapp	Lycopus europaeus L.	32	14	2/3.
Wassermiere	Myosoton aquaticum (L.)Moench	40	20	2/3.

Tabelle **E 22** : Nachgewiesene Arten der Verlandungsgesellschaften

Das hauptsächliche Vorkommen der Reste von Seebinse und Schilf auf der Seeseite (siehe Plan E 23) der Grabungsflächen weist auf eine natürliche Sedimentation am Standort hin.

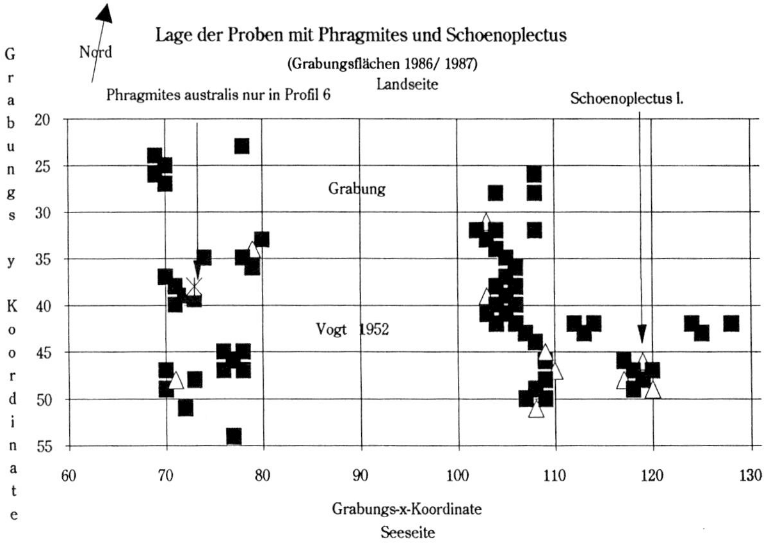

Plan **E 23** : Lage der Reste von Schilf und Seebinse in den Grabungsflächen E3 1986/87

2. Die Pflanzen im Verlandungsbereich lassen sich den folgenden Pflanzengesellschaften zuordnen (siehe Tab E 24):

Ökogruppe 2 : Verlandungsgesellschaften (Zonation und Spezialgesellschaften [Eulitoral])
2.1. Röhricht = Gesellschaft der Phragmitetea, Verband Phragmition
2.2. Gross-Seggenried = Gesellschaft der Phragmitetea, Verb. Magnocaricion
2.3. "Uferpioniere" = Gesellschaften der Isoeto-Nanojuncetea, Verb. Nanocyperion und der Bidentetea, Verb. Bidention
Ökogruppe 3 : Baumfreie Uferpflanzengesellschaften oberhalb der durchschnittlichen Mittelwasserlinie
3.1. Nasswiesen = Gesellsch. der Molinio-Arrhenatheretea, Verbände Calthion und Molinion
3.2. Nass-Stauden = Gesellsch. der Molinio-Arrhenatheretea, Verband Filipendulion

Tabelle **E 24** : Verlandungsgesellschaften (nach Ellenberg 1978/1979; Oberdorfer 1979)

3. Arten mit 'hohen' Durchschnittskonzentrationen in den Sedimenten treten mit wenigen Ausnahmen auch mit grosser Stetigkeit auf. Die Gleichläufigkeit hoher durchschnittlicher Konzentrationen und hoher Stetigkeit zeigt die folgende Graphik (Abb. E 25) am Beispiel der Pflanzengesellschaften in der Verlandungszone des Wohnplatzes Egolzwil 3:

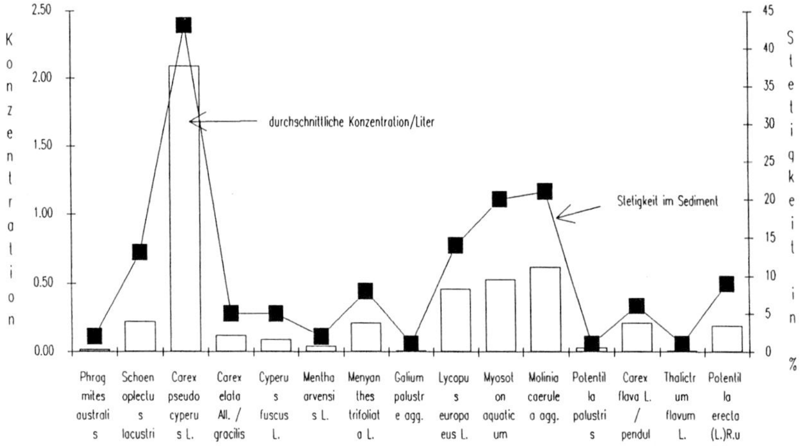

Abbildung **E 25** : Gleichläufigkeit von Stetigkeit und Durchschnittskonzentration

4. Zusammenhang Fundort-natürlicher Standort von Cyperus pseudocyperus

Mit 43% Stetigkeit tritt dabei die Zypergras-Segge (162 Stück; Carex pseudocyperus) auf, eine Art, die für sumpfige Röhricht-Standorte an Ufern charakteristisch ist.

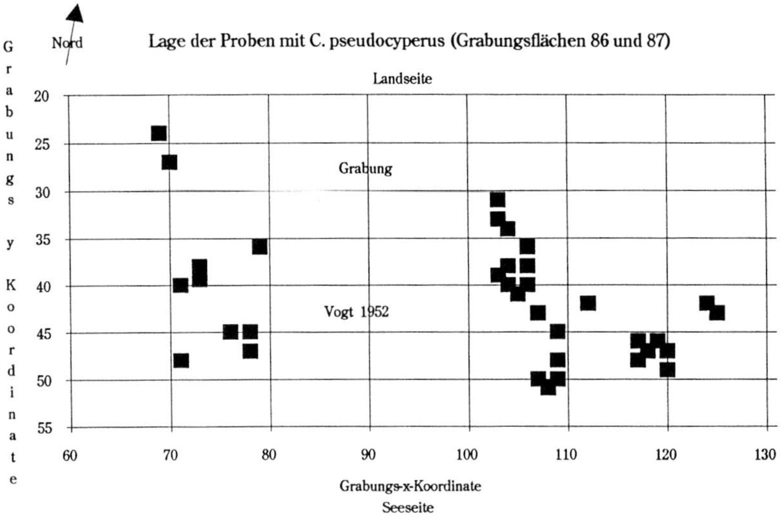

Plan **E 26** : Lage der Funde von Carex pseudocyperus in den Grabungsflächen von Egolzwil 3/LU - links der Vogt-Grabung von 1952 E3/1987, rechts 1986.

Der Plan E 26 zeigt offensichtlich, dass eine Relation Fundort der Pflanzenreste / Zuordnung zur ufernahen Verlandungsgesellschaft (auf dem Plan E 26 unten) im Fall von Carex pseudocyperus **nicht** gegeben ist. Die Art tritt mit hoher Stetigkeit über die ganze Kulturschicht verteilt auf ohne klare Zuordnung zu seenahen Proben oder basalen Profilproben. Dies ist so erklärbar, dass Carex pseudocyperus als häufige Pflanze im Strandbereich, einerseits direkt in der nahen Umgebung des Wohnplatzes gewachsen ist, anderseits aber auch für mancherlei Verrichtungen im Alltag gebraucht werden konnte und deshalb vom Menschen gesammelt wurde: als Unterlage, Isolationsmaterial, etc.

5. Das Caricetum elatae (Gross-Seggenried) ist durch die Charakterart Carex elata schlecht vertreten: (C.elata/C.gracilis-Typ: nur 5% Stetigkeit). C. pseudocyperus, Menyanthes trifoliata und Galium palustre deuten es an, während typische Arten wie z.B. Eleocharis spec. vollständig fehlen. Das mag daran liegen, dass die Siedlung ausserhalb des normalen Schwankungsbereiches des Seespiegels im trockenen, erhöhten Uferbereich angelegt wurde, und dass das Grosseggenried nicht ausgeprägt vorhanden war (siehe Kap. 5.5.1).

Mit Stetigkeiten von 20, respektive 10% im Sediment und bei minimalen Gesamtkonzentrationen weisen auch Molinia caerulea (Pfeifengras) und Potentilla erecta (Blutwurz, Fingerkraut) ebenso wenig signifikante Verteilung in der Fläche auf wie Carex pseudocyperus. Die Funde verteilen sich sowohl auf die uferfernen als auch -nahen Bereiche der Grabungsfläche. Der Grund könnte in der Vermischung des Sediments durch Wasserbewegungen liegen und in der Tatsache, dass für den Wohnplatz grundsätzlich die meist trockenliegende Uferzone am Rand des Rieds, d.h.eine künstlich gerodete Fläche, gewählt wurde, was dem natürlichen Standort dieser Pflanze durchaus entspricht. Als Uferpionier-Pflanze trat Cyperus fuscus nur noch sehr vereinzelt (7 Stück) und über die ganze Grabung verstreut auf.

5.6. Artenspektren in den Profilproben

In allen bisherigen Ausführungen wurde mehrheitlich die Verteilung der Funde von einzelnen Arten oder Artengruppen in der **Fläche** diskutiert. Im folgenden Abschnitt sollen Details in Profilen und Artenspektren an einzelnen Standorten sowie in den einzelnen **Profilkolonnen** besprochen werden. Mit detaillierten Auswertungen einzelner Ökogruppen sollte auf die Entstehung oder Beeinflussung des Sedimentes eingegangen werden können.

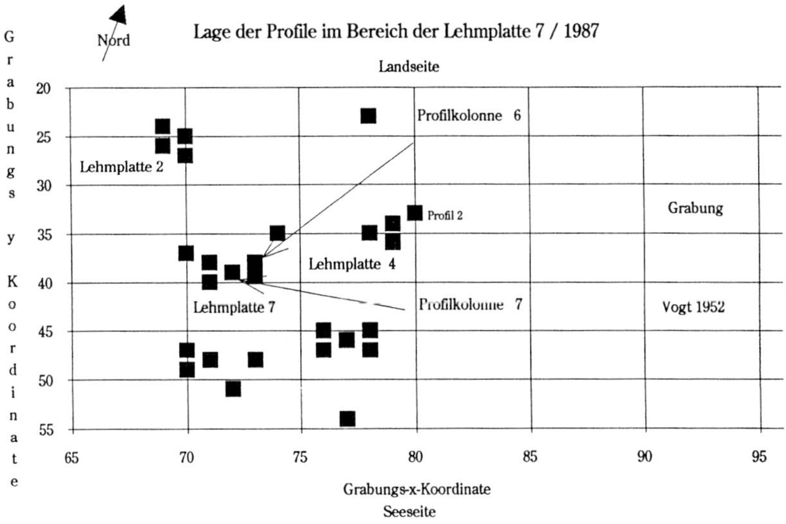

Plan **E 27** : Lage der Profile in den Grabungsflächen von Egolzwil 3

Die grossflächige Lehmplatte 7 der Grabung 1987 wies eine Schichtmächtigkeit von gegen 50 cm und einen bereits von unbewaffnetem Auge gut sichtbaren, stratifizierten Aufbau auf, weshalb ich mich entschloss, die Profile (P 6/87 und P 7/87) aus zwei Schenkeln dieser Herdstelle zu entnehmen. Die Lehmfläche bedeckte rund 15 m^2 mit einem nach nord/nord-ost auslaufenden Estrich mit abnehmender Schichtmächtigkeit. Ausser der klaren Schichtung war die Lehmplatte von liegendem Holz durchsetzt und mit isolierenden Rindenbahnen teilweise unterlegt. Ein rostähnlicher Holzunterbau, der eventuell als Unterbau einer Plattform hätte gedeutet werden können, fehlte indes völlig.

Ein weiteres Profil (P 2/87) aus der östlichen Grabungswand - am landseitigen Rand der auslaufenden Lehmplatte 4/87 - erwies sich als schlecht stratifiziert, so dass nach der Zerlegung in 2-3

Straten zuwenig eindeutigen Sedimenttypen zuzuordnendes Material zur Verfügung stand(insgesamt <150ml org. Material). Das an dieser Stelle durch die unmittelbar dazugehörende Flächenprobe (E3_87_525) ergänzte Sediment aus P 2/87 wird in Kapitel 5.6.3 vorgestellt.

Abbildung **E 28** : Ausschnitt aus Herdstelle 7 mit Profil 6 am rechten Bildrand

5.6.1 Das Profil 6

Im Labor wurde der 20x20 cm messende Profilblock von 43 cm Länge, entlang möglichst natürlich erscheinenden Grenzen, in Teilproben unterschiedlicher Mächtigkeit zerlegt (siehe Tab. E 29).

oben				Wassergesättigtes		Sediment
				Volumen	Gewicht	
13	E3_87_539	497.40	wenig org. Mat.einschlüsse	480	530	CL l o (Seekr./Lehm/org.)
12	E3_87_0612	497.31	2.Lehmlage, oberer Teil	1400	2433	LLk (Lehm/Kies)
11	E3_87_0611	497.27	2.Lehmlage, unterer Teil	200	255	LLOR s (Lehm/org./Sand)
10	E3_87_0610	497.26	2.KS-Phase	1400	2072	ORr (org./Rinde)
9	E3_87_0609	497.21	Übergang zu 2.KS-Phase	300	500	LLs o (Lehm/Sand/org.)
8	E3_87_0608	497.21	2.Lehmlage ,oberer Teil	400	638	LL o (Lehm/leicht org.)
7	E3_87_0607	497.19	Übergang 2.Lehmlage, unt. T.	800	1222	ORLL k (org./Lehm/Kies)
6	E3_87_0606	497.16	obere 1.KS-Phase	1600	1439	ORsr (org./Rinde/Sand)
5	E3_87_0605	497.11	untere 1.KS-Phase	400	504	OR Lcs (org./Seekr./Sand)
4	E3_87_0604	497.10	1.Lehmlage	1200	1289	CLLL o (Seekr./org./Lehm)
3	E3_87_0603	497.07	CL	1000	1210	CL (Seekreide)
2	E3_87_0602	497.02	CL	1800	1721	CL (Seekreide)
1	E3_87_0601	496.97	untere Seekreidenkante	1850	2185	CL (Seekreide)
unten	43cm	gesamte Profilmächtigkeit				

Tabelle **E 29** : Profilaufbau von Profil 6/1987

Die 13 Teilproben wurden im früher beschriebenen 'Standard'-Verfahren (siehe Kap. 3.6) aufbereitet und analysiert.

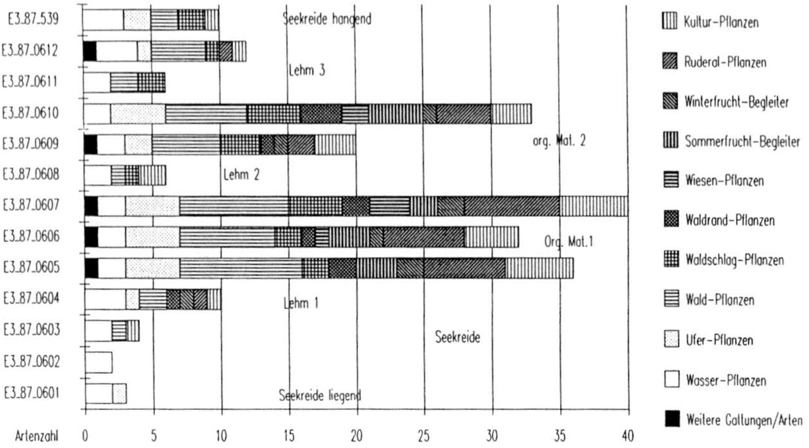

Abbildung **E 30** : Zusammensetzung der Sedimente nach ökologischen Artengruppen (in natürlicher Orientierung von oben nach unten)

Neben der genauen Bestimmung der einzelnen Taxa ist wiederum der Anteil der verschiedenen ökologischen Gruppen (Abb. E 30, respektive Anhang 4/4; 4/6) von grosser Bedeutung. Die ausgewiesenen Standortgruppen entsprechen den in Kapitel 4.6.2 besprochenen Einheiten. Sie sind - der besseren Vergleichbarkeit wegen - in allen Graphiken mit denselben Signaturen aufgezeichnet.

Die Artenzahl innerhalb des Profils 6 schwankte zwischen 2 (E3_87_0602; am unteren Anschluss an die liegende Seekreide) und 40 Arten, im Übergang der unteren organischen Lage (org. Mat. 1; Sediment ORLL k) in die Lehmlage 2 (siehe Abb.E 30). Während im Bereich unter der 1. organischen Lage Kulturzeiger weitgehend fehlten, stellen wir am oberen Übergang zur hangenden Seekreide ein 'sanftes Überwechseln' in die ±anorganische Seekreide fest.

1. Wasserpflanzen-Arten fehlen nie. Sie machen aber nur in den Randproben (im Übergang zur Seekreide) an der Basis zwischen 66 und 100%, respektive im Übergang Lehm 3 zur hangenden Seekreide noch 33% aller Arten aus (siehe Abbildung E 30). In den organischen Lagen des Profils hingegen fällt dieser Anteil auf weniger als 10%, was die geringe Wasserbeeinflussung dieses Sedimenttyps deutlich unterstreicht.

2. Lehmlagen, die direkt über organischen Schichten lagern, scheinen nicht durch das zugehörige organische Material geprägt. Übergang E3_87_0607 (org. Mat 1) zu E3_87_0608: Sturz von 40 auf 6 Arten, ohne Kulturzeiger. Es scheint klar, dass dieses Lehmmaterial in sehr kurzer Zeit und in der vorgefundenen kompakten Form aufgelegt wurde. Die Vorstellung einer 'Reparatur' der Lehmplatte scheint vernünftig.

3. Die organischen Zwischenlagen (KS) stellen eindeutig die insgesamt höchsten Artenzahlen (zwischen 20 und 40 Arten).

4. Waldpflanzen fehlen nur in den untersten Seekreidelagen (E3_87_0601 und E3_87_0602). Bereits unter der untersten Lehmlage (ab E3_87_0603) treten sie auf und fallen nie unter 10% der auftretenden Arten. Sie wurden als Verunreinigung, Baumaterial u.s.w. regelmässig in die Siedlung eingebracht.

6. Waldschlagpflanzen und -randpflanzen (v.a. Sammelpflanzen) kommen in breiter Artengarnitur (4-6 Arten) in allen organischen Lagen vor. Sie sind selektiv in die Siedlung eingebracht worden.

6. Mit 3-5 Kulturpflanzenarten liegen dort ebenfalls die Spitzenwerte.

7. In den organischen Lagen treten jeweils etwa doppelt so viele Sommersegetalia wie Wintersegetalia auf (siehe auch Kap. 5.6.1.4, 6.4,).

Einige typische Ökogruppen-Spektren aus Proben der Profilkolonne 6/1987 sollen hier im Detail vorgestellt werden, um bereits erwähnte Sachverhalte zu verdeutlichen oder weitere aufzuzeigen:

5.6.1.1 Profilprobe E3_87_0601

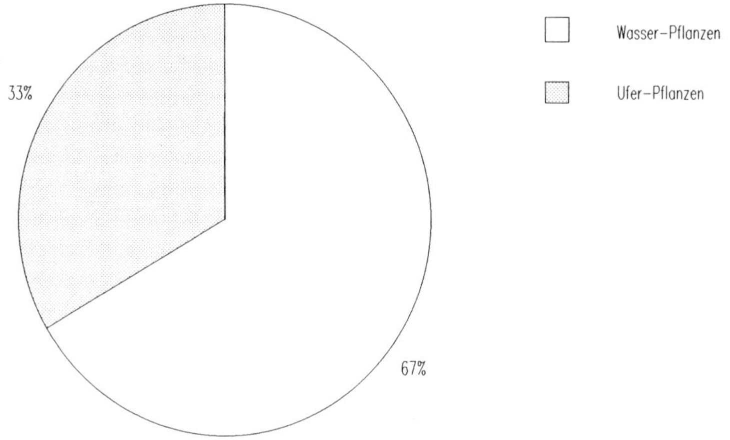

Abbildung **E 31** : Probe E3_87_0601; Kontakthorizont zw. liegender Seekreide und Profil 6; 3 Arten / 151 Reste

Die Probe E3_87_0601 stammt aus dem Übergangsbereich der anstehenden Seekreide in die Profilkolonne 6. Bei einer Restkonzentration von 82 pcs/l machen Samen der Nixenkräuter (Najas spec.) 99% aller gefundenen Reste aus ! Der Fund von Seebinse (Schoenoplectus lacustris, 1 Expl.) verstärkt den limnischen Gesamteindruck dieser Probe.

5.6.1.2 Profilprobe E3_87_0605

Die Probe besteht aus reinem organischem Material und liegt klar abgrenzbar auf der unteren Lehmplatte (E3_87_0604 entspricht Lehm 1, siehe Abb. E 30) auf.

1. Neben 5 Kulturpflanzen treten hier Waldpflanzen und Ruderalpflanzen in breiter Artenvielfalt auf, während die **Wiesenpflanzen völlig fehlen**.

2. Wald, Waldrand und Waldschlagpflanzen stellen 40% (13 Arten) des Gesamtspektrums und widerspiegeln den selektiven Eintrag in den Siedlungplatz.

3. Die Konzentrationen erreichen nur gerade bei Abies alba Nadeln, Papaver somniferum und Linum usitatissimum (Flachs/Lein) Werte von mehr als 10 Stück/l. Diese tiefen Werte unterstreichen die Aussagen über die nur mässige Schichterhaltung siehe Kap. 5.2ff), obwohl sich das organische Material dieser Probe zwischen Lehmlagen und somit in einer 'geschützten' Situation befand.

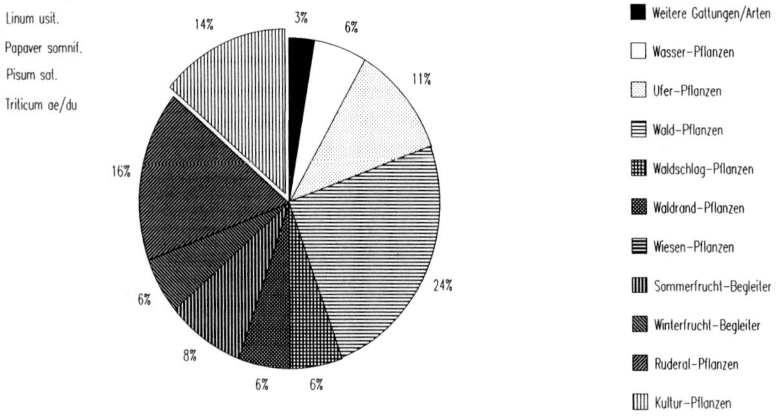

Abbildung **E 32** : Profilprobe E3_87_0605; Klar trennbare, organische Lage über artenarmer Lehmschicht; 36 Arten / 162 Reste

5.6.1.3 Profilprobe E3_87_0607

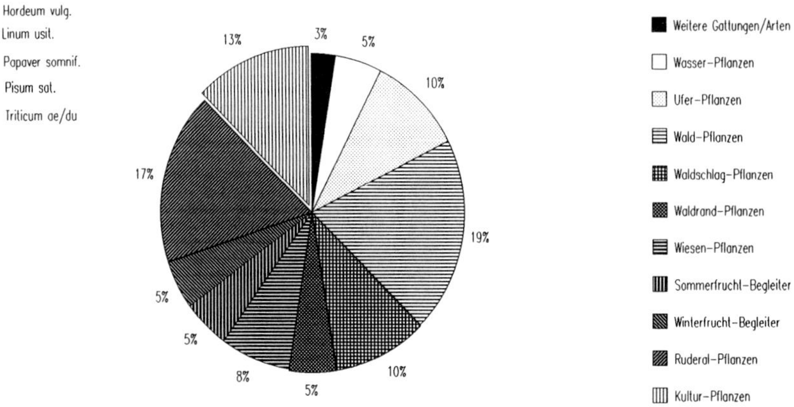

Abbildung **E 33** : Profilprobe E3_87_0607; Übergang von organischem Material in zweite Lehmschicht (Lehm 2); 40 Arten / 108 Reste

Das Probenmaterial lag im Übergangsbereich der ersten organischen Schicht zur Lehmlage 2 und weist dementsprechend einen hohen Lehmanteil auf. Ein Vergleich der Abbildungen E 32 und E 33 weist auf die grosse Ähnlichkeit der beiden Sedimente hin. Die grosse Artenzahl (40 Arten) ist sicher die Folge der Materialvermischung mit vorhandenem organischem Detritus bei der Erneuerung der Lehmplatte und weist auf den engen Zusammenhang zwischen Lehmlage und organischem Material hin.

1. Phragmites australis (Schilf) mitten in der Küche? Ein Zusammenhang mit der Dachbedeckung, als Unterlage für den Lehmstrich oder Schilfstroh als Anfeuerungsmaterial ist sicher denkbar. Im gesamten Material kommt Phragmites nur noch einmal vor: in der tiefer liegenden organischen Probe E3_87_0606. In beiden Fällen in einem unverkohlten Exemplar (siehe Kap. 5.5.2.2).

2. Die Kulturpflanzengarnitur zeigt die 'häufigsten' Arten der Egolzwiler Kultur und deckt sich mit den anderen organischen Lagen dieses Profils (siehe Kap. 7).

3. Im Bereich der Waldschlagpflanzen treten 4 Sammelpflanzen auf: Rubus fruticosus, R. idaeus, Fragaria vesca und Sambucus nigra/racemosa. Sie weisen sehr geringe Konzentrationen zwischen 4 und 15 pcs/l auf, passen aber ins Gesamtbild einer Herdstelle (= Küche). Dass diese Pflanzen vermutlich nicht gekocht wurden, belegt das Fehlen von verkohlten Resten aller 4 Arten.

4. Auffällig ist in dieser Probe die grosse Artenvielfalt der Waldpflanzen und deren anthropogene Nutzungsmöglichkeiten (siehe Tab. 34, resp. Kap. 6.2 ff):

Art	Anzahl resp. Konz/l	Verwendung als
Alnus glutinosa (L.)	2/3	Holz /Futter
Betula alba (-Typ)	4/5	Holz
Circaea lutetiana L.	1 1	-
Physalis alkekengi L.	2/3	Medizinalpflanze/Frucht ?
Phyteuma spicatum L.	1/1	Gemüse
Calamintha sylvatica L.	1/1	Gemüse
Abies alba Mill.	10/13	Holz / Streu
Viola reichenbachiana Jord. ex Boreau	1/ 1	-

Tabelle **E 34** :Waldpflanzen-Spektrum der Probe E3_87_0607

5.6.1.4 Profilprobe E3_87_0610

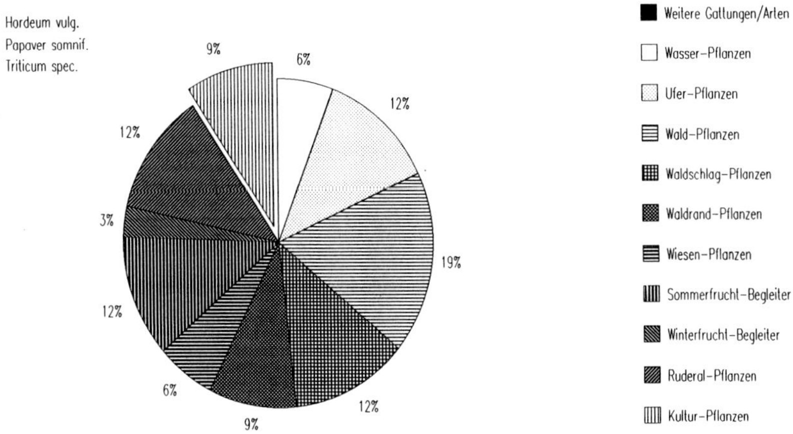

Abbildung **E 35** : Profilprobe E3_87_0610; Obere organische Lage (±rein organisch);
33 Arten / 187 Reste

Über der klar trennenden, relativ restleeren Lehmschicht (E3_87_0608) mit nur 6 nachgewiesenen Arten, zeigen die beiden Profilproben E3_87_0609 resp. E3_87_0610 mit Spektren von 20 und 33 Arten eine veränderte Situation:

1. Der tiefe Wert für Samen von Najas spec. (10 Stück) lässt die Möglichkeit offen, dass das dichte Lehmplattenmaterial in kurzer Zeit und in kompakter Form während der Besiedlungsphase eingebracht und die Lehmplatte vielleicht nach einer kleinen Überschwemmung erneuert wurde (siehe auch Kap. 5.6.2.2).

2. Wenn der Kulturpflanzenanteil mit nur 3 Arten eher unbedeutend bleibt, kann hier am Beispiel des reichbestückten Sommer-, Wintersegetal- (Fallopia convolvulus) und Ruderalpflanzen-Spektrums (siehe Kap. 6.4 und 6.5) der anthropogene Einfluss auf das

Artenspektrum aufgezeigt werden. Wir finden auch hier wiederum eine grosse Zahl von gesammelten Pflanzenarten, die als Nahrung dienen konnten:

Art	Anzahl resp. Konz/l	Verwendung als
Brassica rapa	2/2	Gemüse
Chenopodium album	3/2	Gemüse/Salat/Öl
Chenopodium polyspermum	1/1	-
Polyginum persicaria	4/3	Gemüse
Fallopia convolvulus	2/2	Gemüse
Lapsana communis	2/2	Gemüse
Sonchus asper	1/1	Gemüse
Galeopsis tetrahit	4/3	-
Ranunculus repens	1/1	Gemüse

Tabelle **E 36** : Segetal- und Ruderalpflanzen-Spektrum in der Profilprobe E3_87_0610

3. Wald-, Waldrand- und Waldschlag-Pflanzen (siehe Kap. 6.2ff) stellen weitere 40% der Arten (13 von 33) und 63% aller gefundenen Makroreste. Sammelpflanzen wie Rubus spec.- und Fragariareste machen anzahlmässig mehr als die Hälfte (>52%) aller Makroreste aus.

5.6.1.5 Profilprobe E3_87_539

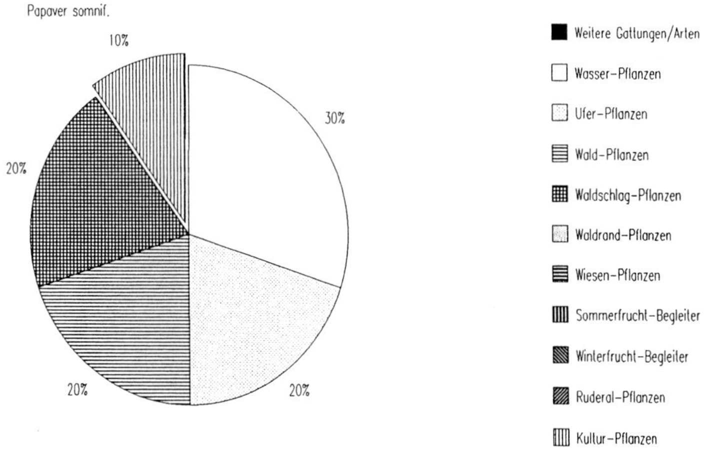

Abbildung **E 37** : Profilprobe E3_87_539; Oberer Anschluss an die hangende Seekreide; 10 Arten / 139 Reste

Trotz einer relativ 'hohen' Gesamtkonzentration von 290 pcs/l darf nicht übersehen werden, dass 86% der Reste - erwartungsgemäss - Wasserpflanzen sind. Die beiden Arten Najas marina und N. flexilis sowie Wasser- und Uferpflanzen machen auch insgesamt 50% der Artenzahl aus.

Art	Anzahl	Konzentration/l
Najas flexilis	71	148
Najas marina	48	100
Potamogeton spec.	1	2
Myosoton aquaticum	4	9
Molinia caerulea	1	1

Tabelle **E 38** : Wasserpflanzen-Spektrum der Seekreideprobe über dem Profil 6/87

Aus dem Wald- und Sammelpflanzenspektrum treten mit Abies, Betula, Fragaria und Rubus fruticosus Arten auf, die wenig zusätzliche Aussagen liefern können, da sie mit Leichtigkeit in praktisch allen untersuchten Proben gefunden wurden. Der Fund eines unverkohlten Samens von Papaver somniferum sei der Vollständigkeit halber erwähnt.

5.6.1.6 Zusammenfassung und Erkenntnisse aus Profil 6

1. Die in 5.6.1 postulierten und in Abb. 30 dargestellten Überlegungen zum Profil 6 bestätigen sich. Die organischen und Übergangs-Horizonte unter den Lehmlagen zeigen in ihrer Artengarnitur grosse Ähnlichkeiten, die auf eine Vermischung hinweisen (siehe Abb. E 30 resp. Kap. 5.6.1.2 und 5.6.1.3).

2. Reine Lehmlagen (E3_87_0608 und 0611) repräsentieren die darunterliegende organische Lage schlecht; die Artenzahl nimmt abrupt ab. Diese Schichten wurden kompakt und rasch eingebracht. Die auftretende Artengarnitur wird durch 'omnipräsente' Arten wie Betula, Fragaria oder Abies-Nadeln dominiert.

3. Die Auftreten von Najas-Samen (65 und 15 Stück) in den jeweils relativ leeren Lehmlagen über beiden organischen Lagen weist auf einen möglichen Zusammenhang dieser Lehmlage und einem Wassereinfluss, z.B. einer Überschwemmung, hin.

4. Die an Beispielen explizit ausgewerteten Artengarnituren einzelner Ökogruppen weisen auf die klar erkennbare, durch Menschen vorgenommene Auswahl der in die Siedlung eingetragenen Reste hin.

5.6.2 Das Profil 7

Genau wie das Profil 6/87 stammt auch das Profil 7/87 aus der Lehmplatte/Herdstelle 7/1987. Dies vor allem deshalb, weil nur in diesem Bereich der Grabung eindeutig mehrschichtige Verhältnisse über eine grössere Fläche verfolgt werden konnten.

Interessante Profilproben werden wie in Profil 6 (Kap.5.6.1ff) näher besprochen und die Befunde und mögliche Schlüsse diskutiert.

	oben			Wassergesättigtes Volumen	Gewicht	Sediment
15	E3_87_539a	497.48	wenig org. Mat.einschlüsse	480	530	CL l o (Seekr./Lehm/org.)
14	E3_87_0714	497.40	3.Lehmlage, oberer Teil	867	1400	LLk (Lehm/Kies)
13	E3_87_0713	497.35	3.Lehmlage, unterer Teil	1050	1748	LL s (Lehm/wenig Sand)
12	E3_87_0712	497.30	2.Kulturschicht-Phase	825	888	ORht (org./Holz/Ton)
11	E3_87_0711	497.26	Übergang zu 2.KS-Phase	375	335	OR s(org./wenig Sand)
10	E3_87_0710	497.25	2.Lehmlage, oberer Teil	900	1000	LLo h (org./Lehm/Holzk.)
9	E3_87_0709	497.22	2.Lehmlage, unterer Teil	400	880	LLo s (Lehm/org./Sand)
8	E3_87_0708	497.18	1.Kulturschicht-Phase	180	200	ORs (org./stark sandig)
7	E3_87_0707	497.17	1.verschwemmte KS-Phase ?	1200	1238	ORs (org./stark sandig)
6	E3_87_0706	497.14	Kontakt CL-KS/ kein Lehm !	350	431	ORs c (org./Sand/Seekr.)
5	E3_87_0705	497.12	1.Lehmlage/Kulturschicht (KS)/CL	540	670	LLo c(Seekr./org./Lehm)
4	E3_87_0704	497.10	(1.Lehmlage)/CL/Wurzeln	500	600	CL LL (Seekr./wenig Lehm)
3	E3_87_0703	497.07	Seekreide (durchwurzelt)	700	618	CL o(Seekr./leicht org.)
2	E3_87_0702	497.05	untere Seekreide (CL)	800	1000	CL (Seekreide)
1	E3_87_0701	497.00	untere Seekreidenkante	400	650	CL (Seekreide)
	unten	48cm	gesamte Profilmächtigkeit			

Tabelle **E 39** / Profilaufbau von Profil 7/1987 /profil7.xls

Die Feinstratigraphie ermöglichte eine Ausscheidung von 15 Teilproben.

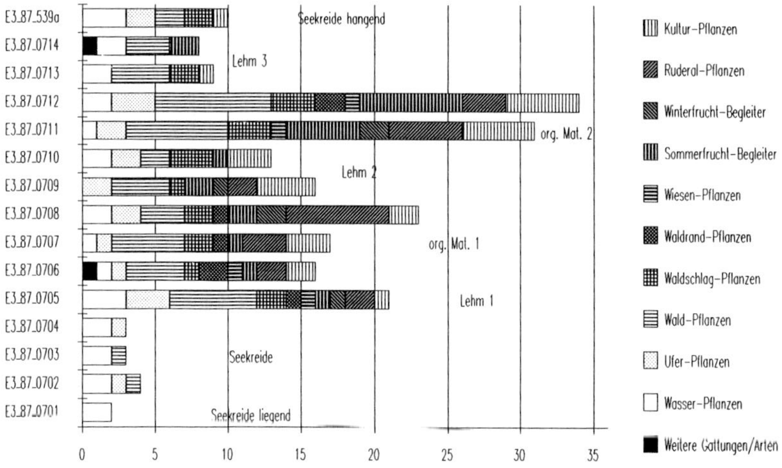

Abbildung **E 40** : Zusammensetzung der Sedimente nach ökologischen Artengruppen

Drei deutlich differenzierbare Lehmlagen umschliessen zwei organisch stark angereicherte Schichten. Die Vorstellung von einer reparierten Lehmplatte nach einem Ereignis, wie z.B. einem Hochwasser, passt auch zu diesem Profilaufbau.

1. Im Profil 7 zeigte sich, dass Wasserpflanzen als limnische Elemente ± in allen Proben, d.h. auch inmitten der Profilkolonne, 20 cm von hangender/anstehender Seekreide entfernt, auftraten.

2. In den unteren, stark sandhaltigen organischen Lagen (E3_87_0706 - 0707) waren Kulturpflanzen untervertreten. Verkohlte Reste von Cerealien fehlten vollständig, was die These einer Wasserbeeinflussung massgeblich verstärkt.

3. Lehmstraten waren in diesem Teil der 'Herdstelle' dominant. 7 von 15 Schichten bestanden teilweise oder mehrheitlich aus diesem Material.

4. Im oberen organischen Schichtpaket finden wir dann wieder 'typische' Verhältnisse für organische Egolzwiler Proben: 5 Spezies Kulturpflanzen, darunter die Cerealien Gerste (Hordeum vulg L. - Spindelglieder und Körner) und Weizen (Triticum aestivum/durum-Typ).

5. Hinweise auf ackerbauliche Aktivitäten gaben - vor allem im oberen organischen Schichtpaket - die zahlreichen Sommerfrucht-Begleiter:

Art	Anzahl /Konzentration/l	Verwendung
Brassica rapa	3 / 4	Gemüse/Salat
Chenopodium album	3 / 4	Gemüse/Salat/Öl
Chenopodium polyspermum	1 / 1	-
Polygonum persicaria	1 / 1	Salat
Stachys arvensis	2 / 2	Salat
Stellaria media	2 / 2	Salat

Tabelle **E 41** : Sommer-Segetalpflanzen-Spektrum (Man beachte auch hier die niedrigen Konzentrationen !)

Es kommt in der Abbildung E 39 deutlich zum Audruck , dass alle diese Arten zum ersten Mal im Übergangsbereich der untersten Lehmlage (E3_87_0704) zur relativ sandigen organischen Zwischenlage (org. Mat. 1) auftraten. Ein Einbringen durch menschliche Aktivitäten ist deshalb eindeutig. Das gilt gleichermassen für die Pflanzenreste der Ökogruppe 7.1 (Waldschläge).

6. Ruderalpflanzen fehlen sowohl in den unteren seekreide-dominierten als auch in den oben abschliessenden lehm-geprägten Sedimenten.

7. Wie im Profil 6 (siehe Abb. E 30 resp. Kap. 5.6.1) sind die Winterfrucht-Begleitarten sehr viel seltener, was dem allgemeinen Trend (siehe Kap. 6.4.3) entspricht. Wichtige Arten wie Windenknöterich (Fallopia convolvulus) oder die Kretische Flachsnelke (Silene cretica) traten aber auf und sind für die Gesamtbeurteilung der Resultate sogar wesentlich (siehe Kap. 7.8.1), da sie die Hinweise auf einen möglichen Leinanbau verstärken.

5.6.2.1 Profilprobe E3_87_0708

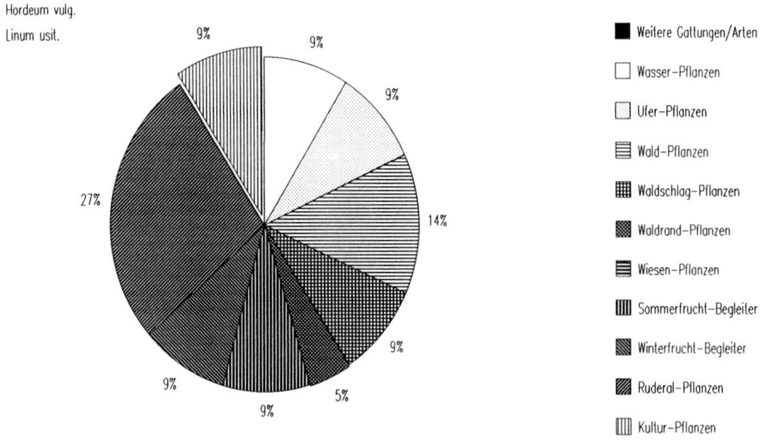

Abbildung **E 42** : Profilprobe E3_87_0708; Verschwemmte untere organische Lage (org. Mat1); 22 Arten / 141 identifizierte Reste

1. Die Werte für Wasserpflanzen (86 Najas spec.) liegen für eine Fundsituation im Zentrum einer Herdstelle überdurchschnittlich hoch. Zusammen mit dem hohen Sandgehalt des Sediments, vermute ich das Abbild einer **Überschwemmung**.

   Die auflagernde, kompakte Lehmschicht (E3_87_0709) erweist sich als relativ fundleer mit nur 31 geborgenen Resten. Sogar Najas spec. fehlt, was mit einer nach einer Überflutung reparierten, sehr rasch eingebrachten Lehmplatte erklärt werden könnte.

2. Ein erhöhter Sandanteil ist ebenfalls erkennbar: Wasserbeeinflussung durch Hochwasser oder Überschwemmung.

3. Für eine ±rein organische Lage mitten in einem Lehmplattenbereich liegen die Werte für Kulturpflanzenreste - 2 Arten (Hordeum vulgare: 3 pcs; Linum usitatissimum: 9 pcs) - sehr tief. Die 3 verkohlten Getreidekörner machen weniger als 4% aller Reste der Probe aus. Es ist vorstellbar, dass das verkohlte, schwimmfähige organische Material von Wasserbewegungen weggetragen wurde.

4. Der Fund von Silene cretica L.(Kretische Flachsnelke) im Probenmaterial weist einmal mehr auf den Flachsanbau hin (siehe Kap. 7.8.1).

5. Aufschlussreich - und gleichermassen Ausdruck der anthropogenen Beeinflussung - ist der aussergewöhnlich hohe Anteil von 6 Ruderal- resp. 4 Segetalpflanzenarten am Artenspekrum, d.h. insgesamt knapp 50% aller nachgewiesenen Taxa (siehe Tab. 43).

Art	Konzentration/l	Verwendung
Chenopodium polyspermum	12	-
Stachys arvensis	12	-
Fallopia convolvulus	28	Gemüse
Silene cretica	17	-
Lapsana communis	6	Gemüse
Picris hieracioides	6	Medizinalpflanze
Plantago major	22	Medizinalpflanze
Urtica dioica	12	Gemüse
Galeopsis tetrahit	6	-
Ranunculus repens	6	Gemüse

Tabelle **E 43** : Ruderal- und Segetalpflanzen-Spektrum im Probenmaterial E3_87_0708

5.6.2.2 Profilprobe E3_87_0712

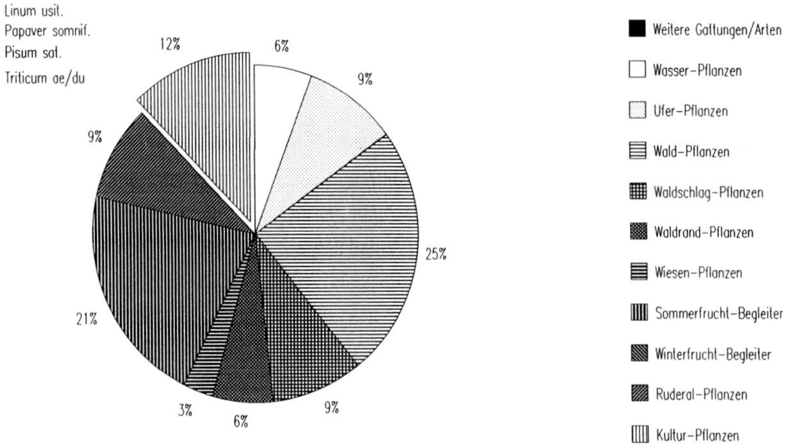

Abbildung **E 44** : Profilprobe E3_87_0712 aus der oberen organischen Lage;
34 Arten / 96 Reste

1. Wassereinflüsse spielen bei insgesamt 3 Stück Najas marina und N. flexilis eine unwesentliche Rolle in dieser Probe und zeigen die abschirmende Wirkung der umgebenden Lehmplatten auf das organische Material deutlich.

2. Artenzahlmässig stellen die Sommerfrucht-Begleiter mit 7 und die Waldpflanzen mit 8 Spezies die grössten ökologischen Gruppen in dieser artenreichen Profilprobe des oberen organischen Schichtpakets dar (siehe auch Kap. 5.6.4.3).

Art	Anzahl/Konzentration/l	Verwendung
Aethusa cynapium	1/1	Medizinalpflanze
Brassica rapa	3/4	Gemüse/Salat
Chenopodium album	3/4	Gemüse/Salat/Öl
Chenopodium polyspermum	1/1	-
Polygonum persicaria	1/1	Gemüse
Stachys arvensis	2/3	-
Stellaria media	2/3	Gemüse

Tabelle **E 45** : Sommer-Segetalpflanzen-Spektrum

Art	Anzahl/Konzentration/l	Verwendung
Alnus glutinosa	3/4	Baumaterial/Futter
Betula alba-Typ	24/29	Holz/Klebstoff/Futter
Malus sylvestris	1/1	Früchte/Holz
Moehringia trinervia	2/3	-
Physalis alkekengi	2/3	Medizinalpflanze
Corylus avellana	11/13	Nüsse/Futter/Baumaterial
Abies alba	30/37	Bauholz/Streu
Lamiastrum galeobdolon	2/3	Gemüse (?)

Tabelle **E 46** : Waldpflanzen-Spektrum

3. Als einzige Pflanzen aus dem Spektrum des offenen Wieslandes sind zwei Reste der Hainsimse (Luzula campestris-Typ) nachgewisen - eine Art, die auch in den Egolzwiler-Schichten in Zürich-Kleiner Hafner belegt ist (Jacomet 1987).

4. Aus der Ökogruppe der Winterfruchtbegleit-Flora (9.3) fehlen jegliche Nachweise (siehe auch Kap. 6.4ff).

5.6.2.3 Zusammenfassung und Erkenntnisse aus Profil 7

1. Das obere (und mächtiger ausgebildete), organische Schichtpaket des Profils 7 befindet sich im Höhenbereich von 497.25 m ü.M. auf der gleichen Höhe wie die zweite organische Lage in Profil 6 (siehe Tab. E 29 und E 39, zweite Spalte). Dies entspricht damit der Schichthöhe, die von Wegmüller (1976) für Egolzwil 3 in den Pollendiagrammen (Untersuchung Egolzwil 5, 1976) angegeben wurden.

2. Viele Indizien - siehe 5.6.2.1 - deuten darauf hin, dass wir im unteren organischen Schichtpaket des Profiles 7 die Zeugen einer Überschwemmung oder eines Hochwassers

im Bereich des Wohnplatzes mit anschliessender Reparatur der Lehmplatte geworden sind:

- ausgeprägte Sandlage
- viele Wasserpflanzenreste
- praktisch kein verkohltes Material
- unmittelbar darüber kompakter Lehmestrich (Reparatur der Lehmlinse)

5.6.3 Das Randprofil 2

In Kap. 5.6.1 werden die Bearbeitungsumstände dieses insgesamt nur 12 cm mächtigen Profils beschrieben. Bei der feinstratigraphischen Bearbeitung wurde klar, dass es sich um ein sehr schwach organisches, zweiphasiges Sediment am Rand eines Lehmplattenausläufers mit hohem Seekreidenanteil (>90% Materialanteil) handelte. Mit 76 Najas spec. (N. flexilis und N. marina), 2 Betula-Fragmenten und je 2 unverkohlten Fragaria vesca resp. Rubus fruticosus Samen - auf mehr als 1000 ml geschlämmtem Profilmaterial aus zwei Schichten und weniger als 100 ml organischem Schlämmungsrückstand, waren wesentliche Aussagen zur Schicht nicht zu erwarten. Da aber auf dem Flächenmeter (A 80/B33) der Profilkolonne ein recht gut ausgebildetes organisches Sediment auslief, wurde diese Flächenprobe E3_87_525 mitausgewertet. Gewisse Schwierigkeiten bei der Beurteilung von Material aus dem Gebiet der Grabungswände ergaben sich auch aus Störungen durch die notwendige Grabungs-Drainage sowie durch Einspülungen von Rezentmaterial aus höherliegenden Bereichen der Grabungswand. Material könnte durch Regen, der Grabungswand entlang versickerndes Bodenwasser oder durch Trockenrisse in der angeschnittenen Seekreide ins Untersuchungsmaterial gelangt sein.

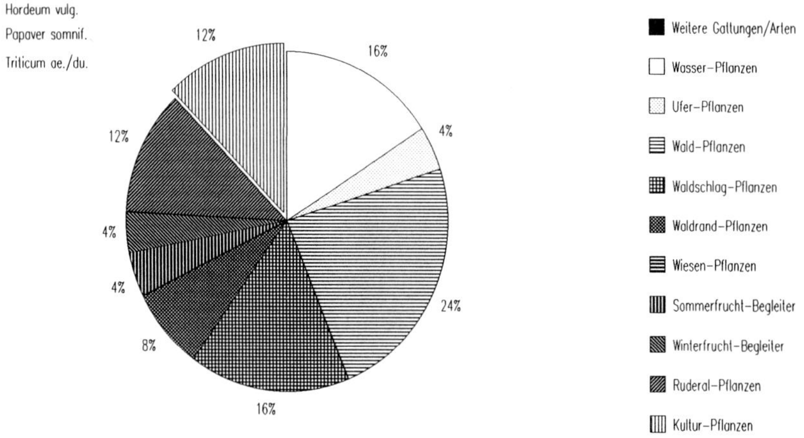

Abbildung **E 47** : organisches Sediment an der Grabungswand aus Profilkolonne 2 und Flächenprobe 68; 25 Arten / 334 Reste

1. Die trotz deutlichen Verschwemmungsspuren hohe Anzahl an verschiedenen Taxa im Sediment des Profils 2 unterstreicht nachhaltig die Vermutung, dass bei **guter Schichterhaltung** noch mehr Arten zu erwarten gewesen wären (siehe Kap. 5.3.3).

2. Der relativ hohe Gehalt an feinem Sand im Sediment kann mit dem intensiven Kontakt mit der umgebenden Seekreide resp. mit Wasserbeeinflussung erklärt werden. Ebenso gilt das für den 30 %-Anteil aller Funde im Bereich der Ökogruppen 1. und 2. (insgesamt 130 Reste von Wasser- und Uferpflanzen).

3. Der hohe Anteil von über 75% an verwertbaren Arten (d.h. 'Nutzpflanzen' im weiteren Sinne) in den Ökogruppen 4 bis 10 (siehe Abb. E 48) weist auf eine selektive Bewirtschaftung der Siedlungsumgebung hin (siehe weiter Kap. 6. ff, resp. 8., Sammelwirtschaft). So finden sich im Sedimentmaterial dieses Randprofils :

Art	Verwendung	Ökogruppe
Malus sylvestris	Obst	4.
Physalis alkekengi	Medizinalpflanze	4.2
Stachys silvatica	Gemüse	4.-6
Corylus avellana	Nüsse	5.
Fragaria vesca	Früchte	7.1
Sambucus nigra	Früchte	7.1
Rosa spec.	Früchte	7.2
Hordeum vulg.	Getreide	9.1
Papaver somnif.	Öl-/Medizinalpflanze	9.1
Triticum ae/du	Getreide	9.1
Brassica rapa	Gemüse	9.2
Fallopia conv.	Gemüse	9.3
Polygonum avic.	Gemüse	10
Verbena off.	Medizinalpflanze	10

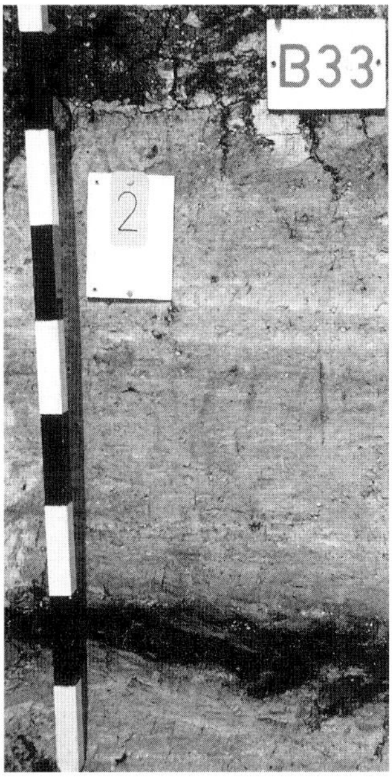

Abb. **E 48** : 'Nutzpflanzen'-Spektrum / Photo des Profils 2

Die optimale Verwertung der Ressourcen in der Siedlungsumgebung scheint uns für eine frühzeitliche Kultur sehr wirklichkeitsnah. Insgesamt sind rund **90%** aller gefundenen Makroreste in irgendeiner Weise nutzbar, sei dies als **Nahrung, Futter, Medizin, Färbegrundstoffe oder Gewebe** etc. (siehe Kap. 6,2ff, 7. und 8.). Diese Aussagen konnten bereits in den Detailauswertungen der vorangegangen Profilproben (siehe Kap. 5.6.1 und 5.6.2) mehrfach belegt werden. Trotz der beeindruckenden Fülle an verwertbaren pflanzlichen Elementen, darf allerdings die zum Teil sehr niedrige Anzahl/Durchschnittskonzentration der einzelnen Arten nicht übersehen werden. Da wir organisches Material aus dem Randbereich einer Lehmplatte - und insgesamt auch der Siedlung - bearbeiten, müssen wir diesen Umstand einmal mehr dem mässig guten Schichterhaltungszustand zuschreiben.

5.7 Artenspektren im Transsekt

5.7.1 Die Flächenproben im Transsekt 'See-Land'

Der Verlauf der Probenserie in der Grabungsfläche des Jahres 1986 (siehe Plan E 49) erlaubte, auf einer ununterbrochenen Länge von mehr als 20 m aus jedem Laufmeter Kulturschichtmaterial in Form einer Flächenprobe zu bergen. Damit wurde Material aus allen auftretenden Schicht- oder Sedimenttypen zwischen den beiden Grabungsrändern im S (Seeseite) und N (Landseite) entnommen.

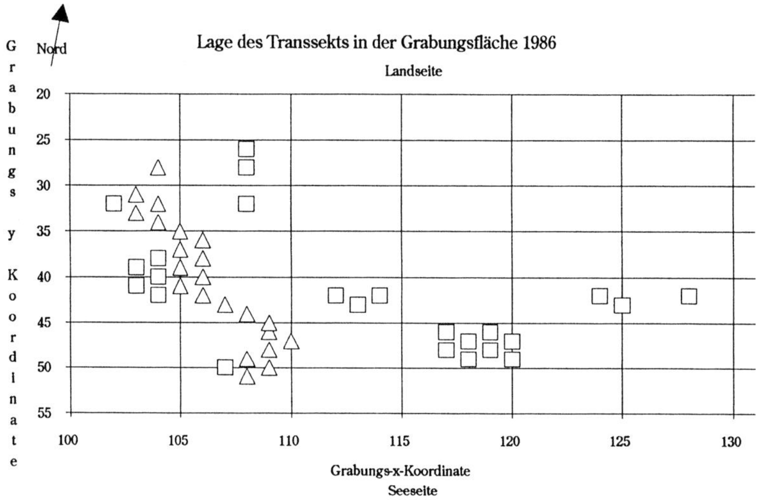

Abbildung **E 49** : Probenanordnung im Transsekt : Untersuchte Proben sind in der Abbildung mit △ - Dreieck markiert

Insgesamt umfasste die Untersuchung 22 Flächenproben mit einem Gesamtvolumen von etwa 20 Litern wassergesättigtem Sedimentmaterial. Der Transsekt 'Süd-Nord' oder vom ehemaligen Seeufer zum Festland ist in vielen Belangen aufschlussreich:

1. In allen Proben treten zwischen 1 bis 5 Wasserpflanzen-Arten auf, darunter Najas spec. mit einer Stetigkeit von 92%. Die Sediment-Proben im Südteil der Grabung (Lehmplatten 2 und 3) zeigen nicht signifikant mehr Hinweise auf Wassernähe oder Seeseite wie z.B. höhere Konzentrationen oder Artenzahlen von Wasserpflanzenresten, Sandlagen oder Molluskenschalensplitter. Das liegt am Umstand, dass im südlichen/seeseitigen Bereich der Grabung die Siedlungsgrenze nicht ergraben wurde, sondern noch an der ganzen Front Lehmplatten auftreten. Wir befinden uns höchstens in der Nähe des südlichen Siedlungsrandes.

2. Einen Hinweis auf Seenähe geben weniger die Wasser- als die **Uferpflanzen:** in den südlichen, seeseitigen Randproben finden sich bis 6 Arten. Richtung Land (nach Norden)

nimmt der Wert generell ab - höchstens in den sehr artenreichen Proben (in den Lehmplatten) treten noch einmal 1-3 Spezies auf (siehe Abb. 50 und 51).

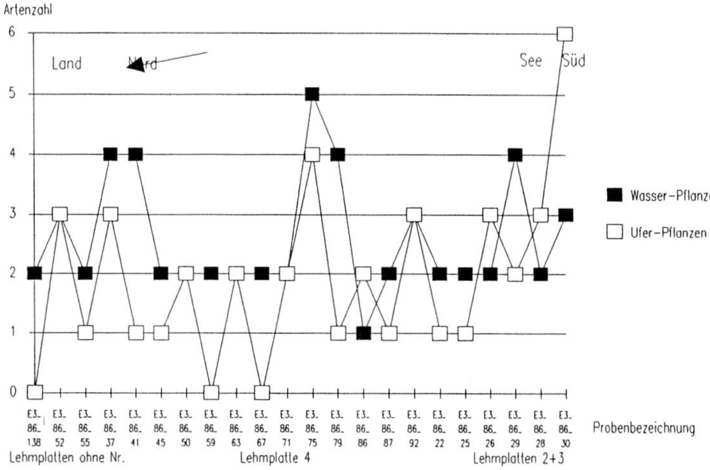

Abbildung **E 50** : Artenzahl Wasser- und Uferpflanzen im Transsekt

3. Die Spitzenwerte der Artenzahl in den Sedimentproben des Transsekts decken sich lagemässig mit den drei/vier Lehmplatten (siehe Abb. E 51).

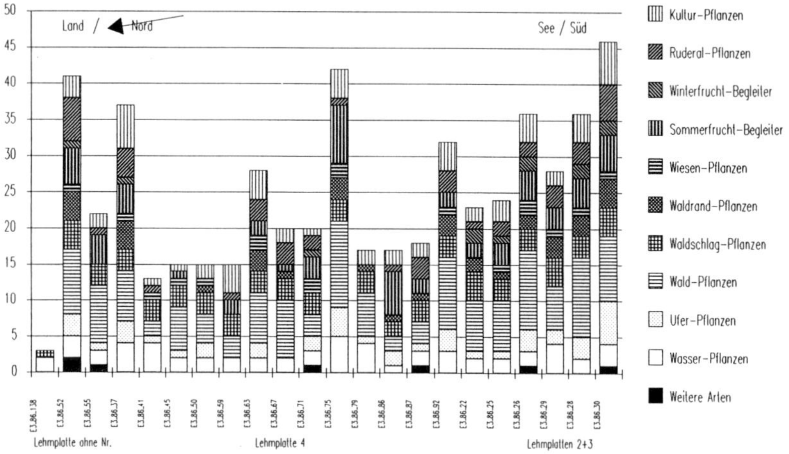

Abbildung **E 51** : Allgemeine Übersicht über die Anteile der Öko-Gruppen in den Flächenproben entlang des Transsekts

Proben E3_86_30 bis E3_86_26 im Bereich der Lehmplatten 2 und 3/86: ca. 35 Arten.
Proben E3_86_75 bis E3_86_63 im Bereich der Lehmplatte 4/86: um 30 Arten.
Proben E3_86_37, E3_87_55 und E3_87_52 liegen im Bereich einer noch nicht ausgegrabenen Lehmplatte westlich des Grabungsfeldes E3/86 mit 22, 37 und 41 Arten.

3. Innerhalb der Sedimente aus den Lehmplattenbereichen stieg der Anteil der für Menschen nutzbarer Arten am gesamten Spektrum auf bis knapp 40% an. Die Kulturpflanzen erreichen in den Lehmplattenbereichen Höchstwerte (siehe Abbildung E 52).

   E3_86_30: 18 von 46 Arten - 39% (siehe Kap. 5.7.2)
   E3_86_75: 13 von 41 Arten - 33% (siehe Kap. 5.7.3)
   E3_86_52: 15 von 41 Arten - 37%

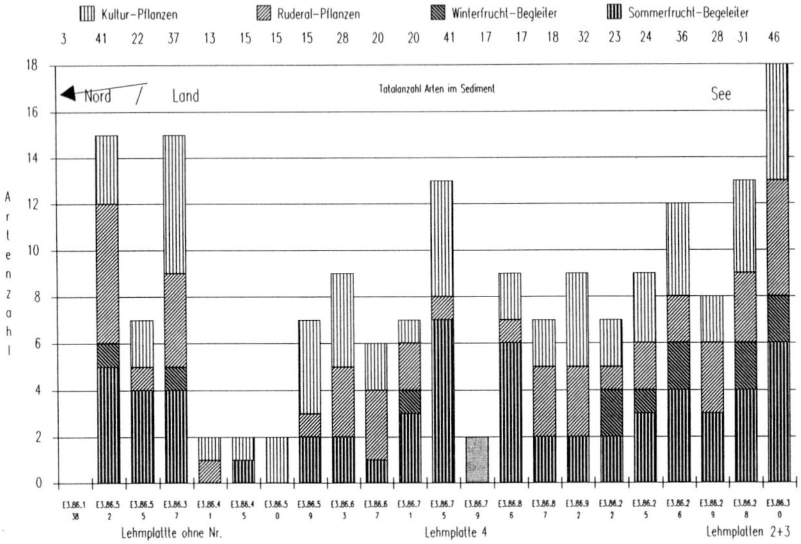

Abbildung **E 52** : Anthropogen relevante Taxa im Transsekt

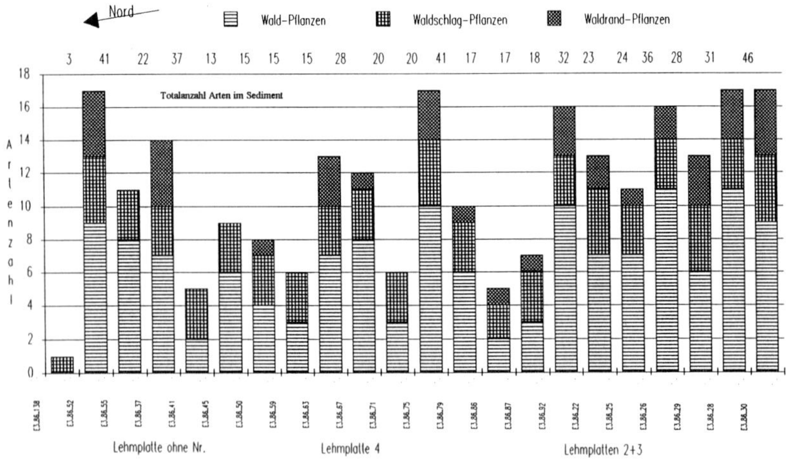

Abbildung **E 53** : Ökogruppen Wald-, Waldrand- und Waldschlag-Pflanzen

4. Die Ökogruppen Wald-, Waldrand- und Waldschlag-Pflanzen umfassen generell den grössten Anteil der Arten in den Proben des Transsekts (siehe Abb. E 53). Die Werte der Waldpflanzen i.w.S. erreichen 17 Arten oder 45% (in E3_86_75) der nachgewiesenen Arten. Diese Tatsache zeigt, dass neben den Kulturpflanzen vor allem Vertreter dieser Gruppen in die Siedlungen getragen wurden und unterstreicht die Vermutung, dass es sich um die vorherrschend genutzte Pflanzengesellschaft in der Siedlungsumgebung gehandelt haben dürfte.

5.7.2 Flächenprobe E3_86_30

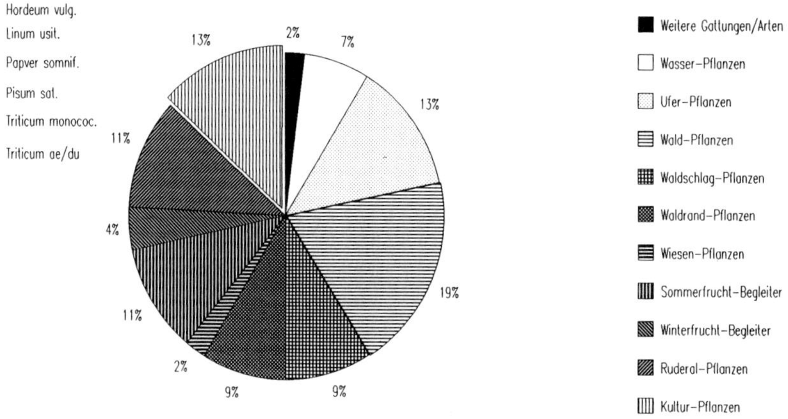

Abbildung **E 54** : E3_86_30 : seeseitige Flächenprobe am Rand der Lehmplatte 2
46 Arten / 519 Reste

1. Anzahlmässig sind - ohne Najas spec. (135 pcs oder 27% aller Reste) zu berücksichtigen - die Hälfte aller Reste aus den Ökogruppen 'Ackerland' (9.) und Ruderalpflanzen (10.). 253 Stück in 18 Arten zeigen die anthropogene Prägung des Sediments deutlich.

2. Der Fund von 53 Chenopodium album (10% der gesamten Samensumme) Samen geht sicher über den Zufallsfund hinaus und könnte mit der bereits erwähnten Verwendung der Pflanze als Salat, Gemüse oder als Mehlersatz zum Backen zusammenhängen (siehe Kap. 8.2ff).

3. Der Artenanteil aus den Ökogruppen Segetal-, Ruderal- und Kulturpflanzen macht mit 18 Arten 40% aller 46 im Sediment bestimmten Taxa aus und zeigt damit klar eine Beeinflussung durch menschliche Aktivitäten.

5.7.3 Flächenprobe E3_86_75

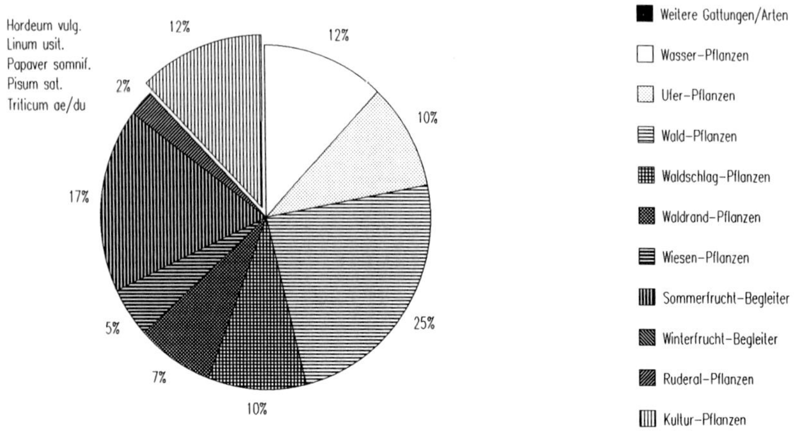

Abbildung **E 55** : Flächenprobe E3_86_75 : Aus dem Randbereich der Lehmplatte 4/86
41 Arten / 218 Reste

Das Sediment zeigt gegenüber vergleichbaren Befunden innerhalb des Transsekts und der Profile einige auffallende Besonderheiten in der Artengarnitur:

1. Eine erstaunlich hohe Artenzahl von Wasserpflanzen. Seerose (Nymphaea alba) und Teichrose (Nuphar lutea) mitten im Wohnplatz? Neben der Hypothese einer Überschwemmung als Katastrophe zur Besiedlungszeit, oder kurz nach deren Auflassung, könnte die Blüte oder Frucht auch selektiv in die Siedlung gebracht worden sein: als Schmuck, Opfergabe, zu Medizinalzwecken etc. Dieser vielleicht sonderbare Schluss entstammt der ungewöhnlichen Häufung von 4 Samen von Nymphaea alba in nur einer Probe, d.h. 45% des Gesamtfundes dieser Spezies in einem einzigen Fundkomplex. Eine weitere Möglichkeit wäre, sich stehendes Wasser als Teil eines Seeausläufers, Gewässerarms o.ä. im untersuchten Siedlungsbereich vorzustellen.

2. Die reiche Artengarnitur mit 17 Waldpflanzen (Ökogruppen 4.-7.), darunter viele Sammelpflanzen wie Malus sylvestris, Rubus caesius, Physalis alkekengi, Corylus avellana weisen auf anthropogene Beeinflussung des Sediments hin.

3. Die 5 nachgewiesenen Kulturpflanzen-Arten Hordeum vulgare, Triticum aestivum/durum, Pisum sativum, Papaver somniferum und Linum usitatissimum werden durch 7 Arten der Sommersegetalflora ergänzt (siehe auch Kap. 6.4.3), nämlich:

Art	Anzahl / Konz./l	Verwendung
Brassica rapa	3 / 3	Gemüse
Chenopodium album	19 ! / 24	Gemüse/Salat/Öl
Chenopodium polyspermum	2 / 2	-
Polygonum persicaria	3 / 4	Gemüse
Solanum nigrum	1 / 1	Medizinalpflanze
Stellaria media	2 / 2	Gemüse
Stachys arvensis	3 / 3	-

Tabelle **E 56** : Sommer-Segetalpflanzen-Spektrum

4. Reste von Winterfrucht-Begleitern fehlen in dieser Probe vollständig. Es wäre sicher falsch, in diesem Spektrum den Beweis des egolzwilzeitlichen Sommerfeldbaus zu finden. Die vollständige Abwesenheit der Winterfrucht-Begleitflora in dieser Probe ist dennoch mehr als nur ein zufälliges Ereignis und als ein starker Hinweis auf die noch wesentliche Bedeutung des Hackfrucht-Anbaus zu werten (siehe auch Kap. 6.4, resp. Kap. 7). In anderen Proben sind Valerianella dentata, Galium aparine oder Fallopia convolvulus als wichtige Halmfruchtbegleiter mehrfach nachgewiesen.

5.7.4 Zusammenfassung und Erkenntnisse aus dem Transsekt

1. Die Artengarnituren aller organischen Proben im Transsekt weisen hohe Anteile an gesammelten und für menschliche Bedürfnisse verwendbaren Pflanzenarten auf. Dieser Anteil umfasst in den Proben der Lehmplatten über 2/3 aller gefundenen Arten (siehe 5.6.4.2 und 5.6.4.3 aus den ökologischen Gruppen 4.-10. Wir finden hier auch die grösste Anzahl Taxa (bis 46).

2. Der 'Wasser-Land'- Gradient lässt sich weniger an Hand der überall vorhandenen Wasserpflanzen- als eher mit Hilfe der Uferpflanzen-Reste im Sediment aufzeigen (siehe Abbildung E 50).

3. Vor allem die Flächenprobe E3_86_75 aus der Lehmplatte 4/86 gibt könnte dank der nachgewiesenen Sommer-Segetalflora (siehe Tab. E 56) Hinweise auf eine grössere Bedeutung des Sommerfeldbaus in der frühen Jungsteinzeit geben; eine Anbauform, die im Laufe des Neolithikums an Bedeutung verliert (siehe Kap. 6.4.3). Daneben traten diese Arten allerdings auch ohne direkten Zusammenhang mit Feldanbau auf!

5.8 Zusammenfassung der wichtigsten Ergebnisse der Schichterhaltung

Feuchtbodensiedlungen weisen generell günstige Konservierungsbedingungen für unverkohlte organische Reste auf. Von besonderem Interesse sind dabei vor allem Pflanzen, die in der Umgebung des Wohnplatzes gewachsen sind und die zusammen mit Sammelpflanzen und Kulturpflanzen in die Siedlungen eingetragen worden sind. Die vegetationsgeschichtlich wesentlichen Aussagen basieren hingegen auf Funden von 'Nicht-Kulturpflanzen'.

1. 13 der geborgenen Taxa sind Kulturpflanzen i.e.S., weitere 34 gehören in den anthropogen beeinflussten Bereich (Segetal- und Ruderalpflanzen), womit knapp die Hälfte aller Taxa auf die Prägung des Raumes durch den Menschen hinweist (siehe Kap.6.1.3).

2. Im untersuchten Material liegen 99% aller Reste (29'697pcs) unverkohlt vor. 1% (267 pcs) umfassten die verkohlten Cerealia und 47 weitere Reste verschiedener Taxa. Mit 2-3 verkohlten Arten/Probe[1] liegt der Wert nur leicht unter den Durchschnittswerten der Zürcher Grabungen (Jacomet at al. 1989; siehe Kap. 5.2.6, 5.3ff)!

3. Mehrfach nachgewiesene Sandlagen (u.a. Kap. 5.2.4; 5.6.2) weisen auf Störungen der Kulturschicht durch Wasser (Überschwemmung, Unwetter) im Lauf der Sedimentation hin. Wasserbeeinflussung/Verschwemmung ist auch verantwortlich für die relativ niedrigen Konzentrationswerte der Makroreste in den Sedimentproben (siehe Anhang 4/2, dritte Spalte resp. Kap. 5.2). Bei besserer Schichterhaltung wäre vermutlich auch noch eine leicht höhere Anzahl Taxa (>125) zu erwarten gewesen (siehe Kap. 5.3).

   Die überall nachgewiesenenen Reste der Gattung Najas zeigen die Beeinflussung durch Wasser ebenfalls klar auf: organische Schichten wurden überschwemmt und sind in den Randbereichen durch Wasserbewegungen mit der hangenden Seekreide durchmischt worden (siehe Kap. 5.4).

4. Hinweise auf eine recht gute Erhaltung des organischen Materials im Sediment geben die Funde fragiler Reste wie Stellaria media oder Apium graveolens.

5. Mit durchschnittlich 25 unverkohlten Arten in organischen Flächen- respektive 30 Arten in Profilproben liegt der Artenreichtum knapp unter dem Durchschnittswert der Egolzwilerschichten in Zürich-Kleiner Hafner, weist aber eine deutlich grössere Streuung bis gegen 50 Taxa in einzelnen Proben auf (Abb. 33ff, Jacomet, Brombacher & Dick 1989). Dies kann die Vermutung stützen, dass unter guten Schichterhaltungsbedingungen vielleicht mit 150 Taxa zu rechnen wäre.

---

1 Berücksichtigt sind nur offene Fundkomplexe !

F. Ergebnisse zur Umwelt des Siedlungsplatzes Egolzwil 3

6.1 Die Umwelt vor 6300 Jahren

Beim verschwundenen Wauwilersee - einem kleinen, seichten Gewässer mit flachen Ufern - dürfen wir relativ starke, kurzfristige Seespiegelschwankungen durch Gewitter oder Erdrutsche im Bereich der abfliessenden Gewässer erwarten (siehe Kap. 2.1, 2.2), die sicher die Schichterhaltung beeinflusst (siehe Kap. 5ff) haben. Die Oberflächenbewegung hingegen konnte nie sehr bedeutende Grösse erreicht haben, denn grosse Wellen konnten sich bei der Kleinheit und Seichtheit des Gewässers gar nicht erst bilden. Funde der beiden Schwimmblattpflanzen, See- und Teichrose (Nymphaea alba und Nuphar lutea), typisch für ruhige Gewässer, unterstützen diese Annahme (siehe Kap. 5.5.2.1).

An diesem kleinen See haben sich vor 6300 Jahren Menschen niedergelassen und dorfähnliche Strukturen, die durch Funde detailliert nachgewiesen sind, errichtet. Wovon haben sie sich ernährt ? Was haben sie angebaut ? Was haben sie gearbeitet ? In den folgenden Kapiteln versuche ich, diese Fragen aus der Sicht der Archäobotanik zu beantworten.

Beim Übergang der Lebensform vom Jäger und Sammler zum sesshaften Ackerbauern (Gregg 1986) an der Schwelle des Neolithikums wurden neue, bisher unbekannte Tätigkeiten wie

* Selektion von Pflanzen für bewussten Anbau / Produktion von Nahrungsmitteln !
* längerfristige, arbeitsintensive Umgestaltungen des Lebensraums und deshalb
* Sesshaftigkeit / dörfliche (soziale Strukturen)
* Vorratshaltung
* Nutztierhaltung (Schibler 1987, Stampfli 1976)

eingeführt oder erfunden, die im organischen Fundmaterial archäobotanisch nachweisbare Spuren hinterlassen haben.

6.1.1 Site catchment ('Land-in-Besitznahme) in Egolzwil 3

Autoren wie Higgs (1975), Bakels (1982) oder Gregg (1986) konnten zeigen, dass die frühen Besiedler als bäuerliche Selbstversorgergruppen einen Raum aufgrund bestimmter Kriterien wie Nahrungsgrundlagen, Wasserversorgung etc. als Wohnterritorium aussuchten. In Anlehnung an diese Kriterien kann man Besiedlungsmodelle, sogenannte 'site catchment analysis' (Higgs 1975), durchspielen und diese versuchsweise 'in die Landschaft legen'.

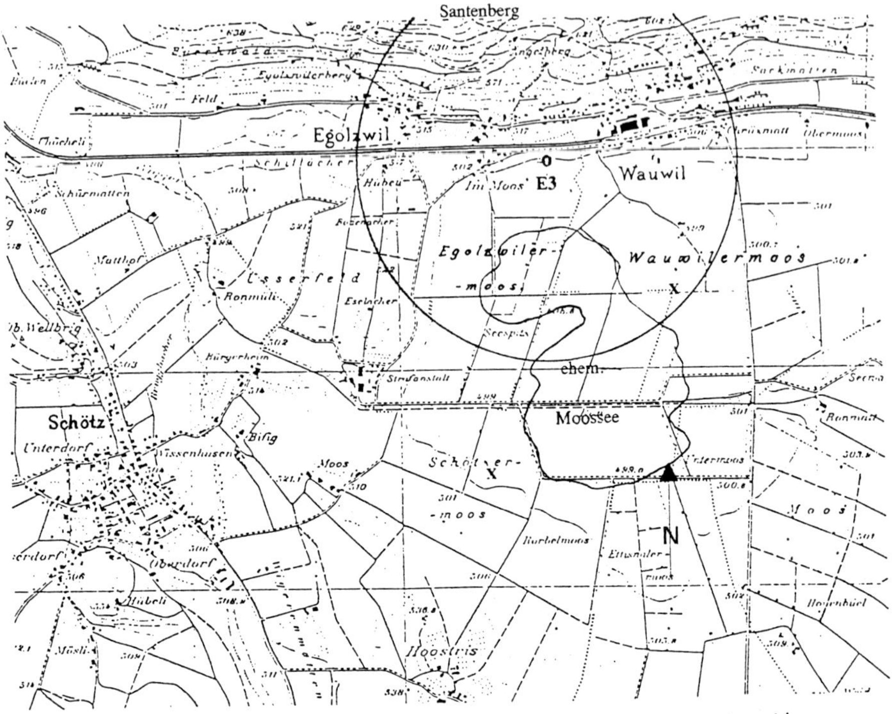

L+T Blatt Nr. 1129 Sursee - 1:25'000 = 1 km

Karte **F 1** : Site catchment-Modell für Egolzwil 3 (Kreis = 1km Radius um Wohnplatz E 3)

0 = Egolzwil 3 **X** = weitere Siedlungen am Seeufer

Übernehmen wir die in Modellen diskutierten Distanzen respektive den Zeitaufwand, in denen die überlebenswichtigen Bedürfnisse abgedeckt werden konnten (Chisholm 1968; Lee 1968), so erhalten wir für die Umgebung (siehe Karte F 1) von Egolzwil 3 günstige Verhältnisse für eine relativ 'dichte' Besiedlung des Raumes.

* in unmittelbarer Nähe des Siedlungsplatzes stehen Wasser, Bauholz: Eiche, Ulme, Ahorn; Laubfutter: Birke, Erle (siehe Kap. 22); Nahrung: Wasservögel, (Fischfang, obwohl sehr wenig Schuppen in den Sedimenten vorhanden sind) reichlich zur Verfügung.

* im 1-km-Bereich, d.h. in 10 Minuten Fussmarsch von der Siedlung zu erreichen, liegen der Hangfuss des Santenbergs mit Südexposition, sowie die günstigen Ackerböden auf den Moränenwällen. Frisches Quellwasser ist in nächster Nähe vorhanden. Rodungen in diesem Gebiet lieferten nicht nur Ackerland, sondern auch gute Nutzhölzer (siehe Kap. 6.2.ff).

* im 1-Stunden-Umkreis (4 bis 5km) liegen das gesamte Moos mit seiner noch relativ intakten Waldlandschaft (evtl. vereinzelt Weidegründe oder weitere Äcker in Rodungen) und der bewaldete Santenberg für Bauholz.

* im Bereich (>4 bis 10 km) um den Wohnplatz liegen die Jagdgründe. Als Jagdbeute sind Reh, Hirsch, Elch, Gemse, Ur und Eichhörnchen belegt (H.R. Stampfli 1989).

6.1.2 Die Nahrungsgrundlagen und naturräumlichen Ressourcen

Die neue, sesshafte und dorf-orientierte Lebensform ist im Vorderen Orient bereits viertausend Jahre älter als im zentraleuropäischen Raum und ist im Zuge von Wanderungen, in immer wieder modifizierter Art und Weise in unser Gebiet vorgedrungen. Von einer gewaltsamen 'Besetzung' des mesolithischen Lebensraumes durch die Neolithiker von Egolzwil 3 zu sprechen entbehrt aber in unserem Fall jeder wissenschaftlich fundierten Grundlage.

In verschiedenen Arbeiten der letzten Jahre (Denell 1979, Davidson 1979) errechneten Wissenschaftler die Zusammensetzung und die kalorischen Grundlagen der jungsteinzeitlichen Ernährung. Diese Szenarien zeigten z.T. recht kontroverse Resultate, je nachdem, welche Aktivitäten oder welcher Arbeitswille den damaligen Siedlern zugemutet wurden. Ganz klar ist die physiologische Notwendigkeit von Proteinen (Aufbaustoffe), Kohlehydraten und Fetten (Energiehaushalt). Moderne Diätkonzepte zeigen, dass mit Getreide (Kohlehydrate/Stärke) und Hülsenfrüchten für pflanzliche Proteine eine nicht nur kalorienmässig genügende, sondern auch gesunde und ausgewogene Lebensführung gewährleistet werden kann. Sammelwirtschaft, Fischfang und Jagd ergänzten die angebauten Grundnahrungsmittel weiterhin. Die für unseren Organismus essentielle (Fett)-Linolsäure ist in hohem Mass im reichlich gefundenen Mohn respektive Lein/Flachs enthalten (siehe Kap.7.8).

Betrachten wir die Idee des site catchments (Kap. 6.1.1) in Bezug auf die nähere, ackerbaufähige Umgebung des Wohnplatzes Egolzwil 3 etwas genauer:

- im Siedlungsbereich, am Nordende des ehemaligen Wauwiler-Sees, steht am Rand des Bruchwaldes bis zu den steileren Flanken des Santenbergs nur relativ wenig Land als günstiges, flaches Ackerbaugebiet zur Verfügung: ungefähr 0.4 km^2; auf der Moräne (im N-W) kommen noch etwa 0.25 km^2 dazu, so dass vielleicht gegen 65 ha (20% der Umgebung) durch die Besiedler ackerbaulich genutzt werden konnten.

- Bringen wir diese gesamte Fläche in die Nutzungsrechnung ein und basieren wir auf den Werten diverser Autoren (Bakels 1978, Lundström-Baudais 1982, Gregg 1986), so könnte das Gebiet um die Siedlung, bei einem Flächenbedarf von 1.5 ha/erwachsene Person etwa 40-50 Menschen ganzjährig ernähren[1].

- Die Rechnung zeigt, dass um den damaligen See gleichzeitig 2 bis 3 Siedlungen dieser Grösse (= **x**) Platz und deren Bevölkerung ein Auskommen gefunden hätten. Dieser Schluss liegt schon deshalb nahe, weil gewisse Literaturwerte bereits einen Landbedarf von 0.5 ha/Mensch als genügend erachten (siehe Karte F 1).

---

1 vorgegebene Grundlagen: Kalorienbedarf 2500 kcal/erwachsene Person+Tag; Netto-Ernteerträge um 400 kg/ha und Annahme von 60% pflanzlichem Nahrungsanteil

6.1.3 Die Anteile der ökologischen Gruppen aufgrund der nachgewiesenen Taxa

Um die Vegetation in der Umgebung des Wohnplatzes Egolzwil zu beschreiben, können neben der pflanzensoziologischen Klassifikation auch die ökologischen Zeigerwerte Hinweise zum Standort einer Pflanze liefern (siehe Kap. 6.8ff).

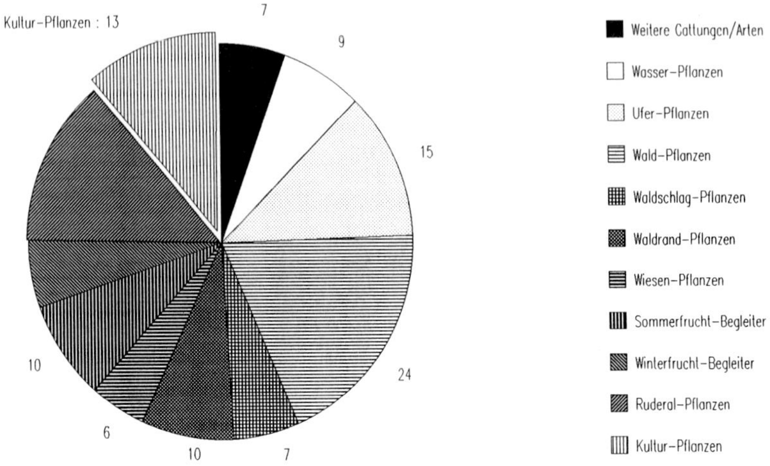

Abbildung **F 2** : Anteile der ökologischen Gruppen am Gesamtfund der 125nachgewiesenen Taxa der beiden Ausgrabungskampagnen 1986 und 1987 (siehe auch Anhang 4/1); **Werte = Artenzahlen**

Der hohe Anteil an Waldpflanzen-Arten - 24 Arten - zeigt deren massgebende Bedeutung in der damaligen Zeit. Waldpflanzen können vielseitig verwendet werden, als Baumaterial (Bauholz, Isolation, Werkzeug- und Bootsbau), als Nahrung (Sammelpflanzen) oder als Tierfutter, z.B. bei Laubfütterung. Bei den wenigen Wiesenpflanzenfunden (Ökogruppe 8, siehe Kap. 6.3) und den niedrigen NBP um 5% (Troels Smith 1955; Wegmüller 1976) war Laubfütterung vermutlich die einzige Möglichkeit, einen kleinen Tierbestand auch im Winter zu ernähren. Die Ruderalpflanzen bilden mit 17 Arten den zweitgrössten Anteil am Taxaspektrum und deuten - neben den Kulturpflanzen - auf direkte anthropogene Beeinflussung der damaligen Siedlungsumgebung hin. Ich denke dabei an Waldrodungen, Äcker etc. Die gefundenen Kulturpflanzen-Arten sind ernährungsphysiologisch in der Lage, einer Bevölkerung ein (vermutlich eher karges) Auskommen zu bieten, obwohl Kohlehydratlieferanten (Getreide) in den Funden insgesamt schlecht repräsentiert sind. Die Bedeutung des Akkerbaus wird zudem durch eine breite Palette an Segetalpflanzen unterstrichen. Auffallend schlecht sind die Wiesenpflanzen - nur 6 Taxa auf 125 - im Fundmaterial vertreten. Dies steht sicher in engem Zusammenhang mit der damaligen Umweltnutzung, in der offenes Wiesland in der Siedlungsumgebung offenbar noch weitgehend fehlte (siehe Kap. 6.3). Die Wasser- und

Uferpflanzen (siehe Kap. 5.5.2 ff) machen zwar quantitativ 1/3 aller Funde aus, darunter Najas spec. mit knapp 9900 Resten, sind aber artenzahlmässig nicht übermässig stark vertreten.

Ökogruppe/Standortgesellschaft	Ökogruppe	Anzahl Taxa	Stückzahl
Weitere Arten/Gattungen	-	7	70
Wasser-Pflanzen	1...	9	9975
Ufer-Pflanzen	2../3..	15	356
Wald-Pflanzen (inkl. Abies-Nadeln)	4.-6.	24	4174
Waldschlag-Pflanzen	7.1	7	8591
Waldrand-Pflanzen	7.2/7.3	10	282
Wiesen-Pflanzen	8.	6	97
Kultur-Pflanzen	9.1	13	5220
Sommerfrucht-Begleiter	9.2	10	667
Winterfrucht-Begleiter	9.3	7	126
Ruderal-Pflanzen	10.	17	406
Gesamt		**125**	**29964**

Tabelle **F 3** : Ökogruppen-Anteile der in Egolzwil gefundenen 125 **Taxa**

6.1.4 Die Anteile der ökologischen Gruppen aufgrund der Stückzahlen

Eine andere Gewichtung des Fundmaterials ergibt die quantitative Zugehörigkeit der Taxa zu den zehn ökologischen Gruppen (Tab. F 3, letzte Spalte resp. Abb. F 4). Als wichtigste Erkenntnisse zur Auswertung der beiden Darstellungen wären zu nennen:

1. Wasser spielt eine wesentliche Rolle. Reste von Wasserpflanzen treten häufig auf und weisen auf die bedeutende Wasserbeeinflussung der Kulturschicht und deren Erhaltungszustand hin (siehe Kap. 5.2, respektive 5.4ff). Bezüglich der Anzahl Arten ist der Anteil (9 von 125) nicht besonders ausgeprägt.

2. Wald, die wohl dominierende Vegetationseinheit in der Umgebung des Dorfes, manifestiert sich sowohl in der hohen Zahl von 24 nachgewiesenen Spezies, als auch in quantitativ bedeutenden Mengen selektiv gesammelter Arten (siehe Kap. 5.6.1.4, 5.6.2.4, 5.6.4.3; respektive Kap. **6.2.1**).

3. Die tiefen Stückzahlen für Wiesenpflanzen-Reste sind ein weiteres Indiz für die kleine Bedeutung des Grünlandes als Wirtschaftsform in der Umgebung des Wohnplatzes.

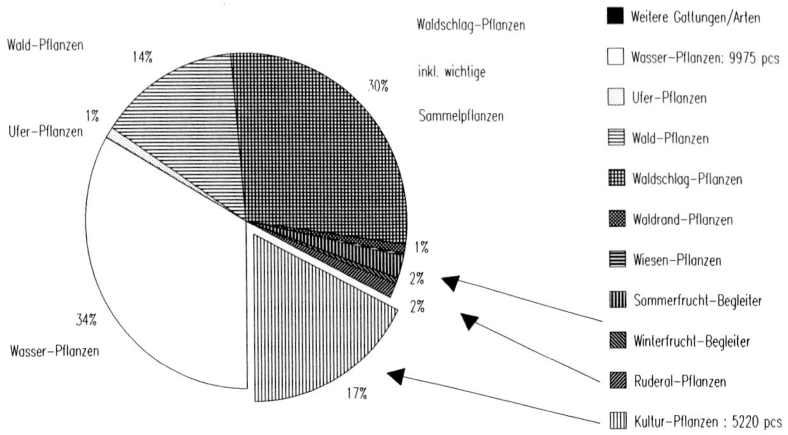

Abbildung **F 4** : %-Anteile der Ökogruppen aufgrund der gefundenen Makroreste
(Wichtig: zwecks besserer Lesbarkeit ist das Diagramm gegenüber allen anderen Kreisdiagrammen dieser Untersuchung um 180° gedreht; die Signaturen sind aber beibehalten.)

5. Der hohe Anteil an Waldschlagpflanzen ist durch die Zugehörigkeit von wichtigen Sammelpflanzen wie Rubus spec. oder Fragaria vesca (Him-/Brom-/Erdbeeren) zu erklären und für Fragestellungen betreffend der damaligen Umwelt nur von relativ geringer Bedeutung (siehe Kap. 6.2.2). Die Zuordnung zur Gruppe Waldschläge (Ökogruppe 7.1) respektive Waldränder (Ökogruppe 7.2) ist zudem nicht sehr streng, da für viele Arten beide Standorte in Frage kommen.

6. Der Kulturpflanzenanteil, immerhin rund 17% aller gefundenen Reste, zeigt ein leicht verzerrtes Bild, stammen doch rund 89% von einer einzigen Art, nämlich Papaver somniferum (Schlafmohn, siehe Kap. 6.1.3 resp. Kap. 7.8.2).

Die beiden Kapitel 6.1.3 und 6.1.4 zeigen deutlich, dass relevante Aussagen zur wirklichen Bedeutung einer Spezies oder Ökogruppe nur möglich sind, wenn Berechnungen zu Artenzahl / ökologische Gruppe / Stetigkeit / absolute Anzahl / Konzentrationsangaben durchgeführt, verglichen, eindeutig dokumentiert und diskutiert werden können.

6.2 Waldpflanzen (Ökogruppen 4 - 6)

6.2.1 Übersicht über die Waldpflanzen-Gesellschaften

24 verschiedene Waldpflanzen-Arten mit 4174 Makroresten (darunter 2465 Nadeln der Weisstanne) wurden nachgewiesen; stückzahlmässig sind das 14% aller Reste.

DEUTSCHE BEZEICHNUNG	Fachbezeichnung	Anzahl	Stetigkeit	Ökogruppe
Aehrige Teufelskralle	Phyteuma spicatum L.	18	10	6.
Birke	Betula pendula / pubescens (alba-Typ	488	52	4.-6.
Bittersüsser Nachtschatten	Solanum dulcamara L.	10	9	4.
Eiche	Quercus spec.	28	14	4.-6.
Erle	Alnus spec.	1	1	4.-6.
Gewöhnliche Judenkirsche	Physalis alkekengi L.	118	42	4.2/5.
Gewöhnliche Waldrebe	Clematis vitalba L.	5	4	4.-6.
Gewöhnliches Hexenkraut	Circaea lutetiana L.	10	7	4.2
Goldnessel	Lamiastrum galeobdolon agg.	3	2	6.
Hänge-Birke	Betula pendula Roth	21	10	4.-6.
Hain-Ampfer	Rumex sanguineus L.	2	2	4.2
Hasel	Corylus avellana L.	550	64	5./ 7.2/ 7.3
Holz-Apfelbaum	Malus sylvestris agg.	122	32	4.
Kratzbeere	Rubus caesius L.	62	31	4.1/4.2
Kriechender Günsel	Ajuga reptans L.	3	3	6./ 8.2
Moor-Birke	Betula pubescens Ehrh.	9	5	4 .
Schwarz-Erle	Alnus glutinosa (L.)Gaertn	77	33	4.1
Schwarzer Holunder/ Trauben-H.	Sambucus nigra L. / racemosa L.	57	20	4.-6.
Wald-Bergminze	Calamintha sylvatica Bromf.	8	6	5.
Wald-Nabelmiere, Dreinervige-N.	Moehringia trinervia (L.)Clariv.	85	31	4.-6.
Wald-Segge	Carex sylvatica Huds.	1	1	6.
Wald-Veilchen	Viola reichenbachiana Jord.ex Boreau	1	1	6.
Wald-Ziest	Stachys sylvatica L.	15	12	4.-6.
Weisstanne	Abies alba Mill.	2464	76	6.

Tabelle **F 5** : Waldpflanzen-Reste in Egolzwil 3

Ökogruppe 4 : Waldgesellschaften feuchter Standorte

4.1. Uferwälder = Gesellschaften der Alneteaglutinosae: Erlenbruchwälder und Bruchwaldgebüsche und Gesellschaften der Salicetea purpureae, Verb. Salicion albae: Weiden-Pappel-Gesellschaft (Weichholzauen)

4.2. Auenwälder = Gesellschaften der Querco-Fagetea, Verb. Alno-Padion

4.3. Diverse Waldpflanzen feuchter Standorte

Ökogruppe 5 : Lichter Mischwald (mesophil): Gesellschaften der Querco-Fagetea, Verband Cephalanthero-Fagion und Tilio-Acerion

Ökogruppe 6 : Schattholzwald: Gesellschaften der Querco-Fagetea, Unterverb. Eu-Fagion, Luzulo-Fagion, Abieti-Fagion, Aceri-Fagion

Tabelle **F 6** : Waldgesellschaften, die entsprechende Ökogruppen umfassen
(nach Ellenberg 1978/1979; Oberdorfer 1979)

Stetigkeiten von 33% bis über 50% sind typisch für Reste häufiger Arten wie Betula oder Alnus. Beide Arten haben Früchte mit guten Verbreitungseigenschaften wie Flügel oder Flugleisten. Dies führt zu einem überproportionalen Anteil dieser Reste in den Sedimenten und stimmt mit der ehemaligen Bedeutung im Leben der Siedler von Egolzwil 3 nicht unbedingt überein. Auch Malus und Quercus sind mit 33 resp. 14% Stetigkeit oft nachgewiesen; beide sind aber als Sammelpflanzen einer Selektion durch den Menschen unterworfen (siehe Kap 8). Bruchwald oder feuchte Waldstandorte zeigen Arten wie Physalis alkekengi (Judenkirsche), Solanum dulcamara (Bittersüsser Nachtschatten) oder auch Circaea lutetiana (Hexenkraut) an. Diese feuchten Standorte befanden sich in der nächsten Umgebung der Siedlung und wurden deshalb auch vorrangig begangen und genutzt (siehe Tab. F 7):

DEUTSCHE BEZEICHNUNG	Fachbezeichnung	Verwendung als
Aehrige Teufelskralle	Phyteuma spicatum L.	Nahrung/Futter
Birke	Betula pendula / pubescens (alba-Typ)	Futter/Bau-/Klebstoff
Bittersüsser Nachtschatten	Solanum dulcamara L.	Medizin
Eiche	Quercus spec.	Nahrung/Futter
Erle	Alnus spec.	Futter/Baustoff
Gewöhnliche Judenkirsche	Physalis alkekengi L.	Medizin
Gewöhnliche Waldrebe	Clematis vitalba L.	Nahrung
Gewöhnliches Hexenkraut	Circaea lutetiana L.	-
Goldnessel	Lamiastrum galeobdolon agg.	Nahrung
Hänge-Birke	Betula pendula Roth	Färben/Baustoff/Futter
Hain-Ampfer	Rumex sanguineus L.	Nahrung
Hasel	Corylus avellana L.	Nahrung
Holz-Apfelbaum	Malus sylvestris agg.	Nahrung
Kratzbeere	Rubus caesius L.	Nahrung
Kriechender Günsel	Ajuga reptans L.	Medizin
Moor-Birke	Betula pubescens Ehrh.	Färben/Baustoff
Schwarz-Erle	Alnus glutinosa (L.)Gaertn	Färben/Baustoff
Schwarzer Holunder/ Trauben-H.	Sambucus nigra L. / racemosa L.	Nahrung/Färben
Wald-Bergminze	Calamintha sylvatica Bromf.	-
Wald-Nabelmiere, Dreinervige-N.	Moehringia trinervia (L.)Clariv.	Medizin
Wald-Segge	Carex sylvatica Huds.	-
Wald-Veilchen	Viola reichenbachiana Jord.ex Boreau	-
Wald-Ziest	Stachys sylvatica L.	Nahrung
Weisstanne	Abies alba Mill.	Baustoff/Färben

Tabelle **F** 7 : Potentielle Nutzungsmöglichkeiten der in den Proben nachgewiesenen Waldpflanzen (Ökogruppen 4-6)

Verglichen mit Werten aus dem Zürichsee-Raum (Jacomet, Brombacher & Dick 1989) wurden mit Durchschnittskonzentrationen von 0.1 pcs/l wie z.B. bei Solanum dulcamara bis 6 pcs/l respektive 38 pcs/l Betula und Abies alba-Nadeln nur tiefe Werte (siehe Anhang 4/2) erreicht. Ein Zusammenhang mit der mässigen Schichterhaltung scheint darum eindeutig (siehe Kap. 5.2 ff) gegeben.

Von der Dominanz des Eichenmischwaldes (EMW) am Ende des jüngeren Atlantikums ausserhalb der Uferzone ausgehend, stellt sich die Frage nach den im Sediment nachgewiesenen Waldtypen:

1. An den Moränenhängen wuchs ein Laubmischwald mit Eiche[2], Ahorn und Ulme ohne allzu starke Bedeutung der schattenfesteren Arten wie Weisstanne und Buche. Quellhorizonte am Fusse des Santenberges weisen auf mässig feuchte Verhältnisse hin. Der hohe Anteil von Haselnüssen im Fundmaterial (Stetigkeit 64%) könnte einerseits auf eine stellenweise gelichtete Waldlandschaft oder Waldränder mit Haselbüschen hinweisen. Andererseits wurden die Nüsse aber auch als Nahrung gezielt gesammelt!

2. Am Fuss der Moräne dürfte vor allem ein erhöhter Anteil Esche und Ahorn zu finden gewesen sein, daran anschliessend ein Übergang zum wasserbeeinflussten Strandplattenbereich mit Esche und Eiche in einer Art Uferwald mit gutem Nutzholzbestand (Material für Werkzeuge, Hausbau etc.).

3. Im überflutungsgefährdeten Uferbereich dürften vor allem Weiden (Salix spec.) und Erlen aufgekommen sein.

4. Bemerkenswert erscheint auch, dass die mehrfachen Nachweise von Arten wie u.a. Goldnessel (Lamiastrum galeobdolon) oder Teufelskralle (Phyteuma spicatum) auf einen grösstenteils noch geschlossenen Baumbestand hindeuten.

6.2.2 Waldschlagpflanzen (Ökogruppe 7.1)

DEUTSCHE BEZEICHNUNG	Fachbezeichnung	Anzahl	Stetigkeit	Ökogruppe
Behaartes Johanniskraut	Hypericum hirsutum L.	5	4	7.1
Brombeere	Rubus fruticosus agg.	1515	72	7.1
Brom-/Him-/Kratzbeere	Rubus fruticosus agg. / idaeus L.	7	4	7.1
Gewöhnlicher Klettenkerbel	Torilis japonica agg.	1	1	7.1
Himbeere	Rubus idaeus L.	3601	71	7.1
Schwarzer Holunder/ Trauben-Holunder	Sambucus nigra L. / racemosa L.	57	20	7.1
Wald-Erdbeere	Fragaria vesca L.	3405	76	7.1

Tabelle **F 8** : Waldschlagpflanzen-Reste in den Proben von Egolzwil 3

Insgesamt konnten mit 7 Spezies nur relativ wenige Arten Waldschlag-Pflanzen nachgewiesen werden. Die hohen Stückzahlen zeigen aber ihre Bedeutung für die Ernährung. Als wichtigste Sammelpflanzen gehörten dazu Rubus spec., Fragaria vesca und Sambucus (Holder), welche den Speisezettel der Egolzwiler versüsst hatten. Quantitativ spielten vor allem die Rubus-Arten und Fragaria vesca eine bedeutende Rolle: rund 8500 (oder knapp 30% aller) Reste gehören zu dieser Gattung respektive Art (siehe Tab. F 8).

Das gehäufte Auftreten dieser drei Arten in mehr als 70 Proben (Stetigkeiten >70%) bei für Egolzwiler Verhältnisse hohen durchschnittlichen Konzentrationen zwischen 16 und 42 Stück/l

---

2 Eiche : doppelt unterstrichen =im geschlämmten Material nachgewiesen
Ulme : einfach unterstrichen = Holzbestimmung

(resp. 22 und 55 pcs/l nur organische Sedimente) weist auf deren grosse Bedeutung in der damaligen Zeit hin. Ein Vergleich mit den zeitgleichen Sedimenten aus den Egolzwiler Kulturschichten in Zürich-Kleiner Hafner (Jacomet 1987) zeigt interessante Übereinstimmungen in Stetigkeit und Konzentration bei den wichtigsten Sammelpflanzen-Arten:

Fachbezeichnung	< alle Proben >		< nur org. Proben >		Seekreide	Lehm	Vergleichswerte Zürich/Kleiner Hafner	
	Stetigkeit	Durchschn. Kon./Liter	Stetigkeit	Durchschn. Kon./Liter	Durchschn. Kon./Liter	Durchschn. Kon./Liter	Stetigkeit	Durchschn. alle Proben Kon./Liter
Hypericum hirsutum L.	4	0.04	5.63	0.06	0.00	0.00	0	0
Rubus fruticosus agg.	72	15.98	92.96	22.03	1.14	1.43	100	>72
Rubus fruticosus agg. / idaeus L.	4	0.13	4.23	0.10	0.00	0.74	-	-
Torilis japonica agg.	1	0.01	1.41	0.02	0.00	0.00	0	0
Rubus idaeus L.	71	40.46	88.73	56.25	1.05	3.72	100	>225
Sambucus nigra L. / racemosa L.	20	0.88	25.35	1.09	0.00	1.19	10	<1
Fragaria vesca L.	76	42.14	92.96	56.46	8.63	5.59	100	>210

Tabelle **F 9** : Vergleich der Stetigkeiten und Konzentrationen der Waldschlagpflanzen in Egolzwil 3 und ZH-Kleiner Hafner (Jacomet 1986)

Die Stetigkeiten stimmen tendenziell in beiden Befunden überein, die Durchschnittskonzentrationen lagen aber in Egolzwil um Faktoren >5 tiefer (siehe Tab. F 9). In den Resultaten von Egolzwil 3 als auch Zürich-Kleiner Hafner zeigte die Himbere (Rubus idaeus) eine rund dreimal grössere Konzentration[3] als die Brombeere (R. fruticosus). Geschlossene Fundkomplexe solcher häufigen Sammelpflanzenarten hätten Aufschlüsse zu jahreszeitlichen Fragestellungen ermöglicht, fehlen aber leider vollständig. Wenn wir hingegen eine Störung der Kulturschicht-Sedimentation durch schwache Wasserbewegungen annehmen, wäre es denkbar, dass die kleineren und leichteren Himbeerkerne eine etwas grössere Chance hätten, vom Wasser gleichmässig im Sediment verteilt zu werden.

Insgesamt weist die Artengarnitur der Waldschlagpflanzen (siehe Tab. F 8 und F 9) darauf hin, dass Waldschläge eine noch wenig häufig auftretende Vegetationseinheit darstellten. So sind neben den typischen Sammelpflanzen Rubus spec., Fragaria vesca oder Sambucus nigra/racemosa nur gerade Hypericum hirsutum (4% Stetigkeit) und Torilis japonica (insgesamt nur 1 Stück) in den Sedimenten aufgetreten. Beide sind zu Nahrungs- respektive Medizinalzwecken einsetzbar. Auf die Bedeutung der Sammelpflanzen wird zu einem späteren Zeitpunkt noch vertieft eingegangen (siehe Kap. 8). Erschwerend für die Zuordnung zu einer Ökogruppe wirkt sich auch aus, dass viele dieser Arten sowohl an Waldrändern als auch auf Waldschlägen zu finden sind.

6.2.3 Waldrandpflanzen (Ökogruppen 7.2/7.3)

Insgesamt konnten Reste von 10 Arten aus der Ökogruppe 7.2/7.3 - Waldrandstandorte - im Probenmaterial bestimmt werden (siehe Tab. F 10).

3 Vergleichsmaterial stammt in beiden Fällen nur aus offenen Fundkomplexen

DEUTSCHE BEZEICHNUNG	Fachbezeichnung	Anzahl	Stetigkeit	Ökogruppe
Borstige Bergminze, Wirbeldost	Clinopodium vulgare L.	44	27	7.3
Büschel-Nelke, Rauhe Nelke	Dianthus armeria L.	2	2	7.2
Echtes Johanniskraut, Hartheu	Hypericum perforatum L.	30	14	7.2
Gewöhnlicher Dost, Wilder Majoran	Origanum vulgare L.	40	20	7.2
Gewöhnlicher Odermennig	Agrimonia eupatoria L.	1	1	7.2
Gundelrebe	Glechoma hederacea L.	1	1	7.2/ 10.2/ 8.
Hecken-Knöterich	Fallopia dumetorum (L.)Holub	4	3	7.2
Nickendes Leimkraut	Silene nutans agg.	21	11	7.3
Rose	Rosa spec.	116	38	7.2
Tag-Lichtnelke	Silene dioica (L.)Clairv.	19	12	7.2

Tabelle **F 10** : Waldrand-Pflanzen-Nachweise in den Sedimenten von Egolzwil 3

Die - als Folge menschlicher Aktivität geschaffenen - Wald-Schläge und Waldrand-Standorte boten reiche Ernte an Sammelpflanzen (siehe Tab. F 11, respektive Kap. 8). Hagebutte (Rosa spec.) konnte in grösserer Zahl und mit hoher Stetigkeit in der ganzen Grabungsfläche nachgewiesen werden (siehe Kap. 8.1.5). Verglichen mit den Waldrandspektren der Egolzwilerschichten am unteren Zürichsee und anderen frühen jungsteinzeitlichen Befunden stellen wir eine hohe Gleichläufigkeit der Artengarnitur fest (Jacomet, Brombacher & Dick 1989). Im Vergleich zum Zürichsee fehlt eigentlich nur Cornus sanguinea (Roter Hartriegel) in den Sedimenten von Egolzwil 3.

DEUTSCHE BEZEICHNUNG	Fachbezeichnung	Verwendung als
Borstige Bergminze, Wirbeldost	Clinopodium vulgare L.	Nahrung/Futter
Büschel-Nelke, Rauhe Nelke	Dianthus armeria L.	-
Echtes Johanniskraut, Hartheu	Hypericum perforatum L.	Medizin
Gewöhnlicher Dost, Wilder Majoran	Origanum vulgare L.	Nahrung
Gewöhnlicher Odermennig	Agrimonia eupatoria L.	Medizin
Gundelrebe	Glechoma hederacea L.	Medizin
Hecken-Knöterich	Fallopia dumetorum (L.)Holub	Nahrung
Nickendes Leimkraut	Silene nutans agg.	-
Rose	Rosa spec.	Nahrung
Tag-Lichtnelke	Silene dioica (L.)Clairv.	-

Tabelle **F 11** : Potentielle Nutzung der Waldrandpflanzen

Die gefundenen Arten sind zudem Hinweise auf die sich langsam lichtende Waldlandschaft und zeigen klar, dass nicht nur mässig feuchte Wälder in der Siedlungsnähe (Ökogruppe 7.2) sondern offensichtlich auch trockenere Waldgebiete am Santenberg und auf den Moränen (Ökogruppe 7.3) von den Bewohnern begangen und genutzt (Rodungen / Waldränder) wurden (siehe Tab. F 10). Mit den Befunden ZH-Kleiner Hafner deckt sich das eindeutige Fehlen von Schlehen (Prunus spinosa agg.) in dieser frühen Epoche. Die Schlehen, typisch in Waldschlägen, werden erst im späten Neolithikum (Schnurkeramik) häufig und belegen dort die bereits fortgeschrittene Rodungstätigkeit der Bewohner (Jacomet, Brombacher & Dick 1989).

Ökogruppe 7 : Waldschläge, Waldränder und xerophile/wärmeliebende Waldgesellschaften

7.2 Waldrandgesellschaften durchschnittlicher Standorte (F 4-5)
Gesellschaften der Rhamno-Prunetea,
Ordnung Prunetalia spinosae, Verb. Rubion und
Teile des Verb. Berberidion (z.B. Pruno-Ligustrietum)

7.3. wärmeliebende, meso- und xerophile Saumgesellschaften und
Eichenmischwälder: Gesellschaften der Rhamno-Prunetea,
Teile des Verb. Berberidion (z. Bsp. Cotoneastro-Amelanchieretum)
Ges. der Trifolio-Geranietea sanguinei
und der Quercetea pubescenti-petraeae (F 1-4)

Abbildung **F 12** : Waldrandgesellschaften durchschnittlicher und trockener Standorte
(nach Ellenberger 1978,1979, Oberdorfer 1979)

Weitere Arten wie Wirbeldost (Clinopodium vulgare) oder Majoran (Origanum vulgare) treten in 27% resp. 20% aller Proben auf (siehe Tab. F 11). Die Verwendung als Medizinalpflanzen ist für Johanniskraut (Hypericum perforatum) und Odermennig (Agrimonia eupatorium) wahrscheinlich (siehe Kap. 8).

6.2.4 Zusammenfassung Ökogruppen 4 - 7, Waldpflanzen s.l.

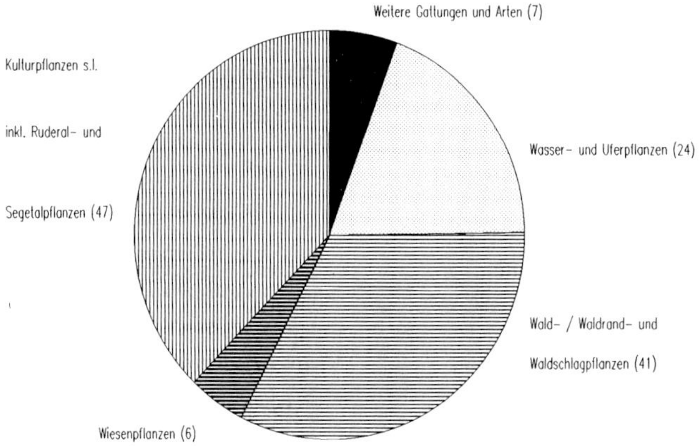

Abbildung **F 13** :Übersicht Ökogruppen-Anteile mit besonderer Berücksichtigung der Waldpflanzen (i.w.S.) in Egolzwil 3

41 auf 125 Taxa oder knapp 33% aller gefundenen Taxa sind Wald-, Waldrand- oder Waldschlagpflanzen (siehe Abb. F 13). Sie sind damit wesentliche Indikatoren für das Aussehen der neolithischen 'Egolzwiler'-Umwelt vor 6300 Jahren: eine parkartige Waldlandschaft mit ersten vom Menschen geschlagenen Lücken.

6.3 Wiesenpflanzen (Ökogruppe 8)

Insgesamt sind die Wiesenpflanzen mit 6 Arten (~ 5% aller nachgewiesenen Spezies) wenig vertreten und weisen auf die noch kleine Bedeutung dieser Vegetationseinheit in jener Zeit hin.

DEUTSCHE BEZEICHNUNG	Fachbezeichnung	Anzahl	Stetigkeit	Ökogruppe
Bleiche Segge	Carex pallescens L. (-Typ)	2	1	8.2
Gemeine Hainsimse	Luzula campestris (L.)D.C. - Typ	7	5	8.2
Gewöhnliches Hornkraut	Cerastium fontanum agg.	41	21	8.2
Kleine Brunelle	Prunella vulgaris L.	39	21	8.2/ 10.2
Thymian	Thymus spec.	3	3	8.3
Wiesen-Bärenklau	Heracleum sphondylium L.	5	4	8.2

Tabelle **F 14** : Wiesenpflanzenreste in den Sedimenten von Egolzwil 3

Bereits im Kapitel 6.1 und 6.2 wird auf die Umwelt der Egolzwiler Seeufersiedlungen als Waldlandschaft hingewiesen: der kleine Anteil Wiesenpflanzen an der Artengarnitur zeigt, dass grössere gelichtete und gerodete Flächen noch weitgehend fehlen und dass vermutlich erst Lücken im lichten Wald kleinräumig erweitert oder gezielt gerodet wurden, um Ackerbau auf guten Böden betreiben zu können (siehe Kap. 7).

Ökogruppe 8 :	Wiesenpflanzen (Grünland), inkl. halbruderale Halbtrockenrasen, Flur- und Trittrasen. Gesellschaft der Molinio-Arrhenatheretea, Verbände Arrhenatherion und Cynosurion; Festuco-Brometea, Verb. Mesobromion und Xerobromion und teilweise Sedo-Scleranthetea: Sandrasen und Felsgrusgesellschaften
	8.1. feuchtnasse Bodenverhältnisse (Feuchtezahlen 6-9)
	8.2. durchschnittliche Bodenverhältnisse (F 5)
	8.3. trockene Bodenverhältnisse (F 1-4)

Tabelle **F 15** : Wiesenpflanzengesellschaften (nach Ellenberg 1978/1979; Oberdorfer 1978)

Neben der Artenarmut, die auch in anderen Egolzwiler- und frühen Cortaillod-zeitlichen Stationen im Zürichsee-Raum (Jacomet, Brombacher & Dick 1989) belegt ist, war auch der Fundanteil mit 0.3% (97 Stück) äusserst bescheiden. Immerhin fällt auf, dass die nachgewiesenen Arten eher für durchschnittliche bis trockene Standorte typisch waren, was auf seefernere Gebiete im Fussbereich des Santenbergs (ungefähr 1-2 km nördlich) oder auf den Moränen hinweist. Die Nutzung dieser Räume konnte bereits mit dem Waldrandpflanzen-Spektrum (siehe Kap. 6.2.3) angedeutet werden. Die beiden 'häufigen' Wiesland-Arten Brunelle (Prunellea vulgaris) und Hornkraut (Cerastum fontanum) mit ihrer breiten ökologischen Amplitude sind ausserdem auch an Ruderalstandorten zu erwarten (siehe dazu Kap. 6.5).

6.4 Segetalpflanzen, Ackervegetation (Ökogruppe 9)

6.4.1 Einleitung

Segetalpflanzen- oder Ackervegetationsgemeinschaften (siehe Tab. F 16) sind direkt an anthropogene Einflüsse gebunden und liefern darum wesentliche Grundlagen zur Wirtschaftsarchäologie. Unsere pflanzensoziologische Vergleichsbasis ist in den letzten 6000 Jahren mehrfach nachhaltig beeinflusst worden, vor allem durch

- Intensivierung des Ackerbaus
- veränderte Anbauweisen
- veränderte Ernte- und Reinigungsmethoden
- wesentliche römerzeitliche und spätere Pflanzenimporte
- selektiver oder allgemeiner Einsatz von Herbiziden

Diese Anpassung hat zur Ausbildung von differenzierten Begleitfloren bei verschiedenen Kulturpflanzenarten oder -artengruppen geführt, die in der pflanzensoziologischen resp. landwirtschaftskundlichen Literatur mit Sommerfrucht- (Ökogruppe 9.2) und Winterfrucht-Begleiter (Ökogruppe 9.3) bezeichnet werden.

Ökogruppe 9 : Segetalpflanzen - Vegetation der Äcker
9.1. **Kulturpflanzen**
9.2. Polygono-Chenopodietea: **Sommerfrucht-** oder **Hackfruchtunkräuter** ; Ordnung: Polygono-Chenopodietalia, Verbände Fumario-Euphorbion Spergulo-Oxalidion, Panico-Setarion
9.3. Secalinetea: **Winterfrucht- = Halmfruchtunkräuter**; Ges. der Ordn. Secalinetalia: Verb. Arnoserion, Aphanion, Caucalidion

Tabelle **F 16** : Kulturpflanzen und Ackerunkrautgesellschaften (u.a. Ellenberg 1978/1979)

Trotz Einschränkungen, wie relativ wenig Kulturpflanzenreste, der offenen Frage der Bedeutung des Getreideanbaus und der niedrigen Restkonzentrationen oder dem Fehlen von Vorratsfunden, deutet doch die Gesamtheit der gewonnenen Erkenntnisse auf einen ganzjährig bewohnten Siedlungsplatz hin (siehe Kap. 4.6.1). Die in der Kulturschicht vorhandenen Kulturpflanzen (siehe Kap. 7), aber auch klar erkennbaren Kulturpflanzen-Begleiter weisen doch recht ausgeprägt auf eine Sesshaftigkeit der Egolzwiler Neolithiker und eine bäuerliche Ausstattung der Siedlungsumgebung von Egolzwil 3 hin (siehe Kap. 6.1 resp. Kap. 7).

Vorhandensein oder Fehlen einer Kulturpflanze ist eine qualitative Aussage zum damaligen Ackerbau, deren Wert durch die Schichterhaltung oder den Entnahmestandort der Probe in der Grabungsfläche relativiert wird. Artenspektren der Begleitflora verdeutlichen die Bedeutung der vorhandenen Kulturpflanzen-Arten und geben zusätzlich Hinweise auf die Methoden des jungsteinzeitlichen Ackerbaus, z.B. auf Anbau- oder Ernteweise (siehe Kap. 7.7). Die Kurzlebigkeit der meisten Ackerwildkräuter, ihre oft enge Vergesellschaftung und weitgehende Anpassung und Abhängigkeit an eine Kulturpflanze ermöglichen sehr häufig eine genauere Beschreibung der damaligen ackerbaulichen Situation als der isolierte Fund einer Kulturpflanze selbst (Knörzer 1971, Willerding 1981, Küster 1985 u.v.a.). Hier zeigen sich aber auch die Einschränkungen: unterschiedliche Landbautechnik oder Ernteweise kann sich durchaus in verschiedenen Segetalpflanzen-Spektren auswirken und die Vergleichbarkeit von Befunden einschränken.

Denken wir beispielsweise an einen Wanderfeldbau mit nur kurzzeitigen, saisonalen Anbauperioden, was vor allem bei einem geringem Bevölkerungsdruck denkbar wäre, so resultiert daraus eine sehr geringe Prägung der Sedimente durch die Segetal-Flora. Nach ein bis zwei Anbauperioden werden die Äcker in den Waldlichtungen wieder verlassen, und die ursprüngliche Pflanzengesellschaft (Wald) kommt neuerdings auf. Bei mehrjährigen Anbauzyklen hingegen (siehe Kap. 7) stellt sich eine Kulturpflanzen-Begleitflora ein, die nachgewiesen werden kann, und die auch ökologische Grunddaten zum früheren Anbau liefern kann (siehe Kap. 6.8.3f).

Eine wichtige Einschränkung: Auch Begleitflorenelemente haben ihre Verbreitungs- oder Einwanderungsgeschichte und aus dem Fehlen einer oder mehrerer wichtiger rezenter Arten kann nicht direkt auf das Nichtvorhandensein einer Pflanzengesellschaft geschlossen werden (Willerding 1980).

6.4.2 Nachgewiesene Segetalpflanzen in der Grabung Egolzwil 3

Die Grabung Egolzwil 3 1986/87 betrifft einen einphasigen Wohnplatz mit einer sehr beschränkten Besiedlungsdauer von nur 27 Jahren (Seifert 1989), so dass ein Florenwandel in der hier vorliegenden Untersuchung nicht belegt werden kann. Im Fundmaterial konnten 17 Arten (15% aller Arten, insgesamt 793 Makroreste [3% des Gesamtfundes] siehe Tab. F 17 und F 19) nachgewiesen werden. Andere Untersuchungen (Jacomet, Brombacher & Dick 1989) zeigten, dass im schweizerischen Neolithikum zu allen Zeiten sowohl Sommer- als auch Wintergetreideanbau bestanden hat.

Für Resultatvergleiche wirkte sich der Umstand, dass es sich in Egolzwil 3 ausschliesslich um offene Fundkomplexe handelte, erschwerend aus. Vorratsfunde, die in den Untersuchungen im Zürichseeraum wiederholt bearbeitet werden konnten und z.T. interessante Erkenntnisse zu Anbauform oder Ernteweise gebracht hätten (p. 132, Jacomet, Brombacher & Dick 1989), fielen damit weg. Das Artenspektrum der Segetalia konnte in Egolzwil 3 gegenüber den bereits publizierten Untersuchungen der Egolzwilerschichten von Zürich-Kleiner Hafner (Jacomet 1986) hingegen etwas erweitert werden, wobei die bessere Schichterhaltung in Egolzwil 3 der Hauptgrund für die höheren Artenzahlen sein dürfte.

6.4.3 Sommerfrucht- oder Hackfruchtbegleiter (Ökogruppe 9.2)

DEUTSCHE BEZEICHNUNG	Fachbezeichnung	Anzahl	Stetigkeit	Ökogruppe
Acker-Gauchheil	Anagallis arvensis L.	2	2	9.2
Acker-Ziest	Stachys arvensis (L.)L.	22	13	9.2
Einjähriger Ziest / Acker-Ziest	Stachys annua (L.) / arvensis (L.)L. (-Typ)	3	2	9.2/9.3
Hundspetersilie	Aethusa cynapium L.	2	2	9.2
Pfirsichblättriger Knöterich, Floh-K.	Polygonum persicaria L.	122	38	9.2
Rüben-Kohl	Brassica rapa L. ssp campestris	197	50	9.2
Schwarzer Nachtschatten	Solanum nigrum L. emend.Miller	11	7	9.2/ 7.1
Vielsamiger Gänsefuss	Chenopodium polyspermum L.	26	17	9.2
Vogelmiere, Hühnerdarm	Stellaria media agg.	33	19	9.2
Weisser Gänsefuss	Chenopodium album agg.	245	43	9.2/ 10.2

Tabelle **F 17** : Hackfruchtbegleiter; Klasse: Chenopodietata; Ordnung: Polygonae-Chenopodietalia (nach Oberdorfer 1983)

Kulturpflanzen als Sommerfrucht im Frühjahr ausgesät, ermöglichen den Begleitpflanzen (und der Kulturpflanze) nur eine relativ kurze Entwicklungszeit zwischen der Bodenbearbeitung und Keimung im Frühjahr und der Ernte im Herbst (<6 Monate). Als Begleitflora kommen deshalb nur sehr raschwüchsige Arten in Frage, die ihre Samenreife wenige Monate nach der Keimung erreichen und dies nur, wenn sie im Frühjahr günstige Startbedingungen vorfinden.

Arbeiten an neolithischen Getreidefunden zeigten (u.a. Jacomet, Brombacher & Dick 1989), dass im Laufe dieser Periode wesentliche Veränderungen im Anbauverhältnis von Sommer- und Winter- oder Halmfrüchten stattgefunden haben müssen (siehe Abbildung F 18). Sowohl in Artenzahl, als auch in Restzahl und Stetigkeit liegt in Egolzwil 3, zu Beginn des Schweizerischen Neolithikums, die Sommersegetal- mit **10** Arten noch klar vor der Wintersegetal-Flora mit **7** Arten. In den Schichten der Spät-Bronzezeit in Zürich-Mozartstrasse (Jacomet, Brombacher & Dick 1989) lautet das Verhältnis umgekehrt **8** zu **13** zu Gunsten des Winterfeldbaus. Es ist aber nicht so, dass vom frühen Neolithikum mit Sommergetreide bis zur Bronzezeit mit Wintergetreideanbau ein eigentlicher Wechsel der Anbauform stattgefunden hat. Richtiger ist, dass sich im Verlauf der Neolithisierung die Bodenbearbeitungsmethoden entwickelt haben und die Saatdichte als Folge von neuen Techniken wie Pflug und besseren Hacken vergrössert und der Boden tiefgründiger bearbeitet werden konnte. In der lückigen Aussaat der Winterfrucht zu Beginn des Jung-Neolithikums - mit Saatstock und wenig tiefgründiger Bodenbearbeitung - war das Aufkommen und die Samenreife von Sommersegetalia zwischen den Kulturpflanzen noch recht gut vorstellbar. Mit dem dichter wachsenden Wintergetreide, wegen Konkurrenz und Beschattung durch die im Herbst gekeimten Sprosse der winterannuellen Arten, lagen im Frühjahr ungünstigere Startbedingungen und Entwicklungschancen für keimende Sommergetreidebegleiter vor, weshalb ihr Anteil innerhalb der Segetalia (zumindest relativ) zurückging (siehe Abb. F 18).

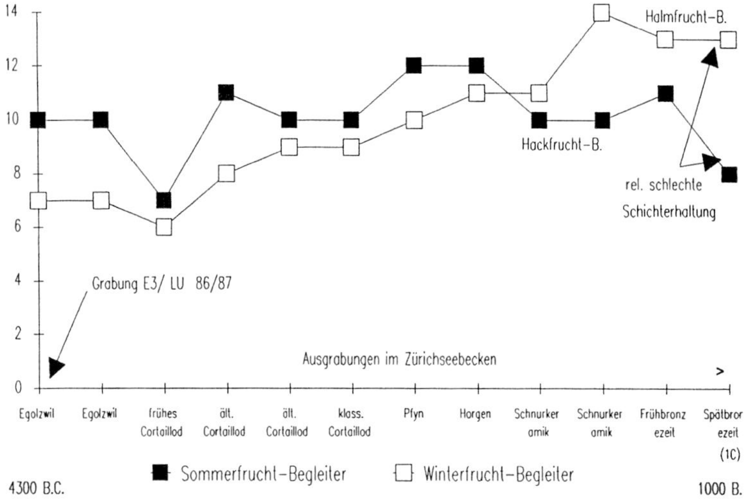

Abbildung **F 18** : Veränderung der Segetalgesellschaften von Neolithikum bis Bronzezeit
(Daten zusammengestellt und ergänzt nach Jacomet, Brombacher & Dick 1989)

Das Artenspektrum weist aber in seiner Vielfalt (10 Arten) aus, dass Sommergetreideanbau auch in Egolzwilerzeiten stattgefunden hat (siehe Abb. F 17). Besonders thermisch anspruchsvollere Arten dürften eher im Sommerfruchtanbau kultiviert worden sein.

6.4.4 Winterfrucht- oder Halmfruchtbegleiter (Ökogruppe 9.3)

DEUTSCHE BEZEICHNUNG	Fachbezeichnung	Anzahl	Stetigkeit	Ökogruppe
Acker-Glockenblume	Campanula rapunculoides-Typ	5	3	9.3/ 7.3
Gezähnter Feldsalat	Valerianella dentata (L.)Pollich	3	2	9.3
Kletten-Labkraut	Galium aparine agg. (inkl. G. spurium)	1	1	9.3/ 10./ 7.2
Kretische Flachsnelke	Silene cretica L.	15	6	9.3
Saat-Leindotter	Camelina sativa agg.	9	5	9.3
Stiefmütterchen	Viola tricolor agg.	5	3	9.3
Winden-Knöterich	Fallopia convolvulus (L.)A.L.ve	87	20	9.3

Tabelle **F 19** : Halmfruchtbegleiter; Klasse: Secalinetea (nach Oberdorfer 1983)

Halmfrucht-/Wintergetreide-Begleiter haben gegenüber den Sommeranbau-Begleitern den Vorteil, dass sie zwischen Herbst (Saatzeit der Kulturpflanze) und Samenreife rund ein Jahr ohne Bodenbearbeitung zur Verfügung haben. Nach der Keimung und einer Winterruhe erfolgt die Samenentwicklung erst im Folgejahr. Da Wintergetreide-Anbau (siehe Kap. 7) zudem höhere Erträge liefert, wurde er vermutlich auch gefördert und dominierte im Spät- und Endneolithikum. Die verbesserten Anbaumethoden mit intensiverer Bodenbearbeitung verdrängten zunehmend die schnellwüchsigen Sommeranbauindikatoren der Segetalflora: eine

Wandlung, die sich in der Abnahme der Hackfruchtbegleitflora andeutungsweise zeigen lässt (siehe dazu Abbildung F 18 resp. Kap. 6.4.3).

Winterfrucht, die nachgewiesenen Arten (siehe Abb F 19) zeigen es, wurde in der Zeit von Egolzwil 3 angebaut. Die in Egolzwil 3 gefundenen Cerealia konnten zudem grundsätzlich alle sowohl als Winterfrucht als auch als Sommerfrucht angebaut werden. Das Fehlen von geschlossenen Fundkomplexen mit Getreide und begleitender Segetalflora erlaubte es aber leider nicht, detailiertere Aussagen zur Anbaufrage zu machen (siehe auch Kap. 7.7).

6.4.5 Vergleich mit Siedlungen im Zürichsee-Raum

Den quantitativen und qualitativen Vergleich der Resultate, am Beispiel der Sommersegetalia-Reste in den Sedimenten von Egolzwil 3 und der neolithischen Stationen im Zürichseeraum, zeigt uns die Tabelle F 20 (nach Jacomet, Brombacher & Dick 1989 ergänzt) :

Soziologie		Polygono-Chenopodietea Klassencharakterart				Polygono-Chenopodietalia Ordnungscharakterart =*				Spergulo-Oxalidion Verbandscharakterart				Fumario-Euphorbion Verbandscharakterart			
Arten :		Caps b-p	Stell med	Solan nigr	Chen album	Anag arv *	Brass rapa	Polyg pers *	Mentha arv	Cerast glom	Chen polysp	Galium spec	Stac arv	Aeth cyn	Atrip pat	Eup hel	Thlasp arv
Siedlungsplatz:	Kulturschicht:																
Mozartstrasse	Spätbronzezeit	0	x	x	x	x	x	0	0	0	x	0	0	x	0	0	x
Mozartstrasse	Frühbronzezeit	xg	64	11	75	15	28	58	0	0	31	0	0	29	14	x	21
Mozartstrasse	Schnurkeramik	0	81	7	36	13	6	21	0	0	9	0	0	6	3	0	6
Mythenschloss	Schnurkeramik	3	91	6	66	3	3	51	0	0	17	0	0	9	3	0	0
Mozartstrasse	Horgen	11	20	5	37	2	32	2	x	0	30	0	3	14	6	0	0
AKAD-Seehofstr.	Pfyn	0	10	4	65	1	56	20	x	x	1	0	x	9	9	0	0
Mozartstrasse	klass. Cortaillod	20	xg	27	87	0	73	7	x	0	27	0	0	13	xg	0	0
Mozartstrasse	ält. Cortaillod	16	4	16	92	0	52	32	x	0	16	0	0	20	8	0	0
Kleiner Hafner	ält. Cortaillod	0	10	56	94	0	88	19	x	0	6	x	0	31	19	0	0
Kleiner Hafner	frühes Cortaillod	0	8	38	85	0	77	94	0	0	10	0	0	23	0	0	0
Kleiner Hafner	Egolzwil	0	6	56	100	0	89	22	x	0	33	x	11	56	0	0	0
Egolzwil 3	**Egolzwil**	**0**	**19**	**7 !**	**43**	**2**	**50**	**38**	**0**	**0**	**17**	**0**	**13**	**2 !**	**0**	**0**	**0**

Tabelle **F 20** : Vergleich der Stetigkeit der Sommerfrucht-Begleitflora in Egolzwil 3 und im Zürichseeraum (nach Jacomet, Brombacher & Dick 1989 ergänzt)

(x = nicht berechnet / g = geschl. Fundkomplex/0=nicht vorhanden)

In vielen Belangen ist die Gleichläufigkeit klar ersichtlich. Obwohl die Resultate zahlenmässig teilweise differieren, zeigten sie vor allem bei den frühen jungsteinzeitlichen Kulturen (ZH-Kl. Hafner./Egolzwil 3) auffallende Ähnlichkeiten. Bei vergleichbaren Fundspektren können auch vergleichbare Verhältnisse im Lebensraum und in den Anbauverhältnissen postuliert werden! Die Schlussfolgerung im zitierten Werk (Jacomet, Brombacher & Dick 1989, p. 134), dass die in der Ökogruppe 9.3 vertretenen Winter- oder Halmfruchtbegleiter bereits sicherer Bestand der egolzwilzeitlichen Äcker gewesen sind und dass der Anbau von Winterfrucht parallel zur Sommerfrucht stattgefunden haben dürfte, wird mit dieser Untersuchung auf jeden Fall unterstützt.

In den Ergebnissen der Untersuchungen im unteren Zürichseeraum wurden folgende Arten als wichtige und typische Getreideunkräuter des Neolithikums beschrieben (Jacomet, Brombacher & Dick 1989):

Art	**Egolzwil 3 86/87**	Synthese (Jacomet et al. 1989)
Ökogruppe 9.3 - Halmfrucht-Begleiter		
Camelina sativa	ja	ja
Fallopia convolvulus	ja	ja
Valerianella dentata	ja	ja
Vicia hirsuta	fehlt	ja
Viola tricolor	ja	ja
Ökogruppe 9.2 - Hackfrucht-Begleiter		
Aethusa cynapium	ja	ja
Brassica rapa	ja	ja
Chenopodium album	ja	ja
Chenopodium polyspermum	ja	ja

Tabelle **F 21** : Wichtige Kulturpflanzen-Begleiter (nach Jacomet, Brombacher & Dick 1989 ergänzt)

1. Die Reste aller wesentlichen Arten mit Ausnahme von Vicia hirsuta treten in den Sedimenten von Egolzwil 3 auf (siehe Tab. F 21). Dies zeigt, dass die damalige Vegetation im Sediment vermutlich generell recht gut wiedergegeben wird und somit Makroresten im Allgemeinen gut erhalten sind.

2. Konzentrationen und Restzahlen sind generell sehr gering (siehe Anhang 4/2), was bereits mit einer mässigen Schichterhaltung durch die immer wieder auftretenden Verschwemmungen (siehe Kap. 5.2 ff) begründet worden ist.

6.5 Ruderalpflanzen (Ökogruppe 10)

Ökogruppe 10 : Ruderalpflanzen: Gesellschaften der Stellarietea, Ordnung Sisymbrietalia =
ein- bis zweijährige Ruderalgesellschaften / Ges. der Artemisietea = vorwiegend
mehrjährige ruderale Staudenfluren der Schuttplätze, Ufer- oder Waldsäume
10.1 feucht-nasse Bodenverhältnisse (F 6-9)
10.2 durchschnittliche Bodenverhältnisse (F 5)
10.3.trockene Bodenverhältnisse (F 1-4)

Abbildung **F 22** : Ruderalgesellschaften (nach Ellenberg 1978/1978, Oberdorfer 1978)

Vermutlich ist es kein Zufall, dass die Ruderalpflanzen - eine Gruppe mit breiter ökologischer Amplitude - nach den Waldpflanzen (24 Arten) die zweitgrösste einheitliche Gesellschaft mit 17 Arten (13% aller nachgewiesenen Arten) ausmachen. Zusammen mit den Segetalpflanzen, ebenfalls 17 Arten, sind 34 Spezies (27% der Arten, resp. 1199 Reste = 4% aller Makroreste) dieser beiden Gesellschaften dem anthropogenen Einflussbereich zugehörig (siehe auch Abb. F 17, F 19 und F 23). Die Standorte der Segetal- und Ruderalgesellschaften sind oft sehr ähnlich. Die Tabelle F 23 zeigt, dass trotz der kleinen absoluten Fundzahlen alle Arten mit Stetigkeiten zwischen 2% und 33% relativ 'regelmässig' auftreten, also keine Einzelfunde sind. Wenn wir die Verwendungsmöglichkeiten der Arten durchgehen, kann eine selektive Einbringung in die Siedlung als Gemüse oder Medizinalpflanze für die meisten Arten denkbar sein. Auf die Verwendungsmöglichkeit als Sammelpflanzen verweist die letzte Spalte der Tabelle (siehe auch Kap. 8):

DEUTSCHE BEZEICHNUNG	Fachbezeichnung	Anzahl	Stetigkeit	Ökogruppe	Verwendung
Acker-Kratzdistel	Cirsium arvense L.	4	3	10.	Gemüse ?
Gewöhnliche Kratzdistel	Cirsium vulgare (Savi)Ten.(-Typ)	3	2	10.	?
Gewöhnlicher Hohlzahn	Galeopsis tetrahit agg. (-Typ)	73	33	10.2	?
Gewöhnliches Bitterkraut	Picris hieracioides L.	5	5	10.	Gemüse
Gewöhnliches Eisenkraut	Verbena officinalis L.	2	2	10.	Medizin ?
Grosse Brennessel	Urtica dioica L.	86	33	10.	Färbepfl/Tee
Grosse Klette	Arctium lappa L.	12	6	10.	"
Grosser Wegerich	Plantago major L. (ssp major)	48	11	10.	"/ Salat
Kleine Klette	Arctium minus Bernh. s.str.	8	6	10.	"
Kriechender Hahnenfuss	Ranunculus repens L.	28	20	10.2	"
Pastinak	Pastinaca sativa L.	4	4	10.	"
Rainkohl	Lapsana communis L.	47	27	10.	"
Rauhe Gänsedistel	Sonchus asper (L.)Hill	4	3	10.	"
Rauhe Segge	Carex hirta L.	18	12	10.	?
Vogel-Knöterich	Polygonum aviculare agg.	3	3	10.	Gemüse
Weisse Lichtnelke	Silene alba (Mill.)E.H.L. Krause	6	5	10.2	?
Wilde,Gelbe Rübe	Daucus carota L.	44	20	10.3	" / Salat

Tabelle **F 23** : Ruderal-Pflanzen-Nachweise in Egolzwil 3

Die vergleichsweise hohen Stetigkeiten bei einigen für die Ernährung wichtigen Arten (siehe Tab. F 23) unterstreichen, dass die Funde in Egolzwil 3 auf eine Selektion zurückzuführen sind. Die Vermutung, dass Daucus carota (Wilde Möhre) und Pastinaca sativa (Pastinak) in dieser frühen neolithischen Phase bedeutungsvolle Nahrungspflanzen waren, wird durch die vorliegende Untersuchung bestätigt. Pastinak verschwindet im frühen Cortaillod, Daucus geht ebenfalls stark zurück.

6.5.1 Spektrumsvergleich mit den Zürcher Seeufersiedlungen

Die Tabelle F 24 (nach Jacomet, Brombacher & Dick 1989, ergänzt) vergleicht die Stetigkeiten der Ruderalpflanzen-Nachweise von Egolzwil 3 mit den Werten der neolithischen (bis spätbronzezeitlichen) Schichten im Raum Zürich und zeigt, trotz anderen Absolutwerten, ähnliche Verhältnisse!

Soziologie		Artemisieta Klassencharakterart				Convolvuletalia, Aegopodion, Geo-Alliarion Ordnungs-/Verbandscharakterart						Arction			Onopordion und Dauco-Melilotion Verbandscharakterarten					
Arten Siedlungplatz	Kulturschicht	Cirs vulg	Cirs arv	Dips lac	Urt di	Dips full	Lam mac	Laps comm	Gal tet	Sapo off	Sil alb	Lam alb	Arct min	Arct lapp	Cirs arv	Nep cat	Art vul	Dau car	Picr hier	Past sat
Mozartstrasse	Spätbronzezeit	0	0	0	X	0	0	X	X	0	0	XCF	0	0	0	0	0	X	0	0
Mozartstrasse	Frühbronzezeit	1	0	0	63	0	0	33	39	0	4	XCF	3	4	3	1	0	44	1	0
Mozartstrasse	Schnurkeramik	0	0	0	13	0	0	20	13	0	3	0	1	0	1	0	1	7	3	0
Mythenschloss	Schnurkeramik	X	0	0	91	0	0	83	9	0	8	0	29	14	17	0	9	34	9	0
Mozartstrasse	Horgen	0	0	0	41	0	2	43	24	0	6	0	29	10	3	0	27	21	17	0
AKAD-Seehofstr.	Pfyn	2	0	X	19	X	0	24	2	1	3	0	6	4	1	2	16	3	5	0
Mozartstrasse	kl. Cortaillod	0	0	47	0	7	87	0	13	0	40	0	13	13	0	xg	7	0	13	7
Mozartstrasse	ält. Cortaillod	0	0	0	68	0	4	68	xg	8	40	0	44	20	X	20	24	0	12	0
Kleiner Hafner	ält. Cortaillod	0	X	XCF	25	XCF	XCF	75	81	6	33	X	19	XCF	0	0	50	5	25	0
Kleiner Hafner	fr. Cortaillod	0	0	0	62	0	0	69	46	10	23	0	8	XCF	0	0	0	8	15	0
Kleiner Hafner	Egolzwil	0	0	0	22	0	0	89	67	0	22	0	44	XCF	0	0	0	67	11	11
Egolzwil 3	**Egolzwil**	**2**	**3**	**0**	**32**	**0**	**0**	**27**	**33**	**0**	**8**	**0**	**6**	**XCF**	**4**	**0**	**0**	**20**	**5**	**4**

Tabelle **F 24** : Vergleich der Stetigkeiten ausgewählter Ruderalpflanzen (nach Jacomet, Brombacher & Dick 1989 ergänzt) (ruderal2.xls)

Im selben Masse wie Segetalpflanzen als Begleitflora auf anthropogene Aktivitäten hinweisen können, ist das Auftreten von Ruderalpflanzen als Folge von Störungen der natürlichen Vegetationsdecke zu erklären. Diese Störungen können allerdings auf natürliche oder künstliche Ursachen zurückzuführen sein. Die Vermutung, dass Daucus carota (Wilde Möhre) und Pastinaca sativa (Pastinak) in dieser frühen neolithischen Periode bedeutungsvolle Nahrungspflanzen waren, wird durch die vorliegende Untersuchung bestätigt. Pastinak verschwindet im frühen Cortaillod, Daucus geht ebenfalls stark zurück (siehe Tab. F 24).

6.5.2 Zusammenfassung Segetal- und Ruderal-Pflanzen

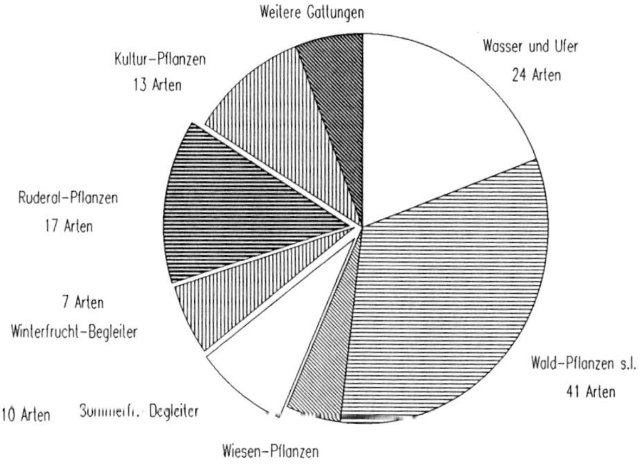

Abbildung **F 25** : Arten der Ökogruppen 9 und 10 im Rahmen der Grabung Egolzwil 3

Die graphische Darstellung (siehe Abb. F 25) zeigt den artenzahlmässig hohen Anteil der Ökogruppen 9 und 10. Insgesamt machen Segetal-, Kultur- und Ruderalpflanzen-Reste, das heisst die anthropogen am meisten beeinflussten Vegetationseinheiten, mehr als ein Viertel aller identifizierten Taxa aus. Insgesamt 34 Arten oder 27% (47 inklusive der Kulturpflanzen der Ökogruppe 9.1: ~38%) im Probenmaterial von Egolzwil 3 gehören in diese Gruppen. Die Stetigkeiten einiger dieser Arten sind hingegen klein; Verschwemmungen aus der Schicht dürfte dafür eine Begründung sein.

Neben den deutlichen Waldanzeigern (siehe auch Zusammenfassung in Kap. 6.4.2) sind die Spuren der sich durch menschliche Einflüsse allmählich lichtenden Waldfluren nicht zu übersehen.

6.6 Kulturpflanzen (Ökogruppe 9.1)

Der Vollständigkeit halber soll an dieser Stelle kurz auf die Palette der Kulturpflanzen hingewiesen werden. Eine detaillierte Besprechung der Befunde folgt in Kapitel 7.

Insgesamt sind 13 Gattungen/Arten, darunter die 4 bereits aus anderen jungneolithischen Untersuchungen bekannten Getreidearten Triticum momococcum (Einkorn), T. dicoccum (Emmer) und T. aestivum/durum (Saat-/Hartweizen) sowie Hordeum vulgare (Gerste) nachgewiesen.

DEUTSCHE BEZEICHNUNG	Fachbezeichnung	Anzahl	Stetigkeit	Ökogruppe
Echte Sellerie	Apium graveolens L.	1	1	9.1
Einkorn	Triticum monococcum L.	2	2	9.1
Einkorn (2-körnig)	Triticum monococcum	1	1	9.1
Einkorn / Emmer	Triticum monococcum L. / dicoccum Schübl	1	1	9.1
Emmer	Triticum dicoccum Schübl	1	1	9.1
Erbse	Pisum sativum L.	29	13	9.1
Flachs	Linum usitatissimum L.	338	2	9.1
Gerste, Mehrzeilige	Hordeum vulgare L.	1	1	9.1
Gerste	Hordeum vulgare s.l.	64	34	9.1
Getreide	Cerealia	2	2	9.1
Saat-Weizen / Hart-Weizen	Triticum aestivum L. / durum Desf.	56	33	9.1
Schlaf-Mohn	Papaver somniferum L.	4662	82	9.1
Weizen	Triticum spec.	6	6	9.1

Tabelle **F 26** : Nachgewiesene Kulturpflanzen (Ökogruppe 9.1)

6.7 Weitere Taxa ohne eindeutige Zuordnung

DEUTSCHE BEZEICHNUNG	Fachbezeichnung	Anzahl	Stetigkeit
Ampfer	Rumex spec.	48	20
Glockenblume	Campanula spec.	6	3
Hahnenfuss	Ranunculus spec.	1	1
Klette	Arctium spec.	2	2
Minzen	Mentha spec	1	1
Seggen	Carex spec.	8	2
Simsen	Luzula spec.	2	2

Tabelle **F 27** : Gattungen und Arten ohne ökologische Einordnung

In der Gesamtübersicht F 2 sowie in der Abbildung F 27 sind neben 118 klar den 10 Ökogruppen zugewiesenen Arten noch 7 Taxa als "weitere Gattungen/Arten" ohne eindeutige ökologische Einordnung aufgeführt. Es handelt sich dabei um Taxa, die nur bis zur Gattung eindeutig bestimmt werden konnten, und die deshalb Arten mit Schwerpunkten in verschiedenen ökologischen Gruppen enthalten können.

6.8 Die ökologische Auswertung der Pflanzenspektren

Von grosser Bedeutung für Aussagen zu den damaligen Umweltbedingungen sind die Zeigerwerte nach Ellenberg (1979 - siehe auch Kap. 4.1.2):

Lichtzahl	**L**	Schattenzeiger	1
		Halbschatten	5
		Vollichtzeiger	9
Feuchtezahl	**F**	Trockenzeiger	1
		feuchte, nicht nasse Böden	7
		Nässezeiger, Sumpfböden	9
		Wasserzeiger	10 - 12
Reaktionszahl	**R**	Säurezeiger	1
		->schwach basische Böden	7
		Basen-/Kalkzeiger	9
Stickstoffzahl	**N**	N-Armutszeiger	1
		N-Abundanzzeiger	9

Abbildung **F 28** : Liste der für diese Auswertung benutzten Zeigerwerte (nach Ellenberg 1979)

Mit den wichtigsten Indikatoren (siehe Tab F 28) wurde das Pflanzenspektrum der einzelnen Ökogruppen bewertet und mit Säulendiagrammen graphisch dargestellt:

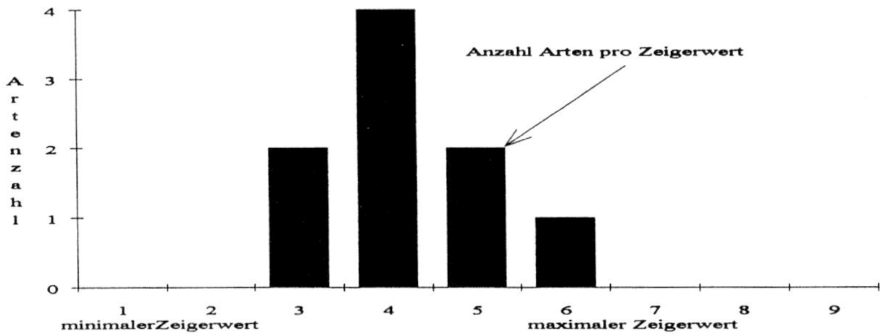

Abbildung **F 29** : Auswertungsbeispiel einer Ökogruppe mit 9 Taxa im Indikatorbereich zwischen 3 und 6

Weitere Werte wie Temperaturzahl, Kontinentalität, Salz- oder Schwermetall-Toleranz sind zwar erfasst, ergeben aber keine wesentlichen Aussagen im Rahmen der vorliegenden Arbeit (siehe auch Kap. 4.1.2). Mit 3 Ausnahmen auf 125 Taxa liegt die Kontinentalität bei allen Arten zwischen 3 und 5. Alle Graphiken im Kap. 6.8 sind gemäss untenstehendem Beispiel (siehe Abb. F 29) aufgebaut.

6.8.1 Wälder

Mit über 20 Pflanzenartenreste ist die Standortgruppe 'Wald' (Ökogruppen 4 - 6, siehe Kap. 6.2) im Sediment am stärksten vertreten. Eine Analyse der Zeigerwerte der einzelnen Arten weist auf eine sehr undeutliche Spezifität der Waldgesellschaft(en) hin. Die eingebrachten Makroreste repräsentieren Arten mit breiter ökologischer Amplitude (siehe vor allem Lichtzahlen in der Abbildung F 30).

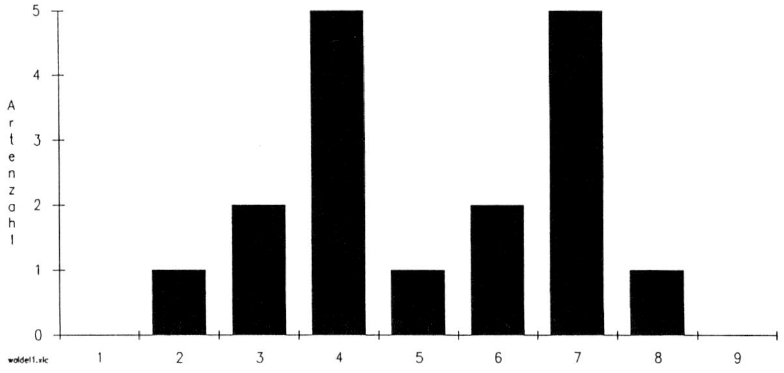

Abbildung **F 30** : Lichtzahlen für Waldpflanzen / **Mittelwert: 5.2** (nach Ellenberg 1979)

Die Darstellungen F 30 und F 31 versuchen diese Breite zu verdeutlichen: Die Lichtwerte sowie der Mittelwert (= 5.2) können tendenziell auf einen sich lichtenden Baumbestand hinweisen, mit 'Lichtzahlen' von Schatten- (Wert = 2) bis typische Lichtpflanzen (= 8). Für die Zeigerwerte Feuchtigkeit, Bodensäure (Reaktionszahl) und Stickstoff sind ebenfalls einschränkendere Aussagen möglich: sie weisen auf feuchte (Mittelwert 6.6), leicht basische Waldböden (pH > 6.9) mit ausreichender Stickstoffversorgung (6.2) hin: diese Indikatoren zeigen - erwartungsgemäss - eine deutliche Nutzung des Pflanzenangebots der seenahen Gebiete innerhalb des Endmoränengebietes an. Der Wald in der Siedlungsumgebung, im direkten Anschluss an die Strandplatte, konnte für Bau-, Isolations- und Nahrungsbedürfnisse auch vielfältig genutzt werden (siehe Kap. 6.2.1 / Tab. F 7). Dieser Befund deckt sich mit den Aussagen zu den vorgefundenen Waldpflanzengesellschaften (siehe Kap. 6.2.1). Die Bandbreite der genutzten Waldpflanzenarten mit Feuchtezahlen (siehe Abbildung F 31) von F 9 = nasse, stauende Moorböden für Alnus glutinosa (L.) bis F 3 = trockene Standorte, z.B. bei

Calamintha sylvatica zeigt aber, dass die trockeneren Waldstandorte am Moränenhang und Santenberg ebenfalls begangen und genutzt wurden.

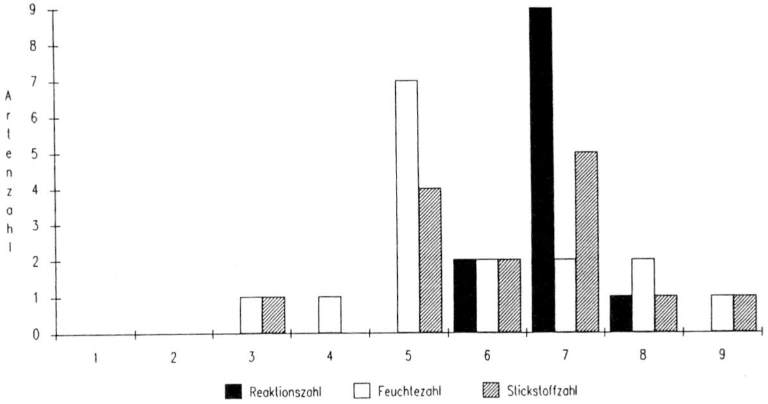

Abbildung **F 31** : Ausgewählte Zeigerwerte für Waldpflanzen (nach Ellenberg 1979)

6.8.2 Wiesen

Im Text wird mehrfach darauf hingewiesen, dass in den Sedimenten nur wenige Anzeichen für offenes Wiesland (siehe u.a. Kap. 6.3) auftreten: 6 Arten mit 97 Makroresten. Der Eichenmischwald mit viel Hasel, Ulme und Linde (Heitz-Weniger 1977), als dominante Vegetation am Ende des jüngeren Atlantikums, dürfte den beginnenden Siedlungsaktivitäten im Mittelland noch für die meisten Anbaubedürfnisse mit nicht allzu vielen Rodungsflächen genügt haben.

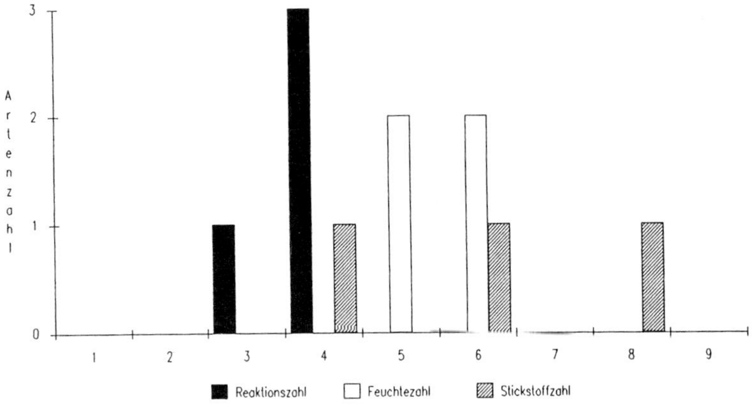

Abbildung **F 32** : Ausgewählte Zeigerwerte für Wiesenpflanzen (nach Ellenberg 1979)

Die Reaktionszahlen - schwerpunktmässig neutrale bis leicht saure Böden und mässig feuchte Standorte mit genügender Stickstoffversorgung - weisen auf wenig ausgedehntes Grasland sowohl im Moränenenbereich als auch an den Hängen des Santenbergs hin. Die vermutete geringe Ausdehnung beruht u.a. auf der noch kleinen standorttypischen Artengarnitur (siehe Kap. 4.2, resp. 6.3) und den geringen Konzentrationswerten (siehe Tab. 4/2 im Anhang) dieser Taxa, die auch unter Berücksichtigung einer mässig guten Schichterhaltung (siehe Kap. 5.2ff) darauf hinweisen, dass die Wiesengesellschaften im frühen Jungneolithikum von noch nicht allzu grosser Bedeutung waren. Mit diesen Ergebnissen stimmen die Befunde aus dem Zürichseeraum überein.

6.8.3 Ruderalgesellschaften

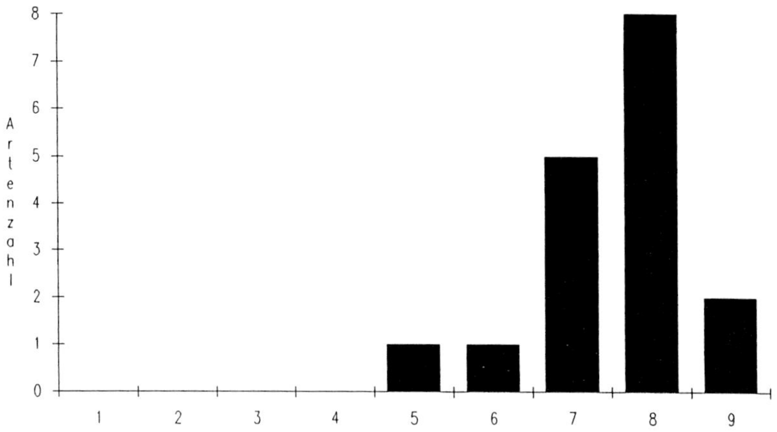

Abbildung **F 33** : L i c h t z a h l e n für Ruderalpflanzen; **Mittelwert = 7.6**

Die Lichtwerte (Mittelwert = 7.6; siehe Abb F 33) weisen auf eine nicht allzu geschlossene Vegetationsdecke hin, während die Feuchtezahl (Mittelwert = 5) und die Reaktionszahl (7.3) neutrale bis eher kalkliebende, trockene und gut drainierte Standorte mit guter Stickstoffversorgung (6.6 - siehe Abb. F 34) andeuten. Am Fuss des Santenbergs, ausserhalb der Überflutungszone auf gut durchlüfteten, nicht stauenden Böden, sind diese Standorte durchaus gegeben. Dies könnte weiter zeigen, dass offenere Landschaften, deren Nutzung als Äcker durchaus vorstellbar ist, in grösserer Entfernung zum See, sei das am flachen Hangfuss des Santenbergs, knapp 1 km nördlich des Wohnplatzes, sei das auf der Moränenkuppe um den Wauwiler-See, auf basischen Böden vorhanden waren (siehe Kap. 6.1.1, 6.1.2). Die Abbildung F 34 mit drei weiteren Zeigerwerten dokumentiert für die Ruderalgesellschaften die obengenannten, zu den Aussagen über die Standorte der Äcker (siehe Kap. 6.8.2 resp. 6.5), passenden Befunde:

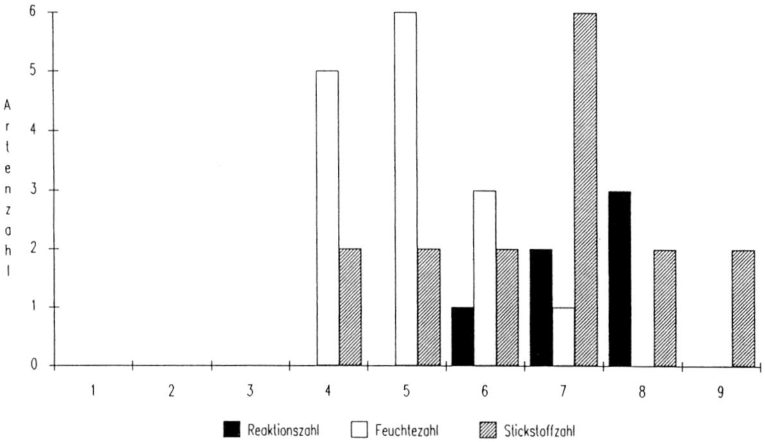

Abbildung **F 34** : ausgewählte weitere Zeigerwerte für Ruderalpflanzen (nach Ellenberg 1979)

6.8.4 Äcker und deren Begleitflora

Zu Fragen der Wirtschaftsform und des Pflanzenanbaus geben die Segetalpflanzen wohl die erschöpfendsten Antworten, sind diese Gesellschaften doch am stärksten in den anthropogen genutzten Kulturraum eingebunden (siehe Kap. 6.5 ff resp. Kap. 7).

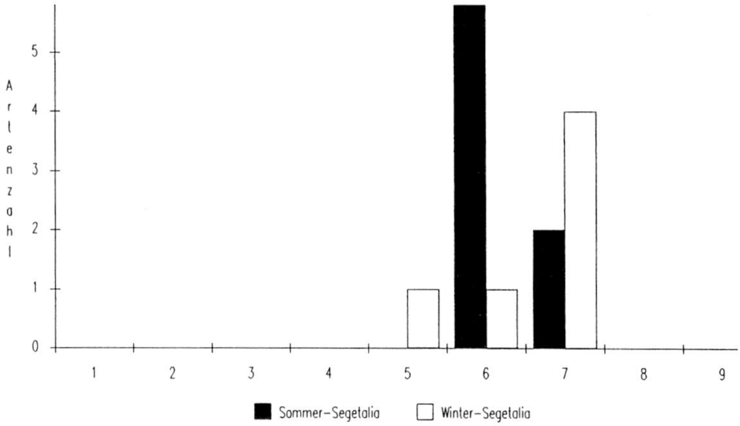

Abbildung **F 35** : L i c h t z a h l e n für 14 Segetalpflanzen (nach Ellenberg 1979)

Die Segetalflora mit lichtliebenden Arten fügt sich in die Vorstellung der durch Einzelbäume und Waldgruppen leicht beschatteten Äcker (Lichtzahlen um 6) in gerodeten Waldlücken ein. Der Chemismus zeigt, dass vor allem Arten von eher trockenen Standorten (Feuchtezahl um 4) auftreten. Trocken kann auch bedeuten, dass gute Abflussverhältnisse vorliegen, was auf Böden über Moränenmaterial im allgemeinen zutrifft.

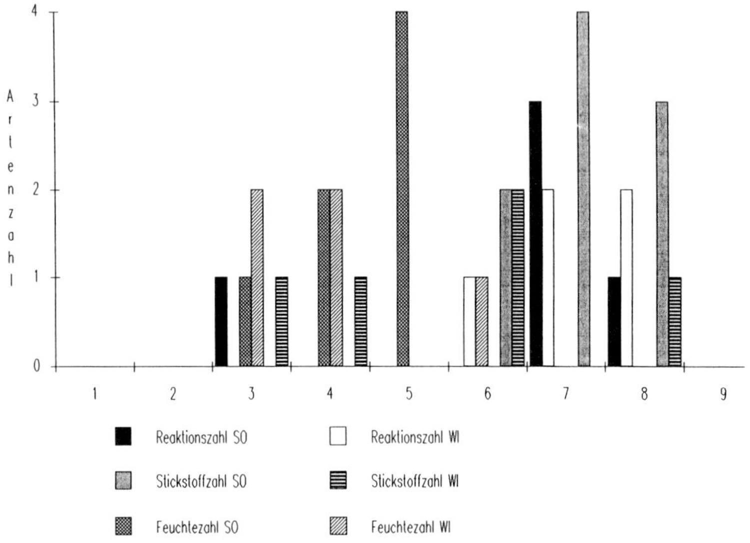

Abbildung **F 36** : Zeigerwerte für Segetalpflanzen (nach Ellenberg 1979)
Legende : Werte für **SO** = Sommer-; **Wi** = Wintersegatalia

1. Die pH-Verhältnisse mit durchschnittlichen Reaktionszahlen um 6.4 für die Sommer- und 7.2 für die Winter-Segetalpflanzen lassen auf Standorte in neutralen (bis mässig kalkigen) Böden in der Umgebung der Siedlung schliessen. Das bedeutet, dass die Ackerbauflächen über den moränenschuttbedeckten Hängen (mit Südexposition - siehe Abb. F 33) am Fuss des Santenbergs (ca. 1km Distanz) oder auf der Moräne rund um den kleinen See (bis max. 2km Distanz - siehe Kap. 6.1/Karte F 1) gelegen haben dürften.

2. Die Durchschnittstemperaturzahl (nach Ellenberg 1979) der Segetalia liegt zwischen 5 und 6 (= mässige Wärmezeiger). Sie ist für Randgebiete des Mittellandes zwar nicht allzu hoch (siehe auch Kap. 2.3), wäre aber in einer offenen, stark entwaldeten Landschaft nur schwer vorstellbar. Die gleichen Erkenntnisse lieferten die Wiesen- und Waldrandspektren (siehe Kap. 6.2.3 und Kap. 6.3).

3. Die Stickstoffzahlen, insbesondere bei den Sommer-Segetalia, lassen den Schluss ebenfalls zu, die 'Äcker' im Bereich der gut belüfteten Böden der Moränenzone und ausserhalb der staunässegefährdeten Strandplatte am Hangfuss anzuordnen.

G. Kulturpflanzen in Egolzwil 3

7.1 Überblick

Die Lebensweise des Neolithikers hat sich gegenüber dem seiner Vorfahren stark geändert und sein Dasein mit der Einführung des Ackerbaus auf eine ganz neue Ernährungsgrundlage gestellt. Jagd, Sammeln - d.h. sehr kurzfristige, in ihrem Verlauf und Ertrag unplanbare Aktivitäten - werden ergänzt durch längerfristige, planbare Überlebensstrategien mit Ackerbau, Tierzucht und einer gleichzeitig ressourcenunabhängigeren, sesshaften Lebensform (siehe auch Kap. 6.1.2, 7ff). Über den Wandel im sozialen Bereich, wie Familien- oder Clanstrukturen, Sitten und Bräuche etc., lässt sich (leider) kaum verlässliches Datenmaterial beibringen.

Es ist aber dank der Fülle von Daten aus archäobotanischen Untersuchungen der letzten 10 Jahre (Jacomet & Schibler 1985, Gregg 1986, Brombacher 1986, Dick 1988, Jacquat 1988, Jacomet, Brombacher & Dick 1989, u.v.m.) heute immer besser möglich, über die Ernährungsgrundlagen und -weise unserer Vorfahren Aussagen zu machen.

Das Verhältnis von pflanzlicher zu tierischer Nahrung einerseits, aber auch die Quellen der pflanzlichen Nahrung (Kultur- oder Sammelpflanzen) anderseits, sind wesentlich für die Spuren, die eine menschliche Gesellschaft in einem Raum hinterlässt:

> *Jäger* und *Sammler* (auch mesolithische) belasten ein Ökosystem normalerweise wenig; ausser Artefakten bleibt auch praktisch nichts zurück, das sich über längere Zeit erhalten würde.

> *Sesshafte Bewohner* roden, bauen, züchten Tiere und Pflanzen = *verändern planvoll ihre Umwelt,* und hinterlassen Spuren in den verschiedensten Bereichen, u.a. in Form von Siedlungsabfällen oder Vorräten.

7.1.1 Mögliche Landnutzungssysteme

Sesshaftigkeit als Lebensform: In ihrer Arbeit (Gregg 1986) weist die Autorin auf verschiedene Modelle der Landnutzung als Agrarraum hin. Die Nutzung des Bodens bedeutet mittel- bis langfristig auch Auslaugung des Bodens. Diese Erkenntnis ist schon sehr alt. Um dies zu vermeiden, darf davon ausgegangen werden, dass bereits in sehr früher Zeit intensionsmässig der Fruchtwechsel beachtet wurden. Drei Landnutzungsmodelle sollen hier zitiert werden (Jacomet, Brombacher & Dick 1989 aus Baudais-Lundstrom 1982, dort nach Boserup 1970):

1. *Kulturpflanzenanbau mit Waldbrache*

   Anbau während 2-3 Jahren (max. 5-6 Vegetationsperioden)

   Verbuschung/Waldentwicklung während mehr als 10 Jahren

   Anbau

2. *Kulturpflanzenanbau mit Buschbrache*
Anbau während 3-6 Jahren
Verbuschung höchstens 8-10 Jahre
Anbau

3. *Kulturpflanzenanbau mit Kurz- oder Krautbrache*
Anbau mit Bracheperioden von 2-5 Jahren in denen kein verholztes Buschwerk aufkommen kann.
Anbau

Unbestritten ist, dass Bracheperioden der Regeneration eines Bodens förderlich sind. Diese frühen Erkenntnisse (Quellen aus der Römerzeit, Anhaltspunkte aus ägyptischen Schriften) führten im Mittelalter zur Entwicklung der 'Dreifelderwirtschaft' mit Fruchtwechsel und Kurzbrache, da eine ständig zunehmende Bevölkerung mit Nahrungsmitteln versorgt werden musste. Dabei darf nicht vergessen werden, dass im Rahmen des extensiven Kulturpflanzenanbaus 'Brache' als längeres Ruhestadium des Bodens mit ungestört aufkommender Krautschicht verstanden wurde und nicht als moderne, erosionsanfördernde Vorbereitungsphase einer neuen Rekordernte mit ±ungeschützter Humusschicht während einiger Wochen. Feldversuche zum Extensiv-Anbau, in Anlehnung an überlieferte Quellen oder Befunde, zeigten anschaulich (Lüning und Meurers-Balke 1980), in welchem Mass, bei genügsamer Nutzung der Böden, über längere Zeitabschnitte ununterbrochene Erntefolgen ohne Fruchtwechsel und ohne wesentliche Ertragseinbussen möglich sind.

Neben der reinen Ertragsfrage liegen noch etliche Vorteile (+), aber auch Nachteile (-) eines Landnutzungssystems mit Fruchtwechsel auf der Hand:

+	Verminderung des Ernterisikos nach einem Schädlingsbefall
+	effizientere Unkrautbekämpfung
+	Boden kann sich regenerieren
+	Feldarbeiten können optimal Zeit/Witterung und Arbeitsbelastung der Dorfbewohner angepasst werden
-	grössere Rodungsflächen müssen bereitgestellt werden

(verändert nach Jacomet, Brombacher & Dick 1989)

Die analysierten Proben aus der Kulturschicht von Egolzwil 3 erlaubten leider nicht, das Problem 'Landnutzungssystem' oder 'Fruchtfolge' in der Egolzwiler Kultur fundierter zu bearbeiten, um vergleichbare Daten zu Zürich-Kleiner Hafner zu erhalten (Jacomet 1987). Die Funde von Kulturpflanzenresten traten nur in geringen Stetigkeiten und sehr niedrigen Restkonzentrationen auf und zudem konnten keine geschlossenenen Fundkomplexe, wie z.B.Vorräte oder Getreidehaufen geborgen werden.

7.2 Grunddaten zu den Gesamtfunden an Kulturpflanzen in Egolzwil 3 86/87

Resttyp / Fachbezeichnung	Anzahl	<Stetigkeit in %>		< Konzentration/l >			Durchschnitts-Konzentration
	alle Proben		in organischen		in Seekreide	in Lehm	(100 Proben)
			P r o b e n				
Apium graveolens L. unv.	1	1	1.41	0.01	0.00	0.00	0.01
Cerealia Körner vk.	2	2	2.82	0.06	0.00	0.00	0.04
Cerealia Spindelglieder/Spelzen vk.	1	1	1.41	0.02	0.00	0.00	0.01
Hordeum vulgare L. Nacktgerste Spindelglieder vk.	9	6	8.45	0.16	0.00	0.00	0.11
Hordeum vulgare L. Spelzgerste Körner vk.	1	1	1.41	0.01	0.00	0.00	0.01
Hordeum vulgare L. s.l. Körner vk.	64	33	43.66	1.37	0.00	0.65	1.03
Hordeum vulgare L. s.l. Spindelglieder vk.	12	8	11.27	0.21	0.00	0.00	0.15
Linum usitatissimum L. Kapselsegment unv.	30	2	2.82	0.50	0.00	0.00	0.35
Linum usitatissimum L. Same unv.	307	53	69.01	5.89	0.35	5.59	4.75
Linum usitatissimum L. Same vk.	1	1	1.41	0.02	0.00	0.00	0.01
Papaver somniferum L. unv.	4662	82	95.77	76.31	10.64	56.45	61.18
Papaver somniferum L. vk.	1	1	1.41	0.02	0.00	0.00	0.01
Pisum sativum L. Same vk.	29	13	18.46	0.47	0.00	0.00	0.34
Triticum aestivum L. / durum Desf. Körner vk.	56	33	43.66	0.93	0.00	0.52	0.71
Triticum aestivum L. / durum Desf. Spindelgl. vk.	33	21	26.76	0.53	0.00	0.68	0.44
Triticum dicoccum Schübl Körner vk.	1	1	1.41	0.02	0.00	0.00	0.01
Triticum monococcum L. Körner vk.	2	2	2.82	0.03	0.00	0.00	0.02
Triticum monococcum L. / dicoccum Schübl Körner vk.	1	1	1.41	0.01	0.00	0.00	0.01
Triticum monococcum (2-körnig) L. Körner vk.	1	1	1.41	0.02	0.00	0.00	0.01
Triticum spec. Körner vk.	6	6	8.45	0.11	0.00	0.00	0.08

Tabelle **G 1** : Übersicht aller Kulturpflanzen-Reste aus Egolzwil 3 1986/87

In den Grabungen 1986 und 1987 traten insgesamt 9 Taxa (20 Resttypen) von sicher bestimmten Kulturpflanzen im untersuchten Sedimentmaterial auf. Sie stammten alle aus offenen Fundkomplexen. Auffällig ist die hohe Stetigkeit von Papaver somniferum (Schlafmohn), der in 82% aller, resp. 96% der organischen Proben mit vergleichsweise hoher Konzentration auftrat (siehe Kap. 7.8).

Unter den Kulturpflanzen kommt dem Getreide (Cerealia) besondere Bedeutung zu (Gregg 1986, Aykroyd 1970), zeichnet es sich doch durch seinen hohen kalorischen Wert als Energiespender (>3000 kcal/kg), vor allem in Form von Kohlenhydraten, aus.

29964 pcs = 100%	verkohlt	Anteil am Gesamtfund in E3	unverkohlt	Anteil am Gesamtfund in E3
(Körner	*134*	*0.50%)*		
(Spindelglieder	*55*	*0.20%)*		
Total **Cerealia**	189	0.70%	0	0%
Total weitere Kulturpflanzen	31	0.12%	5000	17%
Total **Kulturpflanzen**	**220**	**0.82%**	**5000**	**17%**

Tabelle **G 2** : Übersicht über verkohltes/unverkohltes Kulturpflanzen-Material in den Proben von Egolzwil 3 (siehe auch Kap. 5.2.6, Tab. E 10)

Die Restkonzentrationen der Kulturpflanzenreste waren im allgemeinen sehr tief; einzig der Lein/Flachs (Linum usitatissimum) erreichte mit knapp 5 pcs/l in organischen Sedimenten und mit einer Stetigkeit von 53% aller -, respektive 70% der organischen Schichtproben, vergleichbare Werte (siehe Kap. 7.8ff) zu den Egolzwilerschichten aus Zürich-Kleiner Hafner respektive anderen Untersuchungen im unteren Zürichseeraum (Tab. 32, Jacomet, Brombacher & Dick 1989). Schlafmohn (Papaver somniferum - siehe Kap. 7.8.1) liegt mit einer Stetigkeit von 95% (für die organischen Proben) ebenfalls im Rahmen der Zürcher Resultate, während die Durchschnittskonzentration mit unter 100 pcs/l weit unter den Vergleichswerten jener Grabungen bleibt. Ein Zusammenhang mit der mässigen Schichterhaltung oder der Zeitpunkt der Siedlungsauflassung, vor der Samenreife von Papaver somniferum, könnten mögliche Erklärungen für den tiefen Wert sein. Dagegen variieren die Durchschnittskonzentrationen für Getreidereste zwischen 1 und 0.01 Stück pro Liter (!), was extrem niedrig ist. Diese Werte zusammen mit der Tatsache, dass keine unverkohlten Cerelia gefunden wurden, stellen die Bedeutung des Getreideanbaus und der Getreideweiterverarbeitung in jener Zeit im Wohnplatz Egolzwil 3 zumindest in Frage (siehe Kap.7.7).

Grundlegende Bedeutung für den Erkenntnisstand über die neolithische Landwirtschaft haben - neben den Kulturpflanzen - vor allem die Segetal- und in etwas geringerem Masse die Ruderalpflanzen (siehe Kapitel 6.4/6.5). Nicht unerwartet zeigten die seekreide-dominierten Sedimente die niedrigeren Konzentrationswerte und unbedeutendere Beeinflussung durch Kulturpflanzenreste als die Lehmproben, die immer in recht engem Kontakt mit den organischen Sedimenten standen und ebenfalls anthropogenen Ursprungs sind.

7.3 Gesamtspektrum der Cerealia

		Anteil	Anzahl	Stetigkeit
(Körner / Spindelglieder)			(*/**)	
Triticum aestivum/durum	(Nacktweizen)	47%	56/33	33%/21%
Hordeum vulgare	Mehrzeilige Gerste)	46%	65/21	33%/ 6%
Triticum monococcum	(Spelzweizen/Einkorn)	2%	4	4%
Triticum dicoccum	(" / Emmer)	1%	1	1%
(Cerealia	(Cerealia spec/Triticum spec.)	4%	8 / 1	6%/ 1%*
Total Cerealia in Egolzwil 3 :		100%	189 pcs	
(keine unverkohlten Cerealia)				

Tabelle **G 3** : Die vier Hauptgetreidearten der Egolzwiler-Kultur in E3 86/87

In der Tabelle G 3 wird der Gesamtfund der Cerealia in den Kulturschichten von Egolzwil 3 dargestellt und nach Arten und Resttyp aufgeteilt.

Die Grafik G 4 zeigt die besondere Situation der Egolzwiler Schichten in Egolzwil 3/LU und Zürich-Kleiner Hafner mit ihren sehr niedrigen Getreidekonzentrationen und -stückzahlen (Absolutwerte in der Kopfzeile der einzelnen Kolonnen / weitere Vergleichsdaten, siehe Abb. G 5, G 6,G 8 und G 10). Beide Stationen zeigten mehr oder weniger starke Verschwemmungsspuren, was sich allgemein in den niedrigen Absolutwerten von Konzentration und Stückzahlen niederschlägt. Die relativen Anteile der 4 Arten decken sich auch mit den Befunden von Hornstaad-Hörnle 1A (U. Maier 1990), einer knapp 300 Jahre jüngeren Siedlung am Bodensee, wo Emmer (Triticum dicoccum) ebenfalls die kleinste Bedeutung hatte. Qualitativ stimmen somit die Ergebnisse aus Egolzwil 3 mit den zeitgleichen Sedimenten aus dem Zürcher Raum (Jacomet 1986) und vom Bodensee (Maier 1990) überein, in den absoluten Zahlenwerten sind Unterschiede unschwer zu erkennen.

In den Sedimenten des Transsekts und der Profile - aber auch allgemein im gesamten bearbeiteten Material - traten in Egolzwil 3 keine unverkohlten Cerealia-Reste auf, was für eine Aussage über die Bedeutung der Cerealia in Egolzwil 3 (siehe Kap. 7.7) ein wesentliches Problem darstellt.

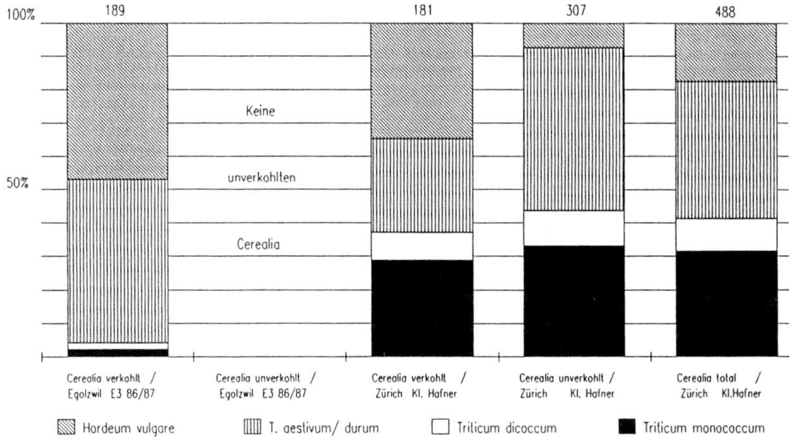

Graphik **G 4** : Vergleich der Getreidereste Zürich-Kleiner[1] Hafner und Egolzwil 3/LU

Die Detailanalyse des Vergleichs der beiden Grabungen weist auf einige Besonderheiten hin:

1. Die Egolzwiler-Schichten zeigen für T. dicoccum (Emmer) generell die tiefsten Werte unter den nachgewiesenen Cerealien; dabei spielt die Erhaltungsform 'verkohlt', resp. 'unverkohlt' in der Grabung Zürich-Kleiner Hafner keine massgebende Rolle.

---

1 Funddaten/-berechnungen von ZH-Kleiner Hafner umfassen verkohltes und unverkohltes Material aus offenen Fundkomplexen - der genaue Datenumfang ist bei den einzelnen Graphiken ab Abb. G 4 jeweils detailliert angegeben.

Unverkohlte Cerealien fehlten in Egolzwil 3 86/87 generell vollständig (siehe Abbildungen G3 und G 4, resp. Kap. 7.7).

2. Beide Befunde weisen für Triticum aestivum/durum (Nacktweizen) die höchsten Fundanteile bei Stetigkeiten von rund 80% (Zürich-Kleiner Hafner) respektive 33% in Egolzwil 3 aus.

   Innerhalb der organischen Sedimentproben von Egolzwil 3 erreicht Nacktweizen sogar eine Stetigkeit von 44%.

3. Nacktweizen und Gerste treten als verkohlte Körner und Druschreste (Spindelglieder) auf, während die beiden Spelzweizen Einkorn und Emmer in Egolzwil 3 nur als verkohlte Körner vorliegen. Bei repräsentativeren Mengen an Fundmaterial und geschlossenen Fundkomplexen liesse sich damit über die Frage des Dreschens innerhalb resp. ausserhalb der Siedlung über Cerealia als Handels- oder Tauschobjekt etc. sogar diskutieren (siehe Kap. 7.7).

4. Hordeum vulgare tritt analog in beiden Egolzwiler-Schichten in Zürich-Kleiner Hafner und Egolzwil 3 als verkohlte Körner in hohen Stückzahlen auf.

5. In beiden Untersuchungen wurden kein Vorratsfund oder Topfinhalt, sondern nur offene Fundkomplexe bearbeitet. Leider konnten in beiden Kampagnen 1986 und 1987 in Egolzwil 3 keine geschlossenen Fundsituationen, die auf einen Vorrat oder einen Topfinhalt hinweisen, ausgegraben werden. Ebenfalls lagen keine Proben aus Brandschichten vor, da diese ebenfalls vollständig fehlten.

7.4 Spelzweizen

- Triticum monococcum — Einkorn
- Triticum dicoccum — Emmer
- Triticum spelta — Dinkel

Die Spelzen umschliessen das einzelne Korn eng und machen umfangreiche Dresch- und Reinigungsprozesse notwendig. Normalerweise geht dem Dreschvorgang auch eine 'Darr'- (= Dörr- oder Röst-)periode voran. Im Zuge dieser Arbeiten werden Dreschreste produziert, die einerseits auf anthropogene Aktivitäten, anderseits auf mögliche Verarbeitungstechniken nach der Ernte hinweisen können.

Wichtige Charakteristika der Spelzweizenarten, vor allem von Einkorn und Dinkel, sind ihre relativ grosse Toleranz gegenüber langen Kälteperioden und trocken-kalte Frühjahreswitterungen. Emmer (T. dicoccum) ist etwas sensibler in der Frost-/Kältetoleranz. Parallel zur Kälteresistenz geht eine Feuchtigkeits- und Nassbodentoleranz, die auch in feuchteren Lagen (Waldlichtungen) noch befriedigende Ernten zulässt. Spelzweizenarten gelten als resistenter gegenüber Pilz-/Schädlingsbefall als Nacktweizen. Sowohl Triticum monococcum als auch T. dicoccum sind als Sommer- und Wintergetreide anbaubar (Tab. 22 in Jacomet, Brombacher & Dick 1989, dort nach Gregg 1986). Spelzgetreide eignen sich vor allem als Brotgetreide (Mehl).

7.4.1 Einkorn (Triticum monococcum)

Die Spelzweizenart T. monococcum (Einkorn) tritt in 2 Formen auf und könnte auf eine züchterische Bearbeitung des Weizens in jener Zeit hinweisen. 4 verkohlte Körner als Gesamtfund schränken die Aussage allerdings stark ein !

- monococcum L. (einkörnig) (2 Stück)
- monococcum L. (2-körnig)[2] (1 Stück)

Zusätzlich ist ein weiteres Korn als T. monococcum/dicoccum erfasst. Einkorn wird erst spät im Jahr geerntet und vermag so die Witterungsunzulänglichkeiten im Frühjahr zu kompensieren. Dies macht Einkorn als Getreideart in rauheren Klimaten geeignet.

Einkorn (Triticum monococcum)									Anteil am Gesamtfund Cerealia
			< verkohlt >						
Siedlungsplatz	Kultur	Schichtbezeichnung	Körner oFk	Körner gFk	Spindelglied oFk	Spindelglied gFk	Total Reste	in % aller verkohlter Cerealia	
MOZ	Spätbronzezeit	SBZ	25	0	8	0	33	0.63%	0.63%
MOZ	Frühbronzezeit	1	0	0	8	1	9	3.68%	0.37%
MOZ	Schnurkeramik	2	4	0	4	78	86	6.00%	5.58%
MYT	Schnurkeramik	2	2	8	16	3	29	2.58%	0.35%
MOZ	Horgen	3	16	42	3	28	89	3.21%	0.36%
MYT	Horgen	3	0	0	0	1	1	7.41%	0.74%
AKA	Pfyn	J	9	0	14	0	23	2.00%	0.56%
MOZ	klass. Cortaillod	5	1	6	2	6	15	5.00%	5.50%
MOZ	älteres Cortaillod	6	1	0	2	0	3	0.05%	0.14%
KHA	älteres Cortaillod	4E	1	0	156	0	157	5.25%	1.90%
KHA	frühes Cortaillod	4A-C	3	0	210	0	213	2.00%	5.14%
KHA	Egolzwil	5A+B	16	0	36	0	52	11.00%	31.35% !!
Egolzwil 3	**Egolzwil**	**E3 86/87**	**4**	**0**	**0**	**0**	**4**	**2.00%**	**2.00%**
Total Reste von Einkorn			82	56	459	117	714		

Tabelle **G 5** : Funde von Triticum monococcum im Vergleich mit ausgewählten Grabungen im Zürichseeraum (nach Jacomet, Brombacher & Dick 1989 ergänzt)

Mit einer Stetigkeit von 4% und 4 Stück insgesamt kann wenig über die quantitative Bedeutung des Einkorns für den Wohnplatz Egolzwil 3 ausgesagt werden, sie scheint aber nicht sehr gross gewesen zu sein. Einkorn (Triticum monococcum) trat in den Egolzwilerschichten Zürich-Kleiner Hafner mit hoher Stetigkeit und rund einem Drittel Anteil am Gesamtfund aller Cerealia (siehe Graphik G 5, letzte Kolonne) - vor allem als **unverkohlte** Ährchengabeln auf. Dieser Resttyp, der auf die Bearbeitung (Dreschen und Zerstossen) hinweist, fehlt in den Schichten von Egolzwil 3 völlig. Verkohlte Körner stehen aber mit 11% Fundanteil deutlich hinter anderen Getreidearten zurück. Einkorn verliert mit fortschreitendem Jungneolithikum

2 Das 'zweikörnige Einkorn' ist u.a. auch in cortaillod-zeitlichen Schichten aus Port-Stüdeli im Schweizerischen Mittelland belegt (in 'Prähistorische Getreidefunde' Jacomet 1987).

mit weniger als <1% aller geborgenen Cerealia (siehe Abb. G 5) an Bedeutung (Jacomet, Brombacher & Dick 1989). Vor allem im (frühen) Cortaillod scheint ein starker Rückgang begonnen zu haben. Erst in der Schnurkeramik gewinnt die Art noch einmal Anteile am Kulturpflanzenanbau zurück.

Die geborgenen 4 Reste verteilten sich ohne Bezug zu Lehmplatten oder See-/Landseite auf die gesamte Ausgrabungsfläche - kein einziger Fund stammt aus einer Profilsäule.

7.4.2 Emmer (Triticum dicoccum)

Emmer (Triticum dicoccum)									
			< verkohlt					>	Anteil am
Siedlungsplatz	Kultur	Schichtbe-zeichnung	Körner		Spindelgliede		Total	in % aller verkohlter Cerealia	Gesamtfund Cerealia
			oFk	gFk	oFk	gFk	Reste		
MOZ	Spätbronzezeit	SBZ	71	0	45	0	116	2.00%	2.24%
MOZ	Frühbronzezeit	1	94	18	376	38	526	21.00%	22.23%
MOZ	Schnurkeramik	2	26	171	352	332	881	57.00%	73.91%
MYT	Schnurkeramik	2	38	1075	3550	767	5230	46.00%	91.21%
MOZ	Horgen	3	1081	457	162	3347	5047	18.00%	37.52%
MYT	Horgen	3	0	0	0	0	0	0.00%	58.52%
AKA	Pfyn	J	25	0	48	0	73	0.64%	3.89%
MOZ	klass. Cortaillod	5	1	1	20	31	53	0.81%	32.70%
MOZ	älteres Cortaillod	6	4	14	16	5	39	1.31%	1.44%
KHA	älteres Cortaillod	4E	1507	0	30	0	1537	5.00%	5.90%
KHA	frühes Cortaillod	4A-C	0	0	0	0	0	0.00%	0.14%
KHA	Egolzwil	5A+B	10	0	5	0	15	3.00%	9.84%
Egolzwil 3	**Egolzwil**	**E3 86/87**	**1**	**0**	**0**	**0**	**1**	**0.70%**	**0.70%**
Total Reste von Emmer			2858	5836	4584	4520	13518		

Tabelle **G 6 :** Funde von Triticum dicoccum (nach Jacomet, Brombacher & Dick 1989 ergänzt)

Von Triticum dicoccum (Emmer), in Zürich-Kleiner Hafner (siehe Tabelle G 6, letzte Kolonne) immerhin mit knapp 10% am Gesamtfund beteiligt, tritt nur ein einziges Exemplar sicher bestimmbar auf. Der Fund eines verkohlten Emmerkorns in Egolzwil 3 stammt aus einer organischen, sand- und seekreidebeeinflussten Flächenprobe im seeseitigen Randbereich der Grabungsfläche des Jahres 1987.

Von der Ökologie her ist T. dicoccum zudem weniger feuchte-tolerant und eher frostempfindlicher als T. monococcum. Das Wauwilermoos gilt auch heute noch in der Gegend als Kaltluftsee und Emmer dürfte deshalb für den damaligen Ackerbauer nur die zweite Wahl gewesen sein. Wie die Tabelle G 6 zeigt, hat Emmer auch in weiteren Untersuchungen früher jungneolithischer Stationen nur eine untergeordnete Rolle gespielt (Jacomet, Brombacher & Dick 1989, Maier 1990), war aber in Zürich-Kleiner Hafner vor allem in unverkohlter Form noch relativ häufig. Es wäre denkbar, dass die klimatisch günstigere Lage am Zürichsee beim Anbau eine Rolle gespielt hatte. In Hornstaad-Hörnle (Maier 1990), auch an einem grossen Gewässer, war Emmer hingegen ebenfalls unbedeutend. Grössere Bedeutung erlangte Triticum dicoccum im Alpenvorland ab Spät-/End-Neolithikum, wo es - sicher im Raum Zürichsee - als eine der wichtigsten angebauten Getreidearten nachgewiesen wird: Fundanteile von 40-90% (siehe Graphik G 6) aller Cerealien, vor allem in den horgen- und schnurkeramikzeitlichen Kulturschichten (v.a. Zürich-Mozartstrasse, Jacomet, Brombacher & Dick 1989).

7.4.3 Dinkel (Triticum spelta)

Die dritte Spelzweizenart, Triticum spelta (Dinkel), fehlt nach wie vor im schweizerischen Neolithikum und tritt in unserem Gebiet erst in frühbronzezeitlichen Siedlungen auf, obwohl die Art mit ihren genetischen Parametern für Krankheitsresistenz, Feuchtetoleranz etc. gut in die frühe Jungsteinzeit passen würde.

7.5 Nacktweizen

Nacktweizen vom Triticum aestivum/durum-Typ dominiert mit 47% (89 Stück) aller gefundenen (189 !) Getreidereste in Egolzwil 3. Die Bedeutung dieses Getreides wird weniger aus der Anzahl der Funde oder Fundkonzentrationen, sondern durch die "hohe" Stetigkeit von 33% der verkohlten Körner resp. 21% der verkohlten Spindelglieder deutlich.

Nacktweizen-Arten gelten allgemein als anfälliger für Parasiten- oder Pilzbefall. Die Zuweisung zu einer einzigen Art, Triticum aestivum s.l., wurde in den vergangenen zehn Jahren mehrfach diskutiert (Kislev 1980,1984, Jacomet/Schlichterle 1984, Jacomet 1987) und erweist sich als recht problematisch. Auch von der Bodenqualität her sind eher höhere Ansprüche zu befriedigen: lockere, mässig kalkreiche Böden bieten gute Anbaubedingungen. Sie sind auf der Moräne und am Fuss des Santenbergs nördlich der Siedlung am ehesten gegeben (siehe auch Kap. 7.8f).

Wie Spelzgetreide eignen sich auch Nacktweizenarten für Winter- und Sommerfruchtanbau.

7.5.1 Nacktweizen (Triticum aestivum/durum) - Übersicht

Der Plan G 7 zeigt recht deutlich, dass von einer ±'gleichmässigen' Verteilung - mit leichter Dominanz im Grabungssektor 1986 - gesprochen werden darf. 56 verkohlte Körner und 33 Spindelglieder repräsentieren Nacktweizen in insgesamt 40 von 103 Proben. Es wurden wiederum keine unverkohlten Reste von Nacktweizen geborgen.

Nacktweizen nimmt zu Beginn des Neolithikums rasch an Bedeutung zu, und erreicht im älteren Cortaillod im Raum Zürich Werte um >90% aller Cerealia-Reste bei hohen Stetigkeiten (siehe Tabelle G 8).

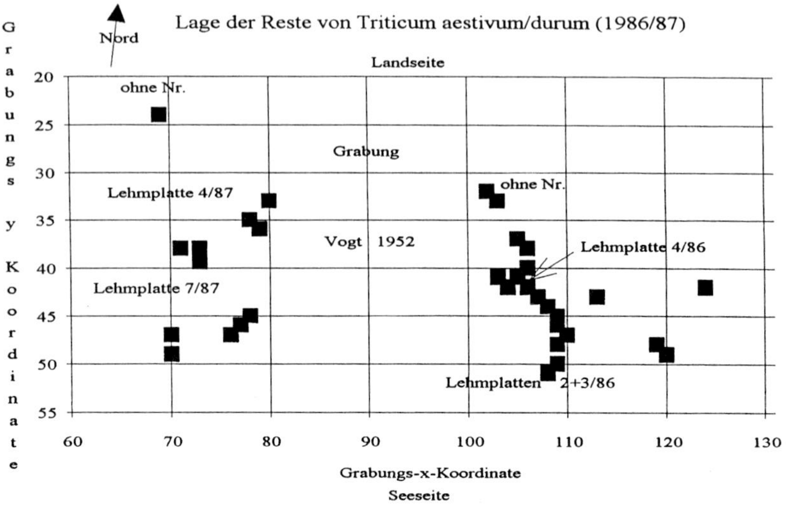

Plan **G** 7 : Situation der Funde von Triticum aestivum/durum in den Grabungsflächen

Erst im ausgehenden Neolithikum tritt Triticum dicoccum (Emmer) an die Stelle der Nacktgetreide (siehe Kap. 7.4.2 resp. Tab. G 6, letzte Spalte). Triticum aestivum/durum verliert gegen Ende des Neolithikums im Übergang zur Bronzezeit stark an Bedeutung und wird durch andere Getreidearten ersetzt (siehe Tab. G 13).

Nacktweizen (Triticum aestivum/durum)

Siedlungsplatz	Kultur	Schichtbezeichnung	< verkohlt Körner oFk	Körner gFk	Spindelglieder oFk	Spindelglieder gFk	Total Reste	> in % aller gefundener Cerealia	Anteil am Gesamtfund Cerealia
MOZ	Spätbronzezeit	SBZ	2	0	0	0	2	0.04%	0.04%
MOZ	Frühbronzezeit	1	5	0	0	1	6	2.45%	0.25%
MOZ	Schnurkeramik	2	24	51	1	0	76	4.95%	4.93%
MYT	Schnurkeramik	2	6	0	34	0	40	3.55%	0.44%
MOZ	Horgen	3	379	8191	27	702	9299	33.58%	39.42%
MYT	Horgen	3	0	0	0	6	6	4.45%	38.52%
AKA	Pfyn	J	5705	0	1878	0	7583	65.89%	83.11%
MOZ	klass. Cortaillod	5	12	5	43	10	70	22.21%	47.94%
MOZ	älteres Cortaillod	6	14	6000	21	4	6039	92.33%	97.51%
KHA	älteres Cortaillod	4E	2609	23411	104	6	26130	87.46%	90.01%
KHA	frühes Cortaillod	4A-C	160	5555	157	5	5877	41.80%	43.55%
KHA	Egolzwil	5A+B	35	0	16	0	51	10.54%	41.19%
Egolzwil 3	**Egolzwil**	**E3 86/87**	**56**	**0**	**33**	**0**	**89**	**47.01%**	**47.01%**
Total Reste von Nacktweizen			8951	43213	2281	734	55179		

Tabelle **G 8** : Triticum aestivum/durum-Nachweise in ausgewählten Grabungen (nach Jacomet, Brombacher & Dick 1989)

7.5.2 Fundsituation der verkohlten Nacktweizen-Körner und -Spindelglieder in der Fläche

2/3 aller Funde von Triticum aestivum/durum sind verkohlte Körner in 33 verschiedenen Proben, 1/3 verkohlte Spindelglieder aus 21 Proben. Sie verteilen sich 'gleichmässig' über die Grabungsflächen beider Jahre und treten ausschliesslich im organischen Sedimenttyp auf, respektive im Übergang 'Lehm-Kulturschicht' innerhalb der Profilsäulen. Der Plan G 7 gibt sowohl die Fundsituation der Triticum aestivum/durum-Körner als auch der Spindelglieder wieder - die Abweichungen in der Verteilung sind unbedeutend.

7.5.3 Nacktweizenfunde in den Profilen

Die Darstellung G 9 versucht, die Fundlage aller Reste von Triticum aestivum/durum in den bearbeiteten Profilen darzustellen.

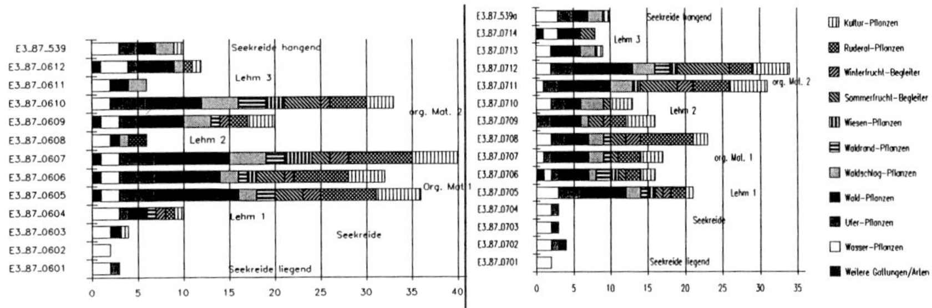

Profil 6	E3_87_0608	1 Korn	-	**Profil 7**	E3_87_0712	1 Korn	-
	E3_87_0607	1 Korn	-		E3_87_0711	3 Körner	-
	E3_87_0606	1 Korn	-		E3_87_0710	2 Körner	1 Spindelglied
	E3_87_0605	2 Körner	-		E3_87_0709	-	2 Spindelglieder

Abbildung **G 9** : Vergleich der Profile 6/87 und 7/87 in Bezug auf Funde von Triticum aestivum/durum

1. In Profil 6 finden sich nur verkohlte Körner von Triticum aestivum/durum, im Profil 7 hingegen auch Spindelglieder, die auf Dreschen oder Verarbeitung des Getreides hinweisen.

2. Erwartungsgemäss treten unterhalb der untersten Lehmschicht (= erste Lehmlage des Herdes, Lehm 1) in beiden Profilen keine Reste von Triticum aestivum/durum auf. In Profil 7/87 fehlen sie auch in der organischen Lage zwischen der untersten und der mittleren Lehmschicht ebenfalls und treten erstmals im Lehm 2 über der ersten organischen Lage auf; dies dürfte im Zusammenhang mit der Tatsache stehen, dass die untere organische Schicht im Profil 7 stärker verschwemmt wurde (siehe Kap. 5.4 und 5.6 ff).

3. In der oberen organischen Lage von Profil 6 fehlen Reste von Triticum ae./du. ebenfalls: trotz der Nachbarschaft der beiden Profile zeigt sich, dass Elemente für eine chronologische Aussage über die Korrelation der organischen Schichten fehlen.

7.6 Gerste (Hordeum vulgare)

Mit einem Anteil von 46% aller Cerealia-Reste (86 Stück - Tabelle G 1, erste Kolonne) und Stetigkeiten von 33% resp. 8%für Spindelglieder) liegt Gerste nur unwesentlich hinter Nacktweizen zurück. Auf Grund der recht gut erkennbaren, morphologischen Spindelglieder-Merkmale (gestielte Ährchen) konnte in 9 Fällen der Typ Nacktgerste (H. vulgare L. s.str.; Jacomet 1987) belegt werden.

Mehrzeilige Gerste (Hordeum vulgare)			< verkohlt					>	Anteil am
Siedlungsplatz	Kultur	Schichtbe-zeichnung	Körner		Spindelglieder		Total	in % aller verkohlter	Gesamtfund Cerealia
			oFk	gFk	oFk	gFk	Reste	Cerealia	
MOZ	Spätbronzezeit	SBZ	369	0	11	0	380	7.27%	7.27%
MOZ	Frühbronzezeit	1	1202	397	35	13	1647	67.28%	67.28%
MOZ	Schnurkeramik	2	85	14	28	8	135	8.76%	8.76%
MYT	Schnurkeramik	2	119	650	89	4	862	7.66%	8.00%
MOZ	Horgen	3	649	4932	9	443	6033	21.79%	22.70%
MYT	Horgen	3	0	0	1	1	2	1.48%	2.22%
AKA	Pfyn	J	767	0	579	0	1346	11.70%	12.26%
MOZ	klass.Cortaillod	5	9	8	9	14	40	12.70%	13.97%
MOZ	älteres Cortaillod	6	25	0	20	2	47	0.72%	0.92%
KHA	älteres Cortaillod	4E	74	340	151	4	569	1.90%	2.18%
KHA	frühes Cortaillod	4A-C	963	5484	505	34	6986	49.68%	51.18%
KHA	Egolzwil	5A+B	41	0	22	0	63	12.91%	17.62%
Egolzwil 3	**Egolzwil**	**E3 86/87**	**65**	**0**	**21**	**0**	**86**	**45.50%**	**45.50%**
Total Reste von Gerste			4368	11825	1480	523	18196		

Tabelle **G 10** : Funde von Hordeum vulgare L. in ausgewählten Grabungen
(Jacomet, Brombacher & Dick 1989 ergänzt)

Die Gerste stellt klimatisch wenig hohe Ansprüche. Das erklärt auch ihre weltweit grösste Verbreitung. Ähnlich wie bei Spelzgetreiden sind Frost- und Kälteresistenz hoch, ebenso die Eignung für magere Böden. Gerste ist ein Bodenzehrer, wie viele schnellwachsende Pflanzen, und darum innerhalb einer Fruchtfolge als Vorfrucht ungeeignet. Von allen bei uns heimischen Getreidearten, wird die Gerste zuerst reif - nach einer Entwicklungszeit von 12-18 Wochen bei Sommeranbau (Weizenentwicklung dauert für alle Varietäten um 20 Wochen). Dieser Umstand erlaubt, die Ernte vor dem Weizen einzubringen und so die bäuerlichen Ernteaktivitäten etwas zu verteilen. Gerste hat als Mehl weniger gute Backeigenschaften als Weizen und wird deshalb meistens mit anderen Getreiden gemischt. Ungemahlen ist sie sehr geeignet als Suppeneinlage oder in Eintopfgerichten, ebenso eignet sie sich zur Bierherstellung.

Gerste eignet sich gleichermassen wie alle im Neolithikum bekannten Getreidearten für den Anbau als Winter- und Sommergetreide.

7.6.1 Fundsituation von Hordeum vulgare in der Fläche

35 Proben enthielten verkohlte Körner und/oder Spindelglieder von Hordeum vulgare. Die Verteilung über die Grabungsfläche zeigt eine leicht bessere Zuweisung der Funde zu den Lehmplatten (siehe Plan G 11) als dies bei Triticum aestivum/durum der Fall ist (siehe Kap. 7.5.1). Die Funde im südlichen Bereich der Grabungsfläche 87 lagen in der Nähe der Sedimente, aus denen Rasmussen 1987 Ziegenexkremente bergen konnte. Gerste als Viehfutter, vor allem für Schweine, oder als Streu wäre denkbar, was einem Hinweis auf die Tierhaltung im Siedlungsbereich gleichkommt.

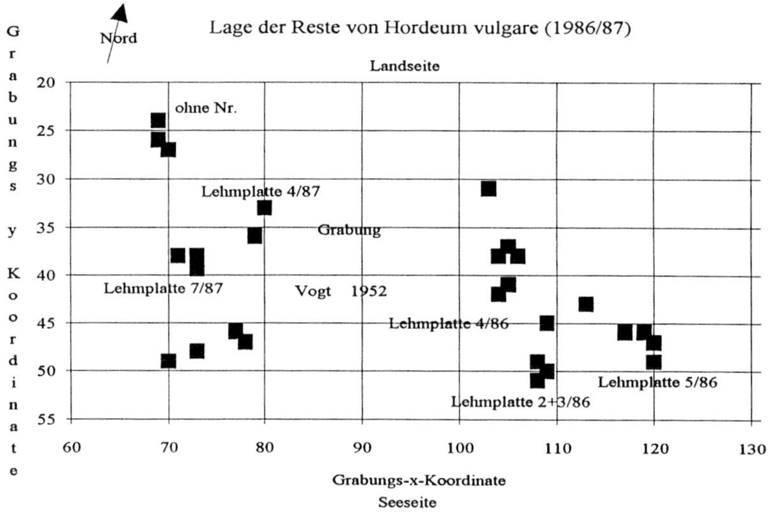

Plan **G 11** : Situation der Hordeum vulgare-Körner und -Spindelglieder

7.6.2 Gerstenfunde in den Profilen

Die Abbildung G 12 versucht, die Fundlage der Reste von Gerste (Hordeum vulgare L.s.l). in den beiden bearbeiteten Profilen 6/87 und 7/87 gegenüberzustellen.

Die Erkenntnisse aus 7.5.3 gelten mit kleinen Änderungen auch für Gerste:

1. Wie bei Triticum aestivum/durum finden sich die Cerealia grundsätzlich in den organischen Zwischenlagen der Lehmplatten, auf den vom Menschen eingetragenen Lehmestrichen.

2. Unterhalb der ersten Lehmlage des Herdes (= Lehm 1 in den Abbildungen) finden wir in beiden Profilen keine Reste von Cerealien. Im Profil 7/87 fehlen sie in der organischen Lage zwischen der untersten und der mittleren Lehmschicht ebenfalls (Verschwemmung ! - siehe Kap. 7.5.3 resp. 5.2 und 5.4): keine chronologische Aussage möglich !!

3. In beiden Profilen kann gezeigt werden, dass die Lehmlage 3 gegenüber den verkohlten Gerstenkörnern eine Barriere bildet. Die obersten Sedimente, sowohl Lehm als auch die hangende Seekreide, sind erwartungsgemäss frei von Getreideresten.

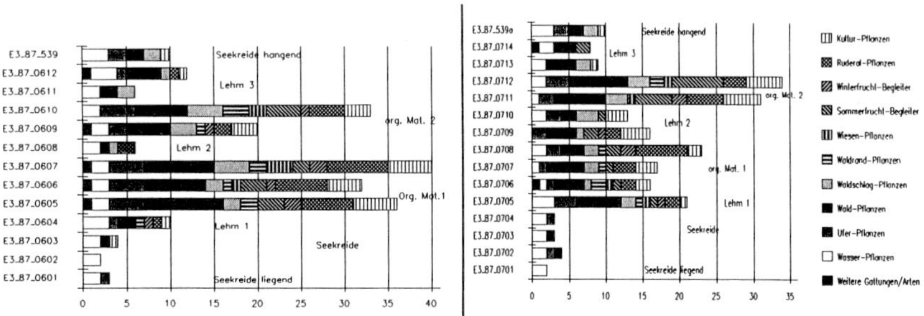

Profil 6	E3_87_0610	3 Körner	-	**Profil 7**	E3_87_0711	3 Körner	1 Spindelglied
	E3_87_0609	1 Korn	-		E3_87_0709	1 Korn	-
	E3_87_0607	4 Körner	2 Spindelgl.		E3_87_0708	3 Körner	-
	E3_87_0605	2 Körner	-		E3_87_0707	1 Korn	-

Abbildung **G 12** : Vergleich der Profile 6/87 und 7/87 bezüglich Funden von Hordeum vulgare

7.7 Die Bedeutung des Getreideanbaus in schweizerischen Seeufersiedlungen

7.7.1 Getreideanbau

Der folgenden Darstellung (siehe Abb. G 13) kann die Bedeutung des Getreideanbaus in Stationen am unteren Zürichsee sowie in Egolzwil 3 vom frühen Jungneolithikum bis in die Bronzezeit entnommen werden. Der Vergleich der beiden egolzwil-zeitlichen Schichten Zürich-Kleiner Hafner und Egolzwil 3 findet sich detaillierter in Kapitel 7.3 und Abb. G 4.

Die Stetigkeit (>30% aller Proben, siehe Abb. G 3) von Nacktweizen (Triticum aestivum/durum-Typ) und Gerste (Hordeum vulgare) lässt den Anbau postulieren - nicht aber beweisen - denn dazu sind

a) die Restzahlen zu klein und
b) ohne Fund von geschlossenen Komplexen mit hohen Restkonzentrationen

die Grundlagen für statistische Überlegungen nicht gegeben (siehe Kap. 7.5 und 7.6). Die fehlenden unverkohlten Getreidereste und die nur wenigen Spindelglieder-Fragmente deuten an, dass das Getreide ausserhalb der Siedlung gedroschen wurde oder - hypothetisch - eventuell überhaupt nicht angebaut und nur als Handelsware eingebracht oder durch Wasserbewegungen verschwemmt wurde.

Die beiden Spelzweizen Triticum monococcum (Einkorn) und Triticum dicoccum (Emmer) sind ebenfalls nachgewiesen. Über ihre Bedeutung im damaligen Getreideanbau lässt sich mit den hier vorgestellten Resultaten nur wenig aussagen (siehe auch Kap. 7.4). Vermutlich war sie eher klein. Das vollständige Fehlen von Spindelgliedern zeigt auch, dass der Dreschplatz, falls in Egolzwil 3 überhaupt vorhanden, ausserhalb der Siedlung lag oder Spelzweizen grundsätzlich nur gedroschen eingeführt wurde.

Der Anbau von Nacktweizen, Gerste und Einkorn in der frühen Phase des Jung-Neolithikums kann durch die vorliegenden Resultate trotz kleiner Restzahlen vermutet werden (siehe Tab. G 13). Triticum dicoccum (Emmer) hingegen tritt im Schweizerischen Mittelland nur vereinzelt auf, was auch für die etwas jüngere Station Hornstaad-Hörnle 1A (Maier 1990) am Bodensee zutrifft und könnte gehandelt worden sein. Das vergleichsweise breite Artenspektrum an Segetalpflanzen (siehe Kap. 6.4ff) weist aber auf eine vermutlich vorhandene Bedeutung des Ackerbaus in der Zeit von Egolzwil 3 hin.

Siedlungsplatz	Schicht-bezeichnung	Kultur	Anbau sicher nachweisbar	Anbau ziemlich sicher nachweisbar	Anbau wahrscheinlich	Anbau eher unwahrscheinlich	Bedeutung des Getreideanbaus
Mozartstrasse	SBZ	Spätbronzezeit	Dinkel Emmer Rispenhirse Gerste	Einkorn	Nacktweizen		sehr gross
Mozartstrasse	1	Frühbronzezeit Stufe A2 ?		Gerste	Emmer Dinkel	Nacktweizen Einkorn Rispenhirse	gross ?
Mozartstrasse	2	Schnurkeramik spät		Emmer	Gerste Nacktweizen	Einkorn	gross ?
Mythenschloss	2	Schnurkeramik spät	Emmer	Gerste	Nacktweizen	Einkorn	gross
Mozartstrasse	3	Horgen mittleres	Emmer	Nacktweizen Gerste	Einkorn		gross
Mythenschloss	3	Horgen mittleres ?		? Emmer ? Nacktweizen	? Gerste	? Einkorn	gross ?
AKAD-Seehofstrasse	J	Pfyn mittleres	Nacktweizen	Gerste	Emmer	Einkorn	gross
Mozartstrasse	5	Cortaillod klassisches			Gerste Nacktweizen Emmer	Einkorn	klein ??
Mozartstrasse	6	Cortaillod klassisches/ älteres			Gerste Nacktweizen Emmer	Einkorn	klein ??
Kleiner Hafner	4E	Cortaillod älteres	Nacktweizen	Gerste Einkorn	Emmer		gross
Kleiner Hafner	4A-C	Cortaillod frühes	Gerste Nacktweizen Einkorn			Emmer	gross
Kleiner Hafner	5A+B	Egolzwil		Nacktweizen Einkorn Gerste	Emmer		gross
Egolzwil 3 / LU	**E3 86/87**	**Egolzwil**		**Nacktweizen** Gerste	**Einkorn** Emmer		**gross ??**

Tabelle **G 13** : Bedeutung des Getreideanbaus im Neolithikum
(ergänzt nach Jacomet, Brombacher & Dick 1989)

Das schwache Auftreten von Getreide in den Sedimenten, die häufigen Funde von Artefakten wie Äxte und Beile sowie ein Schlagplatz für Steinwerkzeuge in den Grabungsflächen könnte auch eine andere Ursache haben: Wir haben in Egolzwil 3 mehrheitlich Werkstätten und keine oder nicht mehr als Wohnbauten benützte Häuser vor uns.

Diese **Hypothese** würde die niedrigen Restkonzentrationen, unter Berücksichtigung der vorhandenen Verschwemmung, sowohl der botanischen als auch zoologischen Reste erklären. Vorräte wären ebenfalls nicht zu erwarten. Dreschplätze könnten sich ebenfalls ausserhalb oder im eigentlichen Wohnbereich der Siedlung befunden haben. Angefangene und fertige Werkzeuge, viel Keramik und Tierhaltung sprechen ebenfalls nicht grundsätzlich gegen diese Vorstellung (siehe Kap. 9).

7.7.2 Erntetechnik

Zum Verständnis des damaligen Ackerbaus wäre es selbstverständlich reizvoll, Aussagen über Anbau, Morphologie oder Ernteweise der neolithischen Kulturpflanzen, insbesondere der Cerealia gewinnen zu können. Direkten Zugang dazu erschliessen uns die Funde der Makroreste allerdings nicht, weil wir nur sehr selten ganze Ähren und noch viel weniger ganze Pflanzen finden. Über den 'Umweg' der Segetalpflanzen im Fundmaterial lässt sich dieser Makel etwas beheben, wobei ganz klar festgehalten werden muss, dass alle morphologischen Daten auf rezenten Segetalpflanzen basieren und deshalb nur bedingt Gültigkeit haben für jungneolithische Verhältnisse.

Wird nämlich ...

> Getreide bodennah geschnitten, finden sich Reste von kleinwüchsigen Wildkräutern mit einiger Wahrscheinlichkeit im Erntegut.
>
> Getreide als Ähren geschnitten, haben nur hochwüchsige Begleitarten eine gewisse Wahrscheinlichkeit, in die Ernte zu gelangen.

Gehen wir von einer relativ offenen Landschaft (siehe Kap. 6.2 ff) mit guter Besonnung der Böden aus und nehmen wir an, dass unter diesen Bedingungen - trotz Konkurrenz - die nachgewiesenen Segetalpflanzen Wuchshöhen im oberen Bereich der potentiellen (rezenten) Grössen erreicht haben, so ergibt sich keine deutliche Dominanz einer Grössen-Kategorie. Aus den Funden der klein- bis mittelhoch-wüchsigen Spezies Viola tricolor, Campanula rapunculoides, Valerianella dentata (alle Ökogruppe 9.3) allein kann noch kein verbindlicher Schluss auf die bodennahe Ernteweise gemacht werden, zumal der Mittelwert der Wuchshöhe bei den geborgenen Arten (siehe Tab. G 14) doch eher bei den mittelhohen Arten liegt. Sie stellen die Mehrheit aller Funde in den Ökogruppen 9.2 (Sommer-/Hackfrucht-) und 9.3 (Winter-/Halmfrucht-Begleiter) dar und weisen auf eine nicht allzu ährenferne Ernteweise, tendenziell also Ährenernte, hin.

DEUTSCHE BEZEICHNUNG	Fachbezeichnung	Wuchshöhe rezent	Kategorie	Ökogruppe
Acker-Gauchheil	Anagallis arvensis L.	5 - 30	n	9.2
Acker-Ziest	Stachys arvensis (L.)L.	10 - 30	n	
Einjähriger Ziest / Acker-Ziest	Stachys annua (L.) / arvensis (L.)L. (-Typ)	15 - 30	n	
Hundspetersilie	Aethusa cynapium L.	5 - 120	h	
Pfirsichblättriger Knöterich, Floh-K.	Polygonum persicaria L.	20 - 80	m	
Rüben-Kohl	Brassica rapa L. ssp campestris	30 - 100	h	
Schwarzer Nachtschatten	Solanum nigrum L. emend.Miller	10 - 80	m	
Vielsamiger Gänsefuss	Chenopodium polyspermum L.	15 - 60	m	
Vogelmiere, Hühnerdarm	Stellaria media agg.	5 - 80	m	
Weisser Gänsefuss	Chenopodium album agg.	30 - 100	h	
Acker-Glockenblume	Campanula rapunculoides-Typ	30 - 80	m	9.3
Gezähnter Feldsalat	Valerianella dentata (L.)Pollich	15 - 50	m	
Kletten-Labkraut	Galium aparine agg. (inkl. G. spurium)	30 - 150	h	
Kretische Flachsnelke	Silene cretica L.	10 - 30	n	
Saat-Leindotter	Camelina sativa agg.	30 - 90	m	
Stiefmütterchen	Viola tricolor agg.	10 - 30	n	
Winden-Knöterich	Fallopia convolvulus (L.)A.L.ve	20 - 80	m	
	n=niedrig/m=mittel/h=hoch	in cm		

Tabelle **G 14** : Wuchshöhe der Segetalpflanzen

Auch Willerding (1983) vermutet in frühneolithischer Zeit Ährenernten, d.h. bodenfernes Abtrennen der reifen Ähren; die hier vorliegenden Resultate aus Egolzwil 3 könnten diesen Schluss unterstützen .

7.8 Öl- und Faserpflanzen

Neben den Cerealia als wichtigsten Lieferanten für Kohlehydrate (Energie) musste die nun weitgehend sesshafte Bevölkerung Quellen weiterer Aufbaustoffe erschliessen. Diesem Bedürfnis kommen zwei wichtige Ölpflanzen entgegen: Linum usitatissimum und Papaver somniferum. Beide Pflanzen enthalten zudem die essentielle Fettsäure Linol in hoher Konzentration.

Resttyp / Fachbezeichnung	Anzahl	< Stetigkeit in %	> < Konzentration/l		>	Durchschnitts-Konzentration (100 Proben)
	alle Proben		in organischen		in Seekreide	in Lehm	
			Proben				
Linum usitatissimum L. Kapselsegment unv.	30	2	2.82	0.50	0.00	0.00	0.35
Linum usitatissimum L. Same unv.	307	53	69.01	5.89	0.35	5.59	4.75
Linum usitatissimum L. Same vk.	1	1	1.41	0.02	0.00	0.00	0.01
Papaver somniferum L. unv.	4662	82	95.77	76.31	10.64	56.45	61.18
Papaver somniferum L. vk.	1	1	1.41	0.02	0.00	0.00	0.01

Tabelle **G 15** : Übersicht der Öl- und Faserpflanzen in den Proben von Egolzwil 3

Die Pflanzen stellen an Klima und Boden nicht allzu hohe Anforderungen. Linum flieht staunasse Böden, könnte aber in den sonnenexponierten Äckern am Fuss des Santenbergs ideale Wachstumsbedingungen gefunden haben. Dazu kommt noch die regenbegünstigte Lage des Standortes am Rande des Mittellandes (siehe Kap. 2.3). Für beide Kulturpflanzen steht ein Anbau in Egolzwil 3 auf Grund der Grabungsresultate von 1986 und 1987 (vermutlich) fest. Stetigkeiten von über 50% aller Proben, resp. 70% und 96% der organischen Sedimente zeigen dies mit einiger Sicherheit (siehe Tab. G 15).

Bei der Verwertung der Samen beider Pflanzen fallen 30-50 Gewichtsprozent an Öl an (Gregg 1986: dort weitere Angaben), welches als Speiseöl (bis heute) geschätzt wird. Der hohe Proteingehalt unterstreicht die Bedeutung für die menschliche Ernährung .

Normalerweise dürften beide Arten als Sommerfrüchte angebaut worden sein.

7.8.1 Linum usitatissimum / Lein oder Flachs

- als Öllieferant
- als Pressrückstand für Tierfutter
- als Samen in Getreidemischungen für Backzwecke geeignet
- als Fasern für Textilien/Gewebe verwendet
- als Oberflächenbehandlung für Holzwerkzeuge
- als Seife (?) gebraucht

Das auf Ausgrabungen geborgene Material erlaubt nach dem derzeitigen Stand der Forschung bis heute keine schlüssigen Antworten zur Frage der züchterischen Bearbeitung des Leins als Öl- oder Faserlein zu geben. Welche Sorte damals verwendet wurde, ist (noch) nicht nachweisbar.

338 Leinreste oder gut 1% aller Makroreste liegen in unverkohlter Form als Samen resp. Kapselsegmente vor. 1 verkohlter Same wurde geborgen. Es war keine klare Bindung an die anthropogenen Strukturen des Siedlungsplatzes zu erkennen (siehe Plan G 16).

Ins Bild eines vermutlich sicheren Leinanbaus passen neben der relativ hohen Stetigkeit von rund 70% in den organischen Sedimenten auch die 15 unverkohlten Samen von Silene cretica (Kretische Flachsnelke), einem typischen Leinbegleiter (Ökogruppe 9.3). Von der mediterranen Herkunft der Pflanze ausgehend muss man annehmen, dass nur die sonnenexponierten gut entwässerten Böden am unteren Santenberg als Äcker für den Leinanbau in Frage kamen. Als Sommersegetalpflanze weist Silene cretica auf den für Linum typischen Anbau als Sommerfrucht hin. Mit dem Verschwinden des Flachsanbaus in unserer Gegend ist auch Silene cretica in der rezenten Flora unseres Gebietes verlorengegangen. Ob Camelina sativa s.l. (Leindotter) als Ölpflanze angebaut oder nur als typisches Leinunkraut in die untersuchten Sedimente gelangt ist, lässt sich bei insgesamt 9 Resten im Gesamtfund nicht belegen. Das Auftreten von Resten dieser Art verstärkt aber die Wahrscheinlichkeit, dass ein Flachsanbau stattgefunden haben könnte.

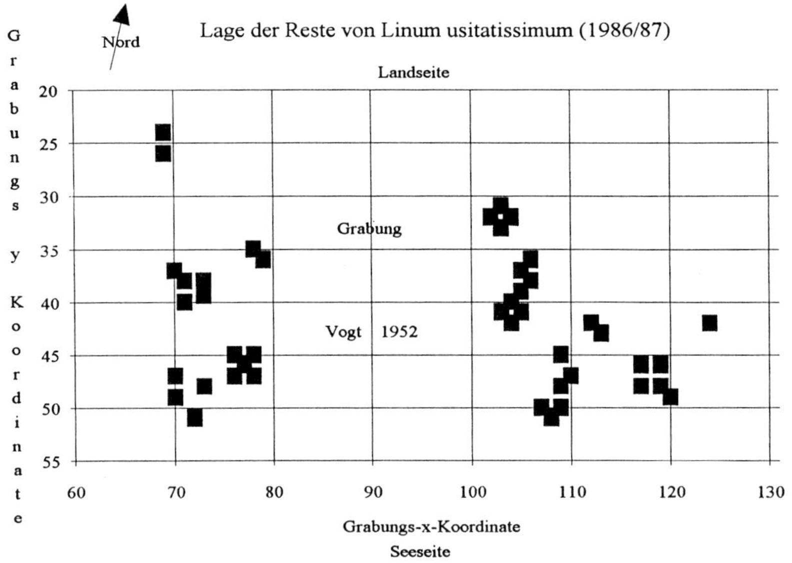

Plan **G 16** : Lage der Reste von Linum usitatissimum in der Grabung von Egolzwil 3

Während die Befunde der Egolzwilerschichten in Zürich-Kleiner Hafner keinen Leinanbau annehmen (Jacomet 1986), darf er am Bodensee (Hornstaad-Hörnle 1A, Maier 1990) und in Egolzwil 3 als wahrscheinlich postuliert werden.

7.8.2 Papaver somniferum / Schlafmohn

- als Ölpflanze
- als Gewürz
- als Medizinalpflanze (Droge)
- als Farbstoff genutzt

Auf 4662 unverkohlte Mohnsamen (16% aller geborgenen Makroreste) kommt ein einziges verkohltes Exemplar. Mohn hat eine ausserordentlich grosse Samenproduktion und die kleinen und leichten Samen können sehr gut transportiert werden. Die für die Untersuchungen der Egolzwiler Proben 'hohen' Konzentration von 61 resp. 76 Samen/Liter (in den organischen Proben) von Papaver somniferum und die hohe Stetigkeit (> 95% in den organischen Proben; siehe Tab. G 15) zeigen, dass diese Art eine recht grosse Bedeutung in der Siedlung hatte. Mit Stetigkeiten über 80% darf ein u. a. ein gesicherter Anbau angenommen werden (Jacomet, Brombacher & Dick 1989). Dieser Befund stimmt auch mit den dort zitierten Untersuchungen in Zürich-Kleiner Hafner überein.

Es wäre denkbar, dass Mohn für die Öl- und Fettherstellung im frühen Jungneolithikum wichtiger war als Lein (siehe Kap. 7.8.1). Wieweit Papaver somniferum als Droge (Morphin) genutzt wurde, ist nicht belegt, denn ganze oder Teile von Mohnkapseln (mit Anritzspuren !) fehlten in den Makroresten. Die Kenntnis der pharmakologischen Eigenschaften der Pflanze dürften aber sicher vorhanden gewesen sein !

7.8.3 Vergleiche mit anderen Siedlungen

Öl- und Faserpflanzen

Siedlungs-platz	Kultur	Schichtbe-bezeichnung	Linum usitatissimum Samen unverkohlt oFk	Linum usitatissimum Samen verkohlt oFk	Linum usitatissimum Kapselsegme unverkohlt oFk	Papaver soniferu Samen nverkohl oFk	Papaver soniferu Samen verkohlt oFk
MOZ	Spätbronzezeit	SBZ	4	0	1	14	0
MOZ	Frühbronzezeit	1	61	11	27	360	0
MOZ	Schnurkeramik	2	783	137	162	315	0
MYT	Schnurkeramik	2	3036	78	2152	397	0
MOZ	Horgen	3	13708	71	7337	61005	394
MYT	Horgen	3	126	0	70	1366	0
AKA	Pfyn	J	11436	870	18087	130222	530
MOZ	klass. Cortaillod	5	99	3	81	2994	0
MOZ	älteres Cortaillod	6	78	1	84	3797	0
KHA	älteres Cortaillod	4E	222	8	1403	3061	26
KHA	frühes Cortaillod	4A-C	17	28	15	1760	0
KHA	Egolzwil	5A+B	13	0	9	8743	0
Egolzwil 3	**Egolzwil**	**E3 86/87**	**307**	**1**	**30**	**4662**	**1**
Total Reste			29890	1208	29458	218696	951

Tabelle **G 17** : Öl- und Faserpflanzenreste in neolithischen Seeufersiedlungen im schweizerischen Mittelland

Die Tabelle G 17 zeigt deutlich die grosse Bedeutung von Papaver somniferum zu Beginn des Jung-Neolithikums. Mohn war vermutlich am Anfang Hauptöllieferant und Hauptfettlieferant der Bewohner. Seine Bedeutung nimmt erst in der Schnurkeramik deutlich ab. Lein zeigt eine vergleichbare Tendenz, womit sich auch hier, wie bei den Getreidearten, ein Wechsel innerhalb der beobachteten Zeitepoche abzuzeichnen scheint (siehe Abb. G 6, G 8, G 17):

- Nacktweizen (T. aestivum/durum) und Mohn (P. somniferum) nehmen ab Beginn Schnurkeramik (siehe auch G 13 resp. G 20) an Bedeutung ab.
- Emmer (T. dicoccum) und Lein/Flachs (L. usitatissimum) gewinnen an Bedeutung bis zur Schnurkeramik (Frühbronzezeit).
- Einkorn (T. monococcum) verliert bereits ab frühem Cortaillod stark an Bedeutung.

7.9 Hülsenfrüchte

Sicher nachgewiesen ist für die Station Egolzwil 3 86/87 als einzige Hülsenfrucht Pisum sativum (Erbse). Hülsenfrüchte enthalten hohe Anteile an pflanzlichen Proteinen und werden wie die Ölpflanzen normalerweise als Sommerfrucht angebaut. Sie gehören - unter anderem wegen Verunkrautung - zu den eher pflegeintensiven Kulturpflanzen.

Resttyp / Fachbezeichnung	Anzahl	<Stetigkeit in % >	< Konzentration/l		>	Durchschnitts-
	alle Proben		in organischen Proben		in Seekreide	in Lehm	Konzentration (100 Proben)
Pisum sativum L. Same vk.	29	13	18.46	0.47	0.00	0.00	0.34

Tabelle **G 18** : Übersicht Erbsenfunde in Egolzwil 3

Leguminosen - insbesondere Pisum sativum - haben einen hohen Kohlenhydrat-, ca. 60% und damit nur unwesentlich weniger als Getreide, und Proteingehalt, etwa 20% wie Linum usitatissimum (Gregg 1986). Sie ergänzen deshalb die tägliche Nahrung in günstiger Art und Weise. Vorteilhaft sind auch die guten Lagerungsmöglichkeiten als Vorrat.

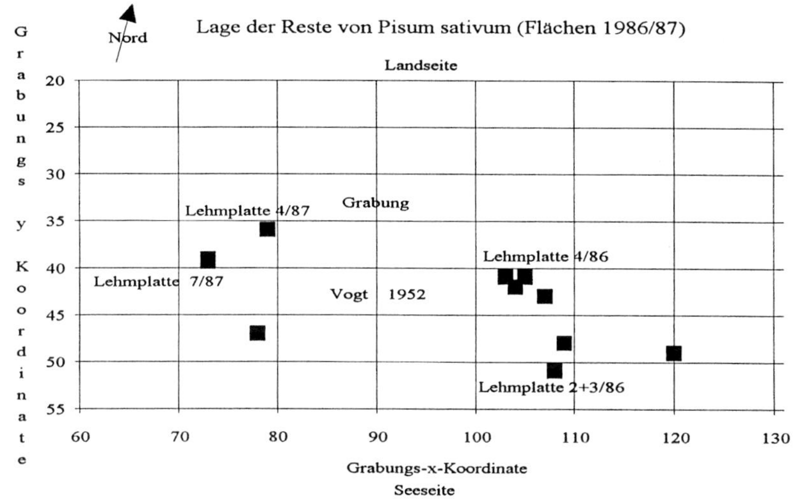

Plan G **19** : Lage der Erbsenfunde in den Grabungsflächen Egolzwil 3

29 verkohlte Erbsen aus 13 Proben sind nachgewiesen, Ein vergleichsweise hoher Zusammenhang zwischen Erbsen und Lehmplatten (Herdstelle) kommt im Plan G 19 zum Ausdruck. Nur gerade 3 der 29 Reste liegen <u>nicht</u> in unmittelbarer Nähe einer Lehmplatte. Die Tatsache, dass alle Erbsen vor allem an diesen Stellen und nur in verkohlter Form gefunden wurden, ist sicher als Indiz für den anthropogenen Einfluss zu werten. Sie geben doch den Hinweis, dass die Erbsen gekocht wurden.

In den beiden Profilen 6/87 und 7/87 finden sich die verkohlten Reste der Erbsen in den organischen Lagen, meist in Gesellschaft von Hordeum vulgare und/oder Triticum spec. und anderen Kulturpflanzen.

Die Voraussetzungen zum Anbau von Pisum sativum sind in hinsichtlich Klima und Bodenqualität gegeben. Die lockeren Lehmböden ohne Staunässe am Santenberg bieten dazu recht gute Voraussetzungen. Die erhöhten Niederschlagswerte enthalten ein gewisses Risiko, da Leguminosen recht schädlingsanfällig sind, so zum Beispiel für Pilzkrankheiten (Mehltau) oder Insektenbefall. Für den Anbau von Kulturpflanzen und die Ertragsfähigkeit der Ackerböden von zentraler Bedeutung ist die Fähigkeit der Leguminosen, im Wurzelbereich mit symbiontischen Bakterien Luftstickstoff (Mohr & Schopfer 1985) zu binden und somit den Boden mit Nitraten anzureichern. Diese Eigenschaft verleiht den Leguminosen eine zentrale Bedeutung im Fruchtwechsel. Sie eignen sich deshalb gut als Vorfrucht vor Getreideanbau (u.a. Jacomet, Brombacher & Dick 1989).

Erbsen sind im frühen Jung-Neolithikum allgemein selten, wurden aber ausser in Egolzwil 3 auch (häufig) in Zürich-Kleiner Hafner (Jacomet 1986) und in einem verkohlten Exemplar in Hornstaad-Hörnle (Maier 1990) sicher nachgewiesen.

7.10 Zusammenfassende Übersicht

Insgesamt lassen sich mit 189 Cerealia-Resten (0.7 % aller Funde) bei 30'000 untersuchten Makroresten wenig statistisch signifikante Aussagen machen. Der **sichere Nachweis** von allen **vier** in anderen zeitgleichen Grabungen ebenfalls erfassten **Getreidearten** (bei mässig guter Schichterhaltung) weist auf die **Existenz**, **nicht** aber den **Umfang oder die Bedeutung**, des **Getreideanbaus für den Siedlungsplatz Egolzwil 3** hin.

Die niedrigen Konzentrationswerte mit einer von mässig heftigen Hochwassern oder Überschwemmungen bedrängten Seeufersiedlung, in der das verkohlte und unverkohlte Material weggespült wurde (siehe u.a. Kap. 5.2, Kap. 5.4), allein abzutun, erscheint mir unzulässig und erklärt in keiner Weise das vollständige Fehlen von unverkohlten Cerealia-Resten. In den ebenfalls verschwemmten Schichten in Zürich-Kleiner Hafner lag doch ausgerechnet die Mehrzahl der Getreidereste als unverkohltes Material vor (Jacomet 1986, resp. Abbildung G 4): die grundsätzliche Frage der Bedeutung des Getreides und des Getreideanbaus im Zusammenhang mit Egolzwil 3 stellt sich sicher neu (siehe auch Kap. 7.7) und deren Beantwortung bleibt noch offen.

Auf Grund der statistischen Daten (Stetigkeit, durchschnittliche Konzentration etc. - siehe Tabelle G 15), aber auch mit Blick auf die Segetalflora, wo mit Camelina sativa und Silene cretica zwei typische Begleiter des Leins nachgewiesen wurden, darf der Anbau von **Linum**

usitatissimum in der Egolzwiler Zeit am Standort dieser Untersuchung als eher wahrscheinlich angenommen werden.

Siedlungsplatz	Schicht-bezeich-nung	Kultur	Anbau sicher nachweisbar	Anbau ziemlich sicher nach-weisbar	Anbau wahr-scheinlich	Anbau unwahrschein-scheinlich	Anbau als Oelpflanze
Mozartstrasse	SBZ	Spätbronzezeit		? Lein Linsen Erbsen	? Schlafmohn		??
Mozartstrasse	1	Frühbronzezeit A2?			? Lein ? Erbsen	? Schlafmohn	klein ??
Mozartstrasse	2	Schnurkeramik spät		? Lein	? Schlafmohn ? Erbsen		mittel
Mythenschloss	2	Schnurkeramik spät	Lein		? Mohn ? Erbsen		mittel
Mozartstrasse	3	Horgen mittleres	Lein Schlafmohn Erbsen				gross
Mythenschloss	3	Horgen mittleres?	? Lein ? Schlafmohn		? Erbsen		gross ?
AKAD-Seehof	J	Pfyn mittleres	Lein Schlafmohn		? Erbsen		gross
Mozartstrasse	5	Cortaillod klassisches			? Lein ? Schlafmohn ? Erbsen		klein ??
Mozartstrasse	6	Cortaillod klass./ält.			? Lein ? Schlafmohn ? Erbsen		klein ??
Kleiner Hafner	4E	Cortaillod älteres	? Lein	? Schlafmohn	? Erbsen		mittel ?
Kleiner Hafner	4A-C	Cortaillod frühes		? Schlafmohn	? Lein ? Erbsen		klein ?
Kleiner Hafner	5A+B	Egolzwil	Schlafmohn Erbsen	? Lein			mittel
Egolzwil 3 / LU	**E3 86/87**	**Egolzwil**	**Schlafmohn**	**Lein Erbsen**			**mittel-gross**

Tabelle **G 20** : Bedeutung weiterer Kulturpflanzen ausser Cerealia
(ergänzt nach Jacomet, Brombacher & Dick 1989)

Die hohen Werte für Papaver somniferum in Egolzwil 3 - trotz Verschwemmungen - bestätigen die Aussage von Zürich-Kleiner Hafner: Mohn dürfte wohl auch in Egolzwil 3 als Kulturpflanze angebaut worden sein (Jacomet, Brombacher & Dick 1989).

Für Pisum sativum ist das Datenmaterial zu gering, um die Frage 'Anbau als Kulturpflanze: ja oder nein' wirklich zu diskutieren. Vom ökologischen Wert der Leguminosen für die Bodenfruchtbarkeit her, neige ich allerdings zur Vermutung, dass damals der bewusste Anbau dieser Pflanze stattfand (siehe Kap. 9).

H. Sammelwirtschaft

8.1 Sammelpflanzen

Neben dem Kulturpflanzenanbau (siehe Kap. 7) war die Sammelwirtschaft eine wesentliche Quelle der frühneolithischen Ernährung.

Ausser der *Ernährung* deckte sie weitere wichtige Bedürfnisse wie
Heilmittel
Farbstoffe
Futter für Haustiere
Brennmaterial
der frühen jungsteinzeitlichen Bewohner von Egolzwil 3 ab.

Die Liste weist bereits darauf hin, dass mit 'Sammelpflanzen' der Bereich dieses Begriffs über 'gesammelte Früchte und Beeren' hinaus erweitert wird.

Die Analyse der Standorte der in den Sedimenten aufgefundenen Pflanzenarten gibt Hinweise auf die Nutzung der Umwelt durch die Bewohner von Egolzwil 3. In der Abbildung H 1 sind sowohl die 'traditionellen' Sammelpflanzen (siehe Kap. 8.1), vor allem Waldbeeren und -früchte, als auch weitere Pflanzen, d.h. in der Siedlungsumgebung gesammelte Gemüse- und Salatpflanzen aus verschiedenen Ökogruppen (siehe Kap. 8.2), berücksichtigt.

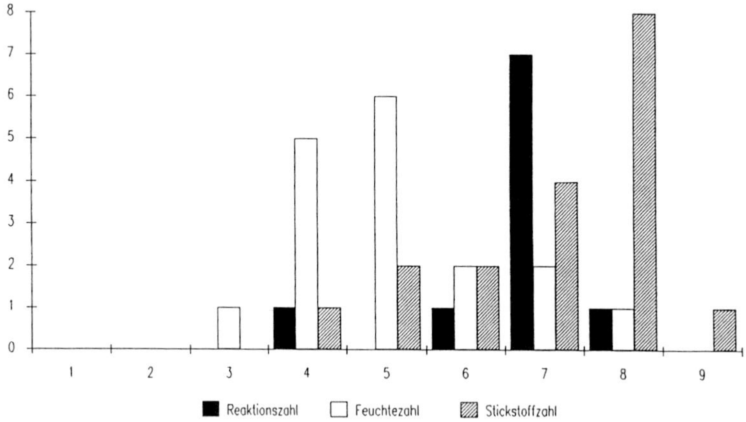

Graphik **H 1** : Ausgewählte Zeigerwerte der kombinierten Artenlisten H 2 und H 9 ; Werte von insgesamt 32 Taxa sind ausgewiesen. (nach Ellenberg 1979)

Untersuchungen der Zeigerwerte deuten erwartungsgemäss auf eine breite ökologische Amplitude der Sammelpflanzen hin: trockene (3) bis feuchte, am Ufer gelegene Standorte (8) wurden ebenso berücksichtigt wie Pflanzen aus dem auf den Moränen stockenden Mischwald oder aus den wenigen Wiesen. Auch die Lichtwerte weisen auf ein ähnlich breites Spektrum hin: viele Spezies können ohne weiteres aus vom Menschen geschaffenen, lichten Standorten in Rodungen oder Waldlücken stammen.

Die aufgezeigte ökologische Breite der Standorte belegt, dass für die Sammeltätigkeit weite Bereiche in der Umgebung des Wohnplatzes durchstreift wurden. Feuchte, seenahe Standorte (F 3) bis Trockenstandorte (F 8) sind vertreten; generell aber sind die seenahen Standorte besser vertreten, was die Reaktionszahl, respektive die Stickstoffzahl, deutlich zeigt.

Grundlage für die Zuordnung einer gefundenen Art zu den 'Sammelpflanzen i. w .S.' sind die heute bekannte Verwendungsmöglichkeit einer Pflanze. Ich glaube annehmen zu dürfen, dass die damaligen Menschen, neben den vielen 'geheimnisvollen Kräften' in der Natur, die sie vermutlich fürchteten, deren Gaben sehr viel besser gekannt und bewusster genutzt haben, als wir das heute annehmen oder beweisen können (siehe ethnographische Lit.). Rund 90% aller gefundenen Taxa sind anthropogen irgendwie nutzbar !

DEUTSCHE BEZEICHNUNG	Fachbezeichnung	Anzahl	Stetigkeit	Ökogruppe
Hasel	Corylus avellana L. unv.	550	64	5./ 7.2/ 7.3
Hasel	Corylus avellana L. vk.	2	1	5./ 7.2/ 7.3
Wald-Erdbeere	Fragaria vesca L. unv.	3405	76	7.1
Holz-Apfelbaum	Malus sylvestris agg. Pericarp unv.	122	32	4.
Holz-Apfelbaum	Malus sylvestris agg. Pericarp vk.	4	4	4.
Holz-Apfelbaum	Malus sylvestris agg. Same unv.	29	17	4.
Holz-Apfelbaum	Malus sylvestris agg. Same vk.	9	7	4.
Eiche	Quercus spec. (Eicheln ganze/Bruchstücke) unv.	28	14	4.-6.
Rose	Rosa spec. "Same" unv.	116	38	7.2
Kratzbeere	Rubus caesius L. unv.	62	31	4.
Brombeere	Rubus fruticosus agg. unv.	1515	72	7.1
Brom-/Him-/Kratzbeere	Rubus fruticosus agg./ idaeus /caesius L. unv.	7	4	7.1
Himbeere	Rubus idaeus L. unv.	3601	71	7.1
Schwarzer - / Trauben-Holunder	Sambucus nigra L. / racemosa L. unv.	57	20	7.1

Tabelle **H 2** : 'traditionelle' Sammelpflanzen zu Nahrungszwecken

Insgesamt sind 10 Taxa, resp. 9507 Makroreste (32% der Gesamtzahl aller Reste) im Sedimentmaterial belegt, die den Sammelfrüchten i. e. S. zugewiesen werden dürfen. Dass dabei die Reste der 'klassischen' Sammelfrüchte wie Erdbeeren oder Himbeeren an der Spitze liegen, hängt nicht allein an ihrer Bedeutung in der Ernährung - denn so riesig war sie bestimmt nicht und an eine längerfristige Lagerhaltung war damals nicht zu denken - sondern an der teilweise grossen 'Restproduktion' (im archäobotanischen Sinn) dieser Arten (siehe dazu Tabelle H 3, resp. Kap. 4.3). Die Tabelle H 3 dokumentiert diesen Umstand klar: 40 - 50 Erdbeer-'Kernchen' könnten im Extremfall von einer einzigen Erdbeere stammen!

Gattung / Art	Anzahl Samen/Früchte	Mittelwert
Fragaria vesca	50-90	± 40
Rubus fruticosus	10-60	± 40
Malus sylvestris	5-10	7
Rosa spec.	10-30	20
zum Vergleich :		
Sambucus spec.	1	1
Quercus spec.	1	1

Tabelle **H 3** : Samen / Früchte / Kerne pro Verbreitungseinheit
(verändert nach Jacomet, Brombacher & Dick 1989)

8.1.1 Corylus avellana (Haselnüsse)

Reste von Corylus sind als Holz- und Nussfragmente im Fundmaterial von Egolzwil 3 belegt.

Haselnüsse dürften, dank ihres hohen Nährwertes und der ausgezeichneten Lagerungsfähigkeit bei den damaligen Menschen für Nahrungszwecke (Gross et al. 1990) sehr beliebt gewesen sein. Mit 2 Ausnahmen lagen nur unverkohlte Nusschalenfragmente vor: 550 Stück, nie aber mehr als 2/3 einer vollständigen Nuss.

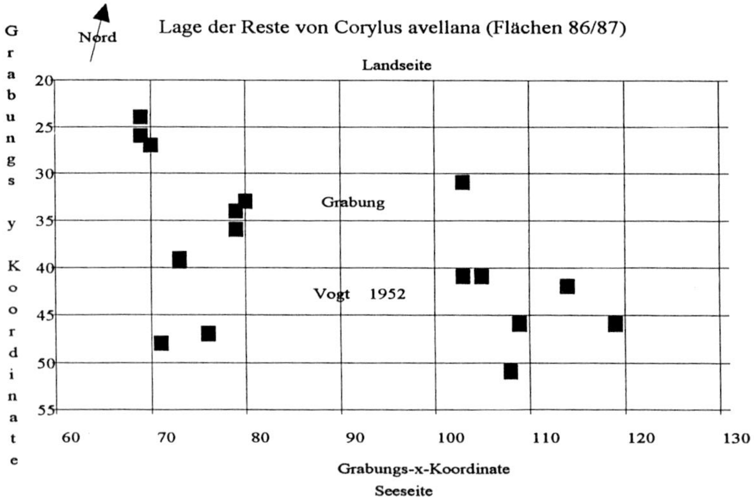

Plan **H 4** : Lage der Haselnussfragmente in der Grabungsfläche Egolzwil 3

Bei der Analyse der Fundsituationen zeigte sich, dass - bei einer Stetigkeit von 64% - die Reste von Corylus avellana 'gleichmässig' auf der Grabungsfläche verteilt (siehe Plan H 4) waren und dass sie ohne signifikanten Bezug zu den Lehmplatten gefunden wurden.

Wenn wir die zeitliche Einordnung der Egolzwiler Kultur am Ende des Atlantikums (Heitz-Weniger 1977, Hufschmid 1983) vegetationsgeschichtlich beleuchten, so passt der relativ bedeutende Fundanteil von Corylus avellana gut in eine Eichenmischwald-Gesellschaft mit Hasel und wurde durch das Entstehen lichter Flächen am Rande von Rodungen wohl auch gefördert.

Bucheckern (Fagus sylvatica) als Makrorest fehlen; die Art ist aber dendrologisch und pollenanalytisch nachgewiesen (Wegmüller 1976, Küttel 1988, Rasmussen 1989, Seifert 1989), spielte aber noch keine bedeutende Rolle.

8.1.2 Fragaria vesca (Erdbeere)

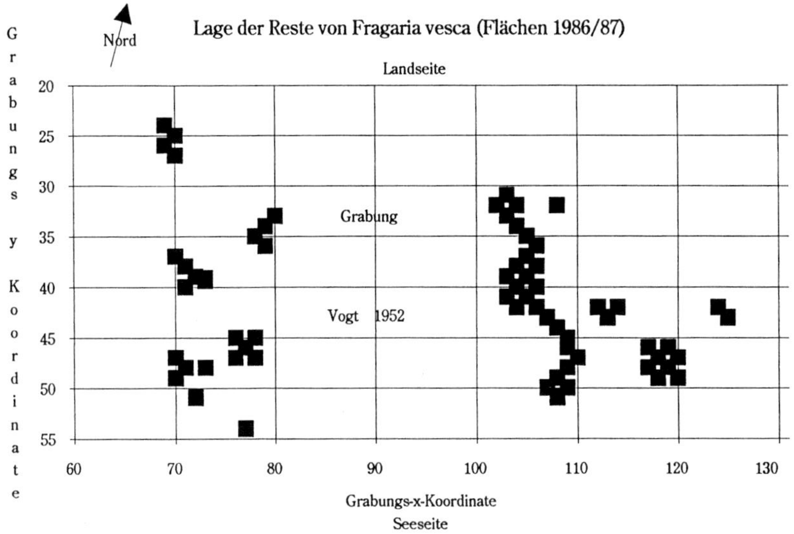

Plan **H 5** : Lage der Erdbeerkernchen in der Grabungsfläche

Erdbeerkerne gehören mit 11% Gesamtfundanteil zu den häufigsten Makroresten in den Sedimenten. Mit Ausnahme der landseitigen Randproben (im nördlichen Seekreidebereich) treten sie in den organischen Proben mit 93% Stetigkeit und mit einer durchschnittlichen Konzentration von etwa 60 Stück/l auf. Der hohe Wert - einer der höchsten aller Spezies überhaupt - deckt sich mit den Spitzenwerten in Grabungen am unteren Zürichsee, wo Fragaria in den Egolzwiler- und frühen Cortaillod-Schichten ebenfalls Maximalwerte erreichte ('Mozartstrasse', Brombacher & Dick 1987; Jacomet, Brombacher & Dick 1989). Diese hohen Anteile bestätigen die Vermutung, dass die Erdbeere für die Ernährung der Menschen vor 6300 Jahren (im Sommerhalbjahr) eine intensiv genutzte Sammelpflanze darstellte.

8.1.3 Malus sylvestris (Wild- oder Holzapfel)

Apfelreste traten zu 90% unverkohlt auf und wurden in zwei verschiedenen Formen gefunden: als Perikarp-Fragmente ('Kernhaus') und als Samen ('Kerne'); (siehe auch Tabelle H 3).

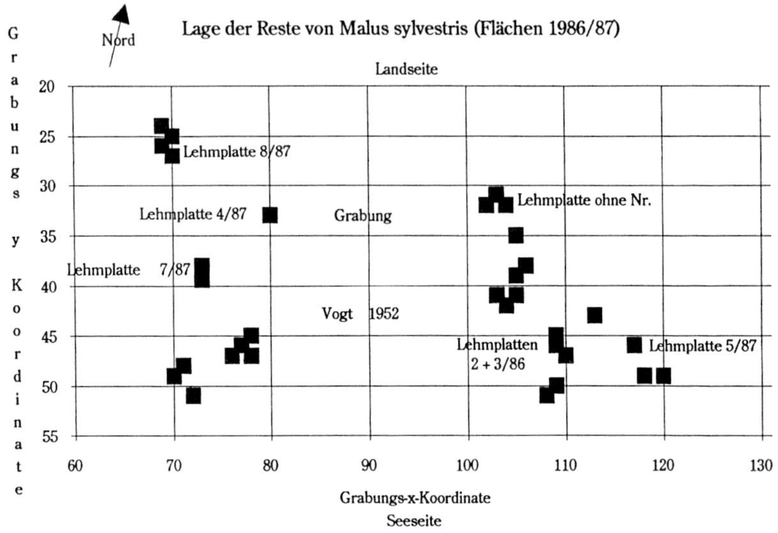

Plan **H 6** : Lage der Holzapfelfunde in den Grabungsflächen

Mit einer Gesamtstetigkeit von 39% (d.h. irgendein Resttyp von Malus sylvestris) lässt sich eine recht deutliche Bindung der Makroreste an die Lehmplatten (= Herdstellen) zeigen. Dies ist ein wichtiger Hinweis auf 'Dörren', eine der wenigen Methoden, um im Neolithikum Früchte überhaupt haltbar zu machen. Im Gegensatz zu anderen Stationen fehlen aber in Egolzwil 3 verkohlte Teile/Hälften von Holzäpfeln: Reste, die bisher aus vielen anderen Seeufersiedlungen in zum Teil grossen Stückzahlen geborgen werden konnten (Heer 1865, Küster 1985, Dick 1988, Maier 1988, Jacomet, Brombacher & Dick 1989 etc.).

Es wäre allerdings vermessen, mit 164 Resten und Durchschnittskonzentrationen zwischen 0.14 - und 2 Stück/l Sediment, grosse Theorien über den Zeitpunkt der Siedlungsaufgabe oder die Vorratshaltung in dieser Station im Frühneolithikum zu entwickeln. Immerhin liesse sich bei einer Erntezeit der Äpfel (ab September) und den verkohlten Apfelresten in der Nähe der Herdstellen versuchsweise eine zeitliche Einordnung der Siedlungsaufgabe und der Fundsituation korrelieren. Bei der Analyse der Funde von Malus sylvestris innerhalb der Profilkolonnen gilt das bereits für die Kulturpflanzen Gesagte: die Reste treten in den organischen Zwischen- und in den angrenzenden Lehmlagen auf, fehlen aber unterhalb der ersten Lehmschicht.

8.1.4 Quercus spec. (Eicheln)

Eichelfragmente sind im Fundmaterial von Egolzwil 3 relativ selten: 28 unverkohlte Stücke aus 14 verschiedenen Proben lassen wenig Verlässliches über die Bedeutung dieses Makrorestes für die Bewohner des Wohnplatzes Egolzwil 3 aussagen. Bei den Resten handelt es sich ausschliesslich um unverkohlte Fruchtwandteile, wobei das grösste Fragment höchstens 1/3 einer vollständigen, rezenten Eichel ausmachte.

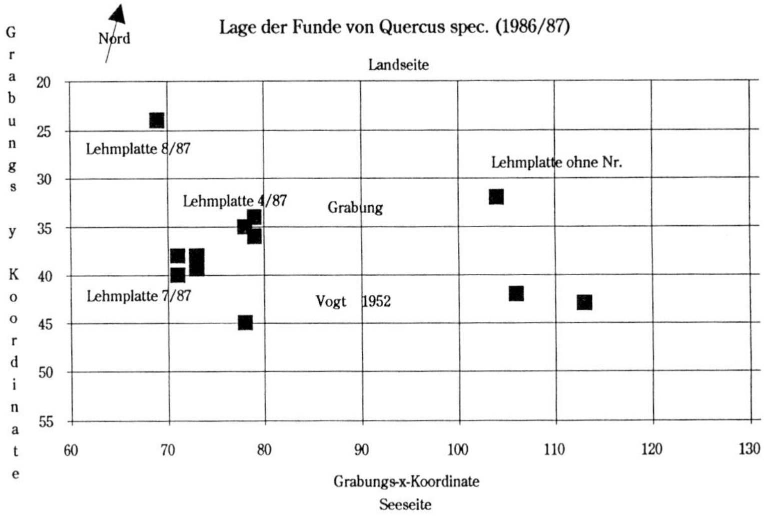

Plan **H** 7 : Lage der Eichel-Fragmente in den Grabungsflächen

In der Grabungsfläche 1987 ist ein schwacher Zusammenhang der Funde mit den Lehmplatten erkennbar. Im 'Stallbereich' (Rasmussen 1989, siehe Kap. 7.6.1), d.h. in den seeseitigen Flächenprofilen der Grabungsfläche 1987, wo die Eichel, genau wie die Gerste, als potentielle Futterpflanze in Frage käme, ist hingegen keine erhöhte Stetigkeit oder Konzentration festzustellen.

Eichenstämme wurden in bedeutendem Masse genutzt als Pfählungen, Bauholz etc., und es ist anzunehmen, dass die Menschen auch den hohen Nährgehalt der Früchte gekannt und sie auch verzehrt haben. Um Eicheln für Menschen geniessbar zu machen, mussten sie aber gekocht oder geröstet werden (Hegi, III, 1927); diese aufwendigen und auch strukturzerstörenden Vorbereitungen dürften für die niedrigen Fundwerte mitverantwortlich sein.

Dass die nachgewiesenen Schweine (Stampfli 1989) ebenfalls damit gefüttert wurden resp. Eicheln frassen, muss angenommenen werden. Eine Verwendung der Eichenrinde als Färbegrundstoff bei der Lederverarbeitung ist ebenfalls vorstellbar (siehe Kap. 9.5).

8.1.5 Rosa spec. (Hagebutten)

Reste von Rosenfrüchten (=Hagebutten) treten in gut einem Drittel aller Proben (siehe Tab. H 2) als unverkohlte Kernchen auf. Der von Rosa gegenüber Rodungen und Schlägen bevorzugte Standort an Waldrändern und in Hecken weist schwach auf eine Siedlungsumgebung mit lichter werdenden Wäldern hin. Aus anderen Grabungen, so z.B. im Zürichseeraum (Jacomet, Brombacher & Dick 1989), sind weit grössere Restdichten dieser Art bekannt. Einen wirklichen Vorratsfund konnte man erst einmal aus der Frühbronzezeit (Zürich-Mozartstrasse) bergen. Die gute Lagerfähigkeit der Hagebutte und ihr Wert in der Ernährung mit ihrem hohen Vitamingehalt dürften bekannt gewesen sein.

Mit durchschnittlichen Konzentrationen um 2.5 pcs/l in 38 Sedimentproben zeigt sich keine klare Bindung an irgendwelche Strukturen innerhalb des Wohnplatzes. Ebenso wenig lassen sich verbindliche Aussagen über Bedeutung und Ausmass der Sammeltätigkeit von Hagebutten in der Kulturschicht machen.

8.1.6 Rubus spec. (Brombeeren, Himbeeren, Kratzbeeren)

Drei Rubus-Arten, nämlich Rubus caesius (Kratzbeere), R. fruticosus (Brombeere) und R.idaeus (Himbeere) konnten nachgewiesen werden, darunter die beiden Arten R.fruticosus und idaeus in grossen Stückzahlen und in für die vorliegende Grabung hohen Durchschnittskonzentrationen von 22, respektive 56 Stück pro Liter organischem Sedimentmaterial. Eine 'hohe' Stetigkeit von über 30% in den Sedimenten weist aber dennoch auf bewusste Sammelaktivität hin (Dick 1988, Rösch 1985). Bezüglich der Bedeutung der beiden Arten zeigt sich, dass die Häufigkeit der gefundenen Himbeeren (R.ideaus) den doppelten bis dreifachen Wert der Brombeeren (R. fruticosus) sowohl in Zürich-Kleiner Hafner (Jacomet, Brombacher & Dick 1989) als auch in Egolzwil 3 erreicht (sieh Kap. 6.2.2). Dies dürfte unter den gegebenen Bedingungen entweder an der besseren Verteilung der kleineren Himbeerkerne (durch Wasserbewegungen: Über- und Verschwemmungen, während und nach der Siedlungaufgabe) liegen, an Präferenzen der damaligen Sammler oder am Zeitpunkt der Siedlungsaufgabe im Jahr.

Himbeeren und Brombeeren sind typische Pflanzen der lichten Waldränder oder -schläge: im Zusammenhang mit Umgestaltungen des Lebensraumes dürfte deshalb ihre Verbreitung in der Umgebung der damaligen Wohnplätze nach den Rodungen noch zugenommen haben. Rubus caesius (Kratzbeere), eher eine Sammelpflanze von feuchten Standorten (Auenwald, Erlenbruchwald), ist deutlich seltener in den Funden als die beiden andern Rubus-Arten. Die 'hohe'

Stetigkeit von über 30% in den Sedimenten weist aber auf die gezielte Sammelaktivität hin (Dick 1988, Rösch 1985).

8.1.7 Sambucus nigra/racemosa (Holunder)

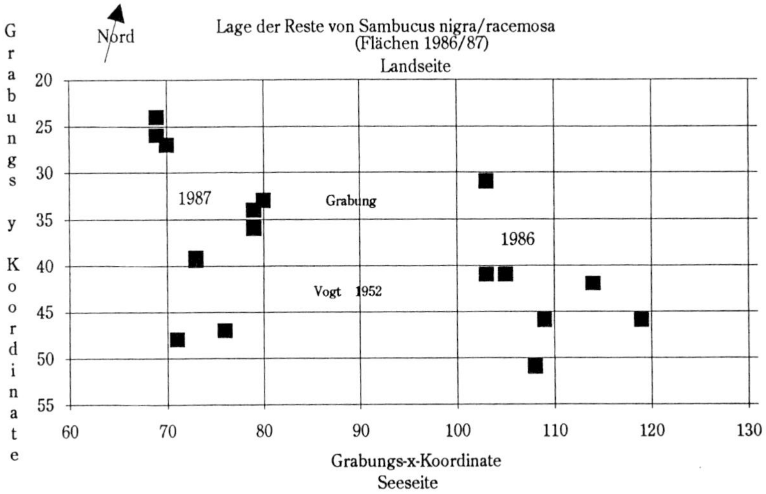

Plan **H 8** : Lage der Holunderkerne in beiden Grabungsflächen

Die sehr widerstandsfähigen Kerne von Sambucus nigra/racemosa[1] sind vergleichsweise selten in den untersuchten Proben aufgetreten, obwohl sie erfahrungsgemäss auch in schlecht erhaltenen Sedimenten noch gefunden werden. Dies scheint m. E. anzudeuten, dass in der damaligen Zeit die Bedeutung dieser Pflanze auch in Egolzwil 3 eher klein war, was mit den Resultaten aus ungefähr zeitgleichen Siedlungen am Zürichsee- und Bodensee übereinstimmt (Stetigkeit den Proben von E3 ca. 20%). Wie Rubus spec. finden wir Sambucus nigra/racemosa als eigentliche Waldpflanze sekundär auch auf Lichtungen, Schlägen, an Waldsäumen und in Hecken.

Die dritte Sambucus Art, Zwergholunder (Sambucus ebulus), fehlt in den Proben der Egolzwilerzeit in Egolzwil 3 und Zürich-Kleiner Hafner (Jacomet 1987) und dürfte, als Giftpflanze später oft gesammelt, damals noch gefehlt haben.

8.2 Weitere Früchte und Gemüsepflanzen (Sammelpflanzen i.w.S.)

Neben den 'traditionellen' Sammelpflanzen (siehe Tabelle H 2, resp. Kap. 8.1) können

---

1 Während die Differenzierung der Samen von Sambucus nigra und S. racemosa nicht einfach ist, lässt sich der kleinere und breitere Sambucus ebulus-Samen (Zwergholunder) recht deutlich abgrenzen; er fehlt in den Sedimenten vollständig. Trauben- und Schwarzer Holunder wurden deshalb in allen Tabellen als Doppelart (Sambucus nigra/racemosa) erfasst und dargestellt.

rund 90% der Gesamtheit aller gefundenen 125 Arten/Gattungen anthropogen in irgendeiner Art und Weise genutzt werden. Nicht unbedeutend bei der Analyse der damals anthropogen genutzten Umwelt ist die Tatsache, dass bei potentiellen Nahrungspflanzen nur Samen und Früchte als Belege zur Verfügung stehen, andere nutzbare Teile wie Knollen, Wurzeln oder Blattwerk aber nicht erhalten geblieben sind.

Die Tabelle H 9 verweist auf 22 in den Sedimenten von Egolzwil geborgene Arten, die aus der heutigen Sicht als Gemüse oder Salat für den menschlichen Verzehr als geeignet bezeichnet werden dürften:

DEUTSCHE BEZEICHNUNG	Fachbezeichnung	Anzahl	Stetigkeit	Ökogruppe	ESSBARE Teile
Echte Sellerie	Apium graveolens L.	1	1	9.1	B / S / W
Rüben-Kohl	Brassica rapa L. ssp campestris	197	50	9.2	B / S
Weisser Gänsefuss	Chenopodium album agg.	245	43	9.2/ 10.2	B / S
Borstige Bergminze	Clinopodium vulgare	45	28	7.3	B
Wilde,Gelbe Rübe	Daucus carota L.	44	20	10.3	W / B / Blüte
Winden-Knöterich	Fallopia convolvulus (L.)A.Löve	87	20	9.3	B / S
Echtes Johanniskraut, Hartheu	Hypericum perforatum L.	30	14	7.2	B
Rainkohl	Lapsana communis L.	47	27	10	B
Wassermiere	Myosoton aquaticum (L.)Moench	40	20	2./3.	B
Pastinak	Pastinaca sativa L.	4	4	10	B / W
Gewöhnliche Judenkirsche	Physalis alkekengi L.	118	42	4	Früchte ?
Grosser Wegerich	Plantago major L. (ssp major)	48	11	10	Früchte ?
Vogel-Knöterich	Polygonum aviculare agg.	3	3	10	B
Pfirsichblättriger Knöterich, Floh-K.	Polygonum persicaria L.	122	38	9.2	B
Kleine Brunelle	Prunella vulgaris L.	39	21	8.2/10.2	B
Kriechender Hahnenfuss	Ranunculus repens L.	28	20	10.2	B / Bl
Ampfer	Rumex spec.	48	20	-	B
Schwarzer Nachtschatten	Solanum nigrum L. emend.Miller	11	7	9.2/7.1	B / Fr
Rauhe Gänsedistel	Sonchus asper (L.)Hill	4	3	10	B
Vogelmiere, Hühnerdarm	Stellaria media agg.	33	19	9.2	B / St / S
Grosse Brennessel	Urtica dioica L.	86	33	10	junge Schosse / B
Gezähnter Feldsalat	Valerianella dentata (L.)Pollich	3	2	9.3	B

Tabelle **H 9** : Als Gemüse, Salat oder Frucht (möglicherweise) genutzte Pflanzen
(B = Blatt, S = Samen, St = Stengel, W = Wurzel)

Mit Stetigkeiten von 40 bis 50% in den Sedimenten, wie sie für Brassica rapa, Chenopodium album, Rumex spec. oder Polygonum persicaria zutreffen, ist man gezwungen anzunehmen, dass diese Arten durch die damaligen Bewohner gesammelt und somit selektiv in den Wohnplatz eingebracht wurden. Neben der Verwendung der Blätter als Gemüse oder Salat können die Samen von Chenopodium album auch als Mehlersatz dienen. Brassica rapa (Rüben-Kohl) wäre neben seiner üblichen Verwendung als Gemüse zusammen mit Linum usitatissimum und Papaver somniferum zudem als Ölpflanze denkbar. Die Verwendungsmöglichkeiten für die Ernährung der beschriebenen Arten wird auch in anderen Arbeiten diskutiert (Körber-Grohne 1987, Dick 1988, Jacomet, Brombacher & Dick 1989).

Die Flächenverteilung der Arten zeigte (leider) einmal mehr, dass keine wirklich aussagestarken Korrelationen Fundort und Aktivitätszentrum (Herdstelle, Vorratsplatz) möglich sind, was einmal mehr auf Verschwemmungsspuren im Sediment hinweist.

Nicht jede Art muss aber zwangsläufig in grösserem Rahmen gezielt gesucht und eingebracht worden sein. Urtica dioica (Brennessel) - mit hoher Restanzahl und Stetigkeit vorhanden - kann einerseits als junge Schösslinge wie Salat gegessen werden, anderseits als häufige Ruderalpflanzen feuchter, eutropher Plätze aber auch im unmittelbaren Siedlungsbereich gewachsen sein.

Die Verwendung der Früchte von Physalis alkekengi als Nahrung, und nicht nur als Heilpflanze (Beere ungiftig und vitaminreich, Hegi 1927, Rösch 1985) kann auch bei der vorliegenden Untersuchung bei einer Stetigkeit von 42% mit grosser Wahrscheinlichkeit erwogen werden.

Siedlungsplatz Kulturschicht Arten / Stetigkeiten	Egolzwil E3 86/87	KHA EG	KHA CO 4E	KHA CO 4ABC	MOZ CO 6	MOZ CO 5	AKAD PFYN	MYT HO	MOZ HO	MYT SK	MOZ SK	MOZ FB	MOZ SB
Arenaria serpyllifolia	**0.00**	0.00	0.00	0.00	52.00	33.33	9.02	0.00	46.03	48.57	0.00	9.72	50.00
Brassica rapa	**50.00**	88.89	87.50	71.43	52.00	73.33	55.74	60.00	31.75	2.86	5.71	27.78	50.00
Chenopodium album	**43.00**	100.00	93.75	78.57	92.00	86.67	64.75	0.00	36.51	65.71	35.71	75.00	100.00
Daucus carota	**20.00**	66.67	0.00	7.14	0.00	0.00	3.28	0.00	20.63	54.29	7.14	44.44	50.00
Fallopia convolvulus	**20.00**	100.00	56.25	64.29	60.00	13.33	19.67	0.00	23.81	42.86	18.57	29.17	50.00
Hypericum perforatum	**14.00**	0.00	56.25	35.71	64.00	73.33	17.21	0.00	74.60	68.57	12.86	33.33	0.00
Lapsana communis	**27.00**	88.89	75.00	64.29	68.00	86.67	23.77	40.00	42.86	82.86	20.00	33.33	25.00
Myosoton aquaticum	**20.00**	66.67	43.75	64.29	88.00	60.00	19.67	0.00	39.68	77.14	7.14	48.61	25.00
Physalis alkekengi	**42.00**	77.78	81.25	28.57	44.00	60.00	27.87	20.00	36.51	14.29	4.29	16.67	25.00
Plantago major	**11.00**	22.22	6.25	14.29	12.00	0.00	6.56	0.00	19.05	74.29	8.57	11.11	50.00
Polygonum aviculare	**3.00**	0.00	6.25	14.29	32.00	0.00	25.41	0.00	44.44	60.00	22.86	20.83	50.00
Polygonum persicaria	**38.00**	22.22	18.75	50.00	32.00	6.67	19.67	0.00	25.40	51.43	21.43	58.33	50.00
Prunella vulgaris	**21.00**	0.00	43.75	14.29	48.00	60.00	10.66	0.00	17.46	91.43	28.57	55.56	25.00
Pteridium aquilinum	**0.00**	0.00	68.75	35.71	32.00	20.00	1.64	0.00	50.79	11.43	15.71	0.00	0.00
Ranunculus repens	**20.00**	22.22	12.50	21.43	32.00	73.33	22.95	0.00	49.21	88.57	47.14	70.83	100.00
Rumex spec.	**20.00**	11.11	25.00	35.71	12.00	0.00	13.11	0.00	30.16	37.14	24.29	56.94	75.00
Solanum nigrum	**7.00**	55.56	56.25	35.71	16.00	26.67	4.10	0.00	4.76	5.71	7.14	11.11	0.00
Sonchus asper	**3.00**	33.33	0.00	21.43	12.00	13.33	20.49	40.00	57.14	68.57	21.43	19.44	0.00
Stellaria media	**19.00**	0.00	18.75	7.14	4.00	0.00	9.84	0.00	19.05	91.43	81.43	63.89	100.00
Urtica dioica	**33.00**	22.22	25.00	57.14	68.00	46.67	18.85	0.00	41.27	91.43	12.86	62.50	75.00
Valerianella dentata	**2.00**	11.11	18.75	7.14	32.00	6.67	6.56	0.00	31.75	45.71	25.71	34.72	100.00

Tabelle **H 10** : Stetigkeitsvergleich (potentiell gesammelter) wichtiger Wildpflanzen mit anderen Seeufersiedlungen (nach Jacomet, Brombcher & Dick 1989 ergänzt - Abkürzungen siehe Anhang)

Die Tabelle H 10 zeigt eine tendenzielle Gleichläufigkeit der Funde zwischen den vorliegenden Egolzwiler-Resultaten und den frühen Verhältnissen am unteren Zürichsee, wenn auch einige neue Arten auftreten. Die entsprechenden Durchschnittskonzentrationen liegen um den Faktor 2 bis 50 niedriger als die Vergleichswerte, verändern aber die Aussagen zur relativen Ähnlichkeit der Umgebung der jungneolithischen Wohnplätze Egolzwil 3 und im Zürichseeraum nicht wesentlich.

Insgesamt stammt die Mehrheit der potentiellen Salat- und Gemüsepflanzen aus dem Segetal- und Ruderalbereich und nur eine einzige, Prunella vulgaris (Kleine Brunelle), weist schwach auf erste offene Wiesenfluren (Ökogruppe 8.2 resp. 10.2), aber auch auf ruderale Standorte hin. Ihr Nachweis fehlt aus den zeitgleichen Egolzwiler Schichten aus Zürich-Kleiner Hafner (Jacomet et al. 1989), ist aber bereits in den frühen Cortaillod-Sedimenten vom selben Siedlungsplatz häufig. **Nicht** in der Tabelle H 10 figurieren Pflanzen, die zwar potentiell essbare Teile aufweisen (z.B. junge Triebe von Labkräutern oder Stengel von Disteln), die als Futter eingesetzt werden oder nach entsprechender Vorbereitung (Schälen, Auskochen etc.) als Ernährung in Notzeiten denkbar wären.

8.3 Medizinal- und Gewürzpflanzen

In der folgenden Zusammenstellung soll sehr summarisch auf Makroreste eingegangen werden, die teilweise in sehr niedrigen Stetigkeiten auftreten, deren Verwendung als Gewürz oder als Heilmittel aber angenommen werden darf.

Hier nicht mehr hier aufgeführt ist Papaver somniferum, weil die Art als Kulturpflanze (siehe Kap. 7.8.2) abgehandelt ist. Es ist aber zu vermuten, dass seine pharmakologischen Auswirkungen halluzinogener Art den früheren Menschen bekannt war, ob als Droge, Schmerzmittel etc., bleibe dahingestellt.

DEUTSCHE_BEZEICHNUNG	Fachbezeichnung	Anzahl	Stetigkeit	Ökogruppe	Verwendung
Hundspetersilie	Aethusa cynapium L.	2	2	9.2	Heilpflanze
Gewöhnlicher Odermennig	Agrimonia eupatoria L.	1	1	7.2	"
Kriechender Günsel	Ajuga reptans L.	3	3	6./ 8.2	"
Acker-Gauchheil	Anagallis arvensis L.	2	2	9.2	"
Wiesen-Bärenklau	Heracleum sphondylium L.	5	4	8.2	"
Echtes Johanniskraut, Hartheu	Hypericum perforatum L.	30	14	7.2	"
Minzen (total)	Mentha spec	1	1	-	Gewürz/Tee
Gewöhnlicher Dost, Wilder Majoran	Origanum vulgare L.	40	20	7.2	Gewürz
Gewöhnliche Judenkirsche	Physalis alkekengi L.	118	42	4.	Heilpfl./Frucht ?
Grosser Wegerich	Plantago major L. (ssp major	48	11	10.	Heilpflanze
Blutwurz,Fingerkraut	Potentilla erecta (L.)Räusch	15	9	3.1/ 8.3	"
Bittersüsser Nachtschatten	Solanum dulcamara L.	10	9	4.	"
Schwarzer Nachtschatten	Solanum nigrum L. emend.Mill	11	7	9.2/ 7.1	"
Thymian	Thymus spec.	3	3	8.	Gewürz
Gewöhnliches Eisenkraut	Verbena officinalis L.	2	2	10.	Heilpfl./Tee
Stiefmütterchen	Viola tricolor agg.	5	3	9.3	Heilpflanze

Tabelle **H 11** : Gewürz- und Heilpflanzenrest-Nachweise in Egolzwil 3

Es wäre reine Spekulation, auf Grund der wenigen Funde der aufgeführten Spezies in den Sedimenten, tiefer in die damalige Naturheilkunde oder Kochkunst Einblick nehmen zu wollen. Die Pflanzen sind nachgewiesen, die Kenntnisse über ihre Verwendungsmöglichkeiten (siehe

Tab. H 11, letzte Spalte) dürften, wie Arbeiten aus der ethnographischen Literatur zeigen, bereits sehr gross gewesen sein.

Im Gegensatz zu den Gemüse-/Salatpflanzen resp. Sammelpflanzen i.w.S.(siehe Kap. 9.2), zeigen die Gleichläufigkeits- oder Stetigkeitsvergleiche mit anderen neolithischen Sedimentanalysen für die Medizinal- und Gewürzpflanzen ein wenig kohärentes Bild. Sie weisen damit vielleicht auf die untergeordnete Bedeutung dieser Arten im neolithischen Alltag hin.

Die Artenliste der Medizinal- und Heilpflanzen zur Zeit der Egolzwilerkultur ist mit den Auswertungen zu dieser Arbeit gewachsen; *neu für diese frühe Zeit treten auf* :

- Agrimonia eupatoria — vorher **erstmals** im frühen Cortaillod
- Ajuga reptans — vorher " im klassischen Cortaillod
- Anagallis arvensis — vorher " im Pfyn
- Hypericum perforatum — vorher " im klassischen Cortaiilod
- Potentilla erecta — vorher " im frühen Cortaillod
- Solanum dulcamara — vorher " im klassischen Cortaillod
- Thymus spec. — vorher " im klassischen Cortaillod
- Verbena officinalis — vorher " im älteren Cortaillod

8.4 Giftpflanzen

DEUTSCHE BEZEICHNUNG	Fachbezeichnung	Anzahl	Stetigkeit	Giftigkeit	Ökogruppe
Hundspetersilie	Aethusa cynapium L.	2	2	+++	9.2
Acker-Gauchheil	Anagallis arvensis L.	2	2	+	9.2
Gewöhnliche Waldrebe	Clematis vitalba L.	5	4	+	4.-6.
Wiesen-Bärenklau	Heracleum sphondylium L.	5	4	(+)	8.2
Behaartes Johanniskraut	Hypericum hirsutum L.	5	4	(+)	7.1
Echtes Johanniskraut, Hartheu	Hypericum perforatum L.	30	14	(+)	7.2
Holz-Apfelbaum	Malus sylvestris agg.	122	32	(+) Same	4.
Fieberklee	Menyanthes trifoliata L.	9	8	(+)	2/3.
Teichrose	Nuphar lutea (L.)Sm.	2	2	+	1.
Weisse Seerose	Nymphaea alba L.	11	8	+	1.
Schlaf-Mohn	Papaver somniferum L.	4662	82	++	9.1
Gewöhnliche Judenkirsche	Physalis alkekengi L.	118	42	+	4.
Schwarzer Holunder/ Trauben-Holunder	Sambucus nigra L. / racemosa L.	57	20	(+)	7.1
Bittersüsser Nachtschatten	Solanum dulcamara L.	10	9	+++	4.
Schwarzer Nachtschatten	Solanum nigrum L. emend.Miller	11	7	++	9.2/ 7.1
Grosse Brennessel	Urtica dioica L.	86	33	(+)	10.
Gew.hnliches Eisenkraut	Verbena officinalis L.	2	2	(+)	10.

Tabelle **H 12** : mögliche Giftpflanzen-Reste in Egolzwil 3

Die Rubrik 'Giftigkeit' wird mit +,++,+++ abgestuft, Werte in Klammern weisen auf eine Qualität hin, die etwa mit 'nicht/wenig schädigend/kurativ' umschrieben werden könnte.

Der Vollständigkeit halber sei noch eine eher kleine, aber wichtige Gruppe vorgestellt, deren Analyse aber ebenfalls rein qualitativ bleiben muss. Die Verwendung von Giften dürfte dabei weniger im medizinischen als im Bereich der Jagd (Giftpfeile, Harpunenspitzen, Fallen) eine Rolle gespielt haben. Es ist verständlich, dass sich diese Tabelle zum Teil mit den Daten in anderen Kapiteln (z.B. 8.3, Medizinal- und Gewürzpflanzen) deckt, ist doch der Schritt 'Heilmittel <>Gift' recht klein. Oft werden verschiedene Teile der Pflanze genutzt: Physalis alkekengi-Beeren sind geniessbar, die Samen aber mässig giftig !

8.5 Färbepflanzen

Als weitere Gruppe der Sammelpflanzen sei noch auf die Naturfarbstoffe hingewiesen, deren Bedeutung - auf Grund des Fundmaterials in Egolzwil 3 - ebenfalls spekulativ bleibt. Gefärbte Materialien bleiben im feuchten Milieu nicht erhalten, dazu kommt noch die ohnehin geringe Lichtechtheit vieler Naturfarben[2].

DEUTSCHE BEZEICHNUNG	Fachbezeichnung	Ökogruppe	Farbe gewonnen aus	Farbton
Weisstanne	Abies alba Mill.	6.	Rinde	braun/rotbraun
Gewöhnlicher Odermennig	Agrimonia eupatoria L.	7.2	Blätter,Stengel	gelb
Schwarz-Erle	Alnus glutinosa (L.)Gaert	4.	Blätter,Rinde	braun
Hänge-Birke	Betula pendula Roth	4.-6.	Blätter,Rinde	gelb, hellgrün
Hasel	Corylus avellana L.	5./ 7.2/ 7.3	trockene Blätter	gelb
Weisser Gänsefuss	Chenopodium album agg.	9.2/ 10.2	Pflanze	rötlich
Kletten-Labkraut	Galium aparine agg.	9.3/ 10./ 7.	Pflanze	gelb-orange-rot
Wiesen-Bärenklau	Heracleum sphondylium L.	8.2	Blätter	gelb
Echtes Johanniskraut, Hartheu	Hypericum perforatum L.	7.2	Pflanze, Blüte	gelb, rötlich
Eiche	Quercus spec.	4.-6.	Rinde	braun
Holz-Apfelbaum	Malus sylvestris agg.	4.	Rinde	gelb
Schilfrohr	Phragmites australis (Cav.) Trin.	2.1	Blütenstand	gelb
Pfirsichblättriger Knöterich,	Polygonum persicaria L.	9.2	Blätter, Stengel	gelb
Brombeere	Rubus fruticosus agg.	7.1	Wurzel, Blätter	gelb
Himbeere	Rubus idaeus L.	7.1	Blätter	gelb
Grosse Brennessel	Urtica dioica L.	10.	Blätter	grün-gelb

Tabelle **H 13** : mögliche Färbepflanzen in den Sedimenten von Egolzwil 3

Es fällt auf, dass vor allem der Farbenbereich 'gelb, braun, grün' gut abgedeckt ist, während 'rot' (Galium spec. in kleiner Stückzahl/Konzentration) resp. 'blau' (z.B. Sambucus ebulus oder Prunus spinosa fehlen) untervertreten sind. Ob und wie weit die hier aufgelisteten 'potentiellen' Pflanzen zum Färben genutzt wurden, ist reine Spekulation. Vielleicht wurden einige Arten gar nie für Färbezwecke eingesetzt - für die meisten Arten sind denn auch zwei bis drei Verwendungen denkbar - oder das Färben geschah ausserhalb des Wohnplatzes am freien

2 Vor allem aus den ägyptischen Königsgräbern liegen dazu umfangreiche Untersuchungen von Rottländer (1983) vor.

Wasser, so dass keine Spuren der dabei verwendeten Grundstoffe im Bereich der Siedlung erhalten geblieben sind.

8.6 Weitere Verwendungen von pflanzlichen Materialien

8.6.1 Futterpflanzen

Die Viehhaltung in dieser Arbeit ausgiebig zu würdigen, würde den Rahmen der gesetzten Ziele weit überschreiten, zumal dazu die Ergebnisse der osteologischen Bearbeitung vorliegen müssten (Stampfli in Vorb.).

Laubfütterung dürfte die einzige Methode gewesen sein, um das Vieh (Schaf, Ziege, Schwein, wenig Rind) durch den Winter zu bringen, da grössere offene Flächen für die Heuproduktion noch fehlten. Weisstannennadeln postuliert Pott (1985, 1986) als möglichen Futterzusatz. Auf Grund der Literatur und der Synthese der Vorberichte zu Egolzwil 3 (Stampfli 1989, Seifert 1989, Wyss 1990) und der vorliegenden Arbeit, können - neben den bereits verschiedenenorts im Text erwähnten Arten - zusätzlich die folgenden Laubbäume als Futterlieferanten in Betracht gezogen werden:

- Ulme, Esche *als hochwertige Laubfütterung;*
- Ahorn, Eiche, Hasel, Buche, Linde, Weide, Erle, Birke *geeignet als Fütterung.*

Diese Überlegungen basieren vor allem auf den Daten zur Laubfütterung von Brockmann-Jerosch (1918) und wurden von verschiedenen Autoren (u.a. Heer 1865, Guyan 1954, Troels-Smith 1980, 1984) für weite Teile Europas belegt. In den pollenanalytischen Untersuchungen von Ziegenexkrementen aus der Grabung 1985 finden sich zu 99% Hasel und Erle (Rasmussen 1988) und nur wenig Gramineen, was auf Knospen-/Laubfütterung im frühen Frühjahr hinweisen könnte und die kleine Bedeutung der Wiesen erneut unterstreicht. Abschliessend sei darauf hingewiesen, dass sowohl im Falle von Heu- als auch Laubfütterung das pflanzliche Material sehr oft vor der Samenreife geerntet/eingebracht wird, so dass das Artenspektrum in den Makrosporen grundsätzlich eher schlecht repräsentiert wird.

8.7 Baumaterial

Die Übersicht über die Standorte der im Holz- als auch Makrorestspektrum auftretenden Arten (siehe Tabelle H 14) zeigt, dass vor allem der Uferbereich um die Siedlung relativ stark 'forstwirtschaftlich' genutzt wurde. Diesen Schluss konnte man bereits aus dem Waldpflanzenspektrum (siehe Kap. 6.2.1) ziehen. Als Baumaterial kamen dabei grundsätzlich alle in Kapitel 8.6 erwähnten Laubholzarten sowie die Weisstanne in Frage.

In der Bearbeitung von Seifert (1989) fällt der sehr hohe Eschenanteil auf: 38% oder etwa zweimal mehr als in den eschenreichen frühen Cortaillod-Schichten von Zürich-Kleiner Hafner.

Wie die zahlreichen, ausnehmend gut erhaltenen Holzwerkzeuge zeigen, wurde Esche u.a. oft als Holm/Schaft für Beile und Äxte gebraucht. Der Anteil Erle, Weide, Pappel ist dagegen nur etwa halb so gross; als Weichhölzer sind sie für Bauholz wenig geeignet.

Folgendes Holzartenspektrum ist aus dendrologischen Resultaten E3 85-88 belegt:

DEUTSCHE BEZEICHNUNG	Fachbezeichnung	Anzahl	feuchte Ufer	Hangfuss der Moränen	Hang/Rücken	Steilhänge	Schluchten
Kernobst	Pomoideae	2	x?		x?		
Buche	Fagus	16		(x)	x	x	
Birke	Betula	34	x				
Ulme	Ulmus	36	(x)	x	x		
Hasel	Corylus	44	x	x	x		
Linde	Tilia	52			x		x
Pappel	Populus	62	x				
Ahorn	Acer	84	(x)	x	x		x
Weide	Salix	95	x				
Erle	Alnus	250	x				
Eiche	Quercus	473	(x)		x		
Esche	Fraxinus	707	x	x	x		

Tabelle **H 14** : Liste der holzanalytisch nachgewiesenen Baumarten (nach Seifert 1989)

In Analogie zu den Befunden von Zürich-Kleiner Hafner fehlt in der Untersuchung Abies alba (Weisstanne) in den Holzfunden, nicht aber in den Makroresten. Die seenahen Wälder lieferten mit Fraxinus, Quercus genügend gutes Bauholz! Der Eichenanteil, knapp 25% - als wichtigstes Bauholz - entspricht dem Befund vergleichbarer neolithischer Siedlungsplätze im Alpenvorland.

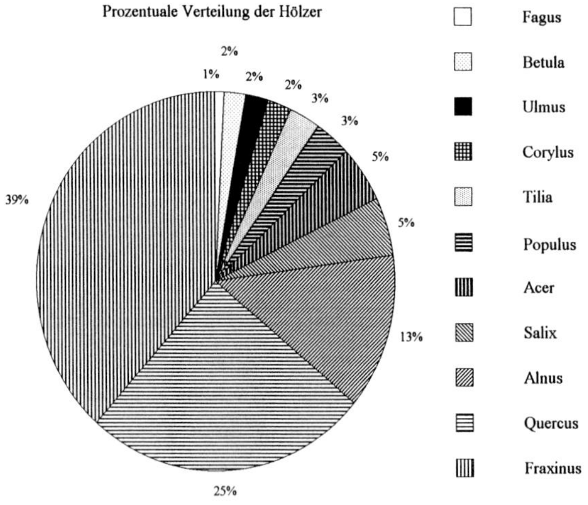

Abbildung **H 15** : Anteile der verschiedenen Holzarten in den Sedimenten von Egolzwil 3

8.8 Moose

Gezieltes Sammeln von Moospolstern ist in der Jungsteinzeit - auch in Egolzwil 3 - verschiedentlich belegt (Zürn 1965, Ochsner 1975). Die Verwendung durch die Neolithiker wird rege diskutiert. Moospolster wurden von den damaligen Bewohnern zu sehr verschiedenen Zwecken gesammelt, so unter anderem als Polstermaterial, als Isolationsmaterial oder vermutlich auch als Hygienepapier (Rösch 1988). Vor allem in dieser letzten Anwendung könnten bei guter Materialerhaltung interessante Rückschlüsse auf die Ernährungsgewohnheiten der Egolzwiler Siedler gewonnen werden. Leider erwiesen sich die untersuchten Moospolster in Bezug auf Samen und Früchte als fundleer.

J. Bertram (Allschwil/BL) hat in verdankenswerter Weise im Frühjahr 1991 eine Moosprobe aus dem Material der in Basel gelagerten 85er-Kampagne analysiert und dabei, neben den beiden bereits im Text erwähnten Neckera-Arten und Thuidium erectum, folgende Artengarnitur ermittelt:

Anomodon viticulosus	(Hedw.) Hook.& Tayl.
Antitrichia curtipendula	(Hedw.) Brid.
Homalothecium sericeum	(Hedw.) Schimp.
Leucodon sciurioides	Hedw.) Schwaegr.
Neckera complanata	(Hedw.) Hüb.
Neckera crispa	Hedw.
Porella platyphylla (Madotheca p.)	(L.) Pfeiff.
Thuidium erectum (Th. delicatulum)	Duby

Während viele Rindenmoose mit Brenn- oder Bauholz in die Siedlung gelangen konnten, trifft das für die häufigsten Arten, Neckera crispa, und Anomodon viticulosus nicht zu, denn beide wachsen nur auf Kalkfelsen. Solche Standorte finden sich im Uferbereich nicht und zeigen, dass die Bewohner diese Arten als 'Sammelpflanzen' bewusst an den Hängen des Santenbergs gesammelt und in den Siedlungsraum gebracht haben.

Mit insgesamt nur 8 Moosarten im bearbeiteten Sedimentmaterial, wobei im Probenmaterial der Grabungen 1986 und 1987 nur wenig Material und in schlechter Erhaltung enthalten war, tragen die Untersuchungen von Egolzwil 3 keine neuen Erkenntnisse zur Verwendung von Moos im frühen Neolithikum bei.

I. Diskussion der Ergebnisse

9.1 Die Kulturschicht

Die Sedimente in Egolzwil 3 sind als mässig verschwemmtes Kulturschichtmaterial anzusprechen. Davon ausgehend bedeuten die 125 nachgewiesenen Taxa vielleicht ein etwas zu kleines Artenspektrum. Die Gleichläufigkeit der Fundspektren, unter anderem in den Ökogruppen 8. und 10. (Wiesen- und Ruderalpflanzen), mit Ausgrabungen wie Zürich-Kleiner Hafner (Jacomet 1987) oder Hornstaad-Hörnle am Bodensee (U. Maier 1990) zeigen, dass die wesentlichsten Befunde übereinstimmen und die wichtigsten zu erwartenden Pflanzenarten zum grossen Teil vorhanden sind. Der sehr oft ausgezeichnete, wenig korrodierte Zustand der Reste und der Fund einiger Arten mit ausgesprochen fragilen Früchten wie z.B. Heracleum sphondylium, zeigen auch klar, dass die Erhaltungsbedingungen für das organische Material nicht allzu schlecht gewesen sein können.

Wassereinflüsse sind mehrfach fassbar, sei das als Sandlagen (siehe Kap. 5.6.2, 5.6.2.1) im Profil 7, sei das als Wasserpflanzenkonzentrationen in organischen Zwischenlagen der Herdplatten und in Flächenproben des Transsekts (siehe Kap. 5.7.3) oder als generell tiefe Restkonzentrationen als Folge von Verschwemmungen. Vor allem im Profil 7 (siehe 5.6.2.3) finden sich Hinweise auf die Reparatur einer Lehmschicht nach einer Störung durch Wasser. Meines Erachtens könnte die Auflassung der Siedlung nach nur 27 Jahren (Seifert 1989) mit solchen Überschwemmungen allerdings grösseren Ausmasses ursächlich zusammenhängen.

9.2 Die Siedlungsumgebung

Wie in den Interpretationsversuchen zur Siedlungsumgebung (siehe Kap. 6) gezeigt werden konnte, deuten die Makroreste auf eine intensive Nutzung des Pflanzenangebots in der Siedlungsumgebung hin. Der Uferwald rund um den Siedlungsplatz wurde stark genutzt (siehe Kap. 6.8.1): ein wesentlicher Teil der Sammelaktivitäten (siehe Kap. 8.1 resp. 8.2ff) und Bauholzgewinnung (siehe Kap. 8.7) fand ebenfalls dort statt. Nachweise von Pflanzen von eher trockeneren Standorten, sowohl im Waldpflanzenspektrum als auch bei den Ruderalpflanzen, zeigen deutlich, dass die Siedler die besonnten Hänge des Santenberges mit potentiell guten Ackerflächen und die Weite des Mooses für die Beschaffung der Ernährung miteinbezogen. In 1-2 km Umkreis hätten 2-3 weitere Siedlungen am Seeufer gleichzeitig bestehen können (siehe Kap. 6.1.1).

Die kleine Bedeutung der Wiesen wird klar ersichtlich aus den tiefen Werten für Wiesenpflanzen in den Sedimenten; dies bestätigen auch die pollenanalytischen Untersuchungen (Küttel 1988, Rasmussen 1988). Die Viehhaltung beschränkte sich noch auf die vorhandene Waldweide im Mischwald, den Rand der kleinen Äcker oder auf aufgelassene Anbauflächen.

9.3 Kulturpflanzenanbau

Der Kulturpflanzenanbau wurde trotz der vergleichsweise niedrigen Restkonzentrationswerte in Egolzwil 3 oder seiner Umgebung betrieben. Die Artengarnitur (siehe Kap. 7.2) mit 4 Cerealia (Kap. 7.3ff), Öl- und Hülsenfrüchten (7.8) weist auf eine bereits breitgefächerte Landwirtschaft hin. Ich wage die Behauptung, dass die Funde in Egolzwil 3 den Kulturpflanzenbereich **quantitativ unterrepräsentieren**, dies aus verschiedenen Gründen:

- Die Kulturschicht ist verschwemmt.
- Das Getreide wurde (vermutlich) ausserhalb der Siedlung gedroschen.
- Der ausgegrabene Dorfbereich ist unter Umständen kein Wohnteil.
- Die Siedlung wurde geplant verlassen, die wertvollen Nahrungsvorräte wurden von den Bewohnern mitgenommen.

Für den Ackerbau in der nahen Umgebung der Siedlung sprechen:

+ Alle vier aus dieser Zeit bekannten Cerealia sind nachgewiesen; das zu jener Zeit allgemein noch seltene Triticum dicoccum (Emmer) könnte m.E. als Handelsgut in die Siedlung gekommen sein (siehe Kap. 7.4.2, resp. Abb. K 1).
+ Die Segetalflora ist gut entwickelt und weist auf die Nutzung günstiger ackerfähiger Böden am Fuss des Santenbergs hin (siehe Kap. 6.4, 6.8.4).
+ Linum usitatissimum scheint bereits angebaut worden zu sein, denn 2 wichtige Leinunkräuter konnten nachgewiesen werden (siehe Kap. 7.8ff).
+ Pisum sativum tritt mit ansehnlicher Stetigkeit im Sediment auf.

Eine quantitative Bedeutung des Getreideanbaus am gesamten Kulturpflanzenanbau durch die damaligen Siedler ist aus den vorliegenden Daten schwer abzuschätzen (siehe oben), sie war aber vermutlich grösser als im Fundmaterial repräsentiert - vor allem, wenn man von der Artengarnitur (siehe Kap. 7.2) und der doch relativ gut entwickelten Segetalflora (siehe Kap. 6.4ff) ausgeht. Es wäre natürlich denkbar, dass die niedrigen Kulturpflanzen-Werte für Egolzwil 3 zusätzlich darauf zurückzuführen sind, dass die in der Umgebung angebauten Kulturpflanzen grösstenteils nur durch Tauschhandel in die Siedlung gelangten und die 'Egolzwiler' in der bearbeiteten Lokalität E3 vielleicht nicht Bauern, sondern Bootbauer, Fischer (eher fraglich, denn Fischschuppen sind in den Sedimentproben selten), Keramiker oder Werkzeugmacher waren. Eine neolithische Arbeitsteilung wäre vorstellbar und stünde in Analogie zur Wirtschaftsform heute noch lebender Volksgruppen in Zentralafrika oder Südostasien.

Die Abbildung I 1 weist auf die Anteile der vier Hauptgetreide-Arten in den beiden Siedlungen Egolzwil 3 und Zürich-Kleiner Hafner hin (siehe auch Kap. 7.3). Sie versucht zu zeigen, dass die Bedeutung der Getreiderten - nicht unbedingt aber die des Getreideanbaues (!) - in der

Siedlung Egolzwil 3 und Zürich-Kleiner Hafner hätte ähnlich gewesen sein können. Vergleichbare Verhältnisse sind auch aus Hornstaad-Hörnle am Bodensee bekannt (Maier 1990).

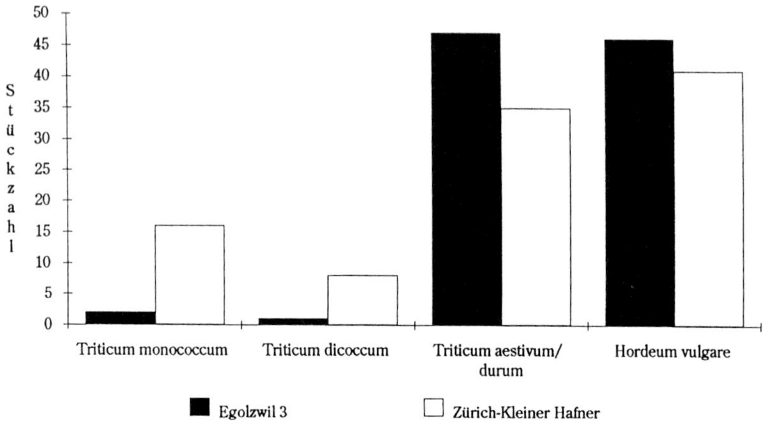

Abbildung **I 1** :Anteile der Cerealia im Fundmaterial von Egolzwil 3 und Zürich-Kleiner Hafner (Jacomet, Brombacher & Dick 1989)

Wie in Zürich-Kleiner Hafner (Jacomet, Brombacher & Dick 1989) spielt die Erbse (Pisum sativum; siehe Kap. 8.9) eine gewisse Rolle: die Stetigkeit in den organischen Proben erreicht mit knapp 20% halbe Getreidewerte. Als relativ arbeitsintensive Kulturpflanze könnte sie im Gebiet angebaut worden sein, die entsprechende Sommersegetalflora ist auf jeden Fall vorhanden. Die Darstellung I 2 setzt alle Kulturpflanzen der Egolzwilerschichten in Egolzwil 3 und Zürich in Beziehung zueinander. Sie zeigt bei den meisten Arten ähnliche Verhältnisse. Auch kommt die Bedeutung von Erbse und Mohn[1] in den damaligen Siedlungen (siehe Kap. 7.8 und 7.9) recht klar zum Ausdruck.

Auch wenn wir vermuten dürfen, dass die Siedler von Egolzwil 3 wussten, dass Leguminosen gute Vorfrüchte für Cerealia-Anbau sind (Gregg 1986), kann über Fruchtwechselformen beim Anbau ohne geschlossene Fundkomplexe nichts ausgesagt werden! Abbildung I 2 zeigt aber auch den Unterschied in den Kulturpflanzenspektren zwischen Zürich-Kleiner Hafner und Egolzwil 3 sehr krass: die Bedeutung von Linum usitaissimum! In Zürich (und am Bodensee) wird seine Bedeutung noch wenig hoch eingestuft und der Anbau sogar in Frage gestellt (in ZH-Kleiner Hafner), für Egolzwil 3 darf er hingegen als wahrscheinlich bis sicher angenommen werden (siehe Kap. 7.8.1), umso mehr, als es sich beim Fundmaterial um relativ fragile Reste mit passender Segetalflora (siehe Kap. 7.8.1) handelt.

---

1 Absolutwerte von Papaver somniferum / 100 dividiert - siehe Abb. I 2
Die Zahlenwerte von Mohn >>1000 hätten eine vernünftige graphische Darstellung stark erschwert.

Die nachgewiesenen Segetalpflanzen liefern keine 'Beweise' über Anbau- oder Ernteweise des Getreides. Immerhin deutet aber das Überwiegen einiger höher wachsenden Arten in der begleitenden Flora (siehe Kap. 6.4) auf eine 'bodenferne' oder Ährenernte hin, ein Befund, den auch Willerding (1983) erwähnt.

Das weitgehende Fehlen von Dreschabfällen liesse sich auch mit andernorts nachgewiesenen Dreschvorgängen auf den Feldern oder auf einem Dreschplatz ausserhalb der Siedlung oder als 'Eintausch' des gedroschenen Getreides erklären.

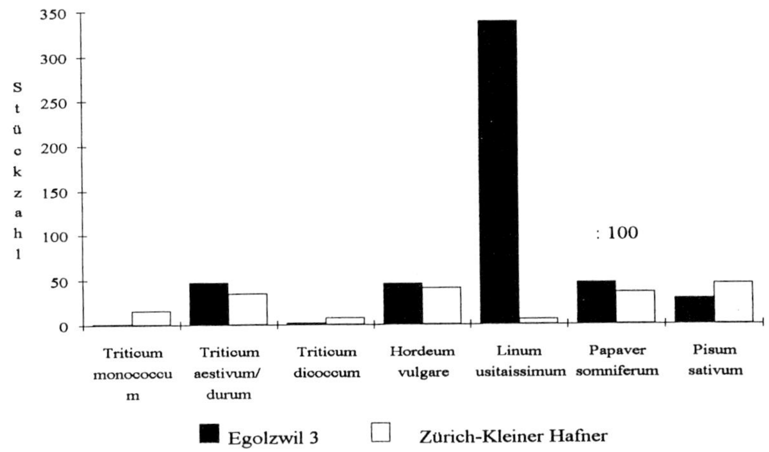

Abbildung I 2 : Relative Gleichläufigkeit der Kulturpflanzen im Fundmaterial von Egolzwil 3 und Zürich-Kleiner Hafner (nach Jacomet, Brombacher & Dick 1989)
Einheit = Stückzahlen

9.4 Sammelwirtschaft

Die Sammelwirtschaft hat auch bei einer sesshaften Bevölkerung Bedeutung, ihr Anteil am Gesamtnahrungsmittelbedarf dürfte aber eher gering sein. Sie ergänzt die Grundnahrung, die zu Egolzwilerzeiten bereits auf Getreide basiert haben dürfte (Jacomet et al. 1989). Sammelpflanzen, mit Ausnahme der Nüsse oder gedörrten Äpfeln, sind kalorienarm und sehr oft auch nur saisonal nutzbar (siehe Kap. 8.1.1ff).

Viel wesentlichere Funktionen erfüllt die Sammelwirtschaft für Bereiche ausserhalb der Nahrung: Medizin- und Gewürzpflanzen, Giftpflanzen (siehe Kap. 8.3, 8.4), Färberei (Kap. 8.5) etc. In diesen Bereichen konnte eine sehr grosse Deckung der gefundenen Arten mit bekannten Anwendungen im Alltag gezeigt werden: mehr als 90% der 125 nachgewiesenen Taxa sind anthropogen nutzbar.

Die Abbildung I 3 versucht, die Befunde von Egolzwil 3 und Zürich-Kleiner Hafner gleichermassen bezüglich den drei Hauptgruppen **'Getreide - Kulturpflanzen allgemein[2] - Haselnüsse'** auszuwerten. (Die 'Kulturpflanzenwerte', die sehr hohe Stückzahlen an Papaver somniferum enthielten, wurden aus Darstellungsgründen durch 10 dividiert.)

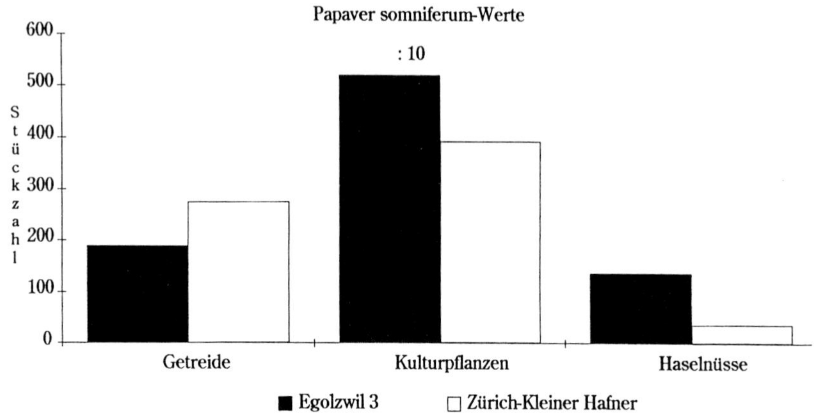

Abbildung **I 3** : Vergleich 'Getreide - Kulturpflanzen - Haselnüsse' in den beiden Egolzwilerschichten ZH-Kl. Hafner und Egolzwil 3 (Stückzahlen / nach Jacomet, Brombacher & Dick 1989 ergänzt)

Die Auswertung zeigt in ihrer Gesamtheit, dass in beiden Stationen recht ähnliche Verhältnisse vorliegen. Die Gewichtung der einzelnen Nutzungsbereiche dürfte deshalb auch für die Zeitepoche an beiden Standorten entsprechend ausfallen:

1. Die Kulturpflanzen sind seit dem frühen Neolithikum für den Hauptteil der menschlichen Ernährung verantwortlich.

2. Getreide macht einen wichtigen Teil der Kulturpflanzen aus.

3. Unter den Sammelpflanzen erreichen Haselnüsse gesamthaft gesehen noch eine gewisse Bedeutung, dies vor allem in den frühen Egolzwilerschichten, möglicherweise als Folge der sehr einfachen Vorratshaltung.

---

2 Mohn (Papaver somniferum): Werte /100; 4 Haselnussreste = 1 Haselnuss

K. Zusammenfassungen

10.1 d Zusammenfassung

Egolzwil 3 / Kanton Luzern ist ein Wohnplatz (Dorf) der jungneolithischen Egolzwiler Kultur (4300 BC kal. Suter 1987). Die erfassten Gebäude sind solide gepfählt und weisen etwa einen Hausgrundriss von ca. 8x5m (Vogt 1951,1954) sowie eine (vermutliche) Wohnbevölkerung von 40-50 (erwachsenen) Menschen auf. Sie entstanden auf einer (siehe Kap. 6ff) geräumten Strandplatte in der Nachbarschaft eines Röhrichts (siehe Kap. 5.5) mit vorgelagertem Schwimmblatt-Gürtel .

Das regelmässige Auftreten von Wasserpflanzen, auch in den organisch dominierten Kulturschichtsedimenten, könnte auf Störungen der Siedlung durch Hochwasser oder Überschwemmungen hinweisen (siehe Kap. 5.4; 5.6ff). Das Fehlen jeglicher Vorratsfunde oder Brandspuren, möglicherweise auch als Folge einer Überflutung, könnte einerseits ein geordnetes Wegziehen der Bevölkerung an weniger feuchtigkeitsbedrohte Wohnplätze vermuten lassen; andererseits ist erstaunlicherweise eine grosse Anzahl relativ intakter Werkzeuge zurückgeblieben, was auch auf ein ursprünglich temporäres Wegziehen und geplantes Zurückkommen der Bewohner hinweisen könnte. Über weitere Gründe wie z.B. Seuchen, Migration oder Konflikte, die auch die kurze Besiedlungsdauer - nur 27 Jahre (!) - erklären würden, oder die Siedlungsauflassung ohne Brandzerstörung des Wohnplatzes, kann m.E. nur spekuliert werden.

Die Seeufervegetation mit Röhricht und Schwimmblattpflanzen weist auf (oligotrophe bis) mesotrophe Verhältnisse hin, ebenso das Auftreten von Armleuchteralgen (Chara spec.). Die hohen Anteile an Nixenkräutern (Najas spec.) sowie die mehrfach angedeuteten Sandlagen (siehe Kap.5.5) in den Sedimenten sind Zeugen einer deutlich fassbaren Wasserbeeinflussung der Kulturschicht, deren mässig gute Erhaltung sich auch in den niedrigen Konzentrationswerten vieler Makroreste manifestiert.

Neben der bedeutungsvollen Sammelwirtschaft (siehe Kap. 8) konnte ein Kulturpflanzenanbau und vier Getreidearten nachgewiesen werden: Einkorn, Emmer, Saat-/Hartweizen und Gerste (Triticum monococcum, T. dicoccum, T. aestivum/durum, Hordeum vulgare; Kap. 7f); Öl-/Faserpflanzen: Schlafmohn und Lein/Flachs (Papaver somniferum, Linum usitatissimum) und Hülsenfrüchte: Erbse (Pisum sativum). Kulturland könnten lockere Böden, vermutlich am Hangfuss des Santenberges, wenige hundert Meter nördlich der Siedlung (siehe Karte B 1) gewesen sein. Offene Graslandschaften sind noch wenig verbreitet (siehe Kap. 6.3, 6.8.2).

Der Sammelwirtschaft (siehe Kap. 8) diente der gesamte Raum rund um die Siedlung mit Wäldern, Strandplatte und den anthropogen beeinflussten Moränenzügen: über 30% aller gefundenen Arten sind Sammelpflanzen im eigentlichen Sinne, mit Verwendung als menschliche Nahrung. Weitere 40% sind als Heil-, Gift-, Färbepflanzen (Kap. 8.4ff) einsetzbar, so dass -

inkl. Verwendung von Pflanzen als Baumaterial, Futtermittel - bei über 90% aller 125 nachgewiesenen Arten eine anthropogene Nutzung belegt oder zumindest angenommen werden kann.

Eine nicht unwesentliche Rolle für die Selbstversorgung der Dorfgemeinschaft dürfte eine bescheidene Viehzucht mit Kleintieren wie Schafen, Ziegen und Schweinen (Wyss 1989; Untersuchungen H.R. Stampfli) gespielt haben. Der im Umland noch dominierende Eichen-Mischwald (Kap. 6.2) dürfte für Schweine und Ziegen eher günstigere Nahrungsgrundlagen geliefert haben als für Schafe. Die Bedeutung der Rinder scheint noch sehr klein gewesen zu sein, ebenso diejenige der Hunde. Wenn wir uns die Bewohner von Egolzwil 3 als typische Ackerbauern, wogegen allerdings einiges spricht, vorstellen, erscheint dies im Licht einer unbedeutenden Viehzucht noch verständlich. Für Viehzüchter oder Jäger müsste die Bedeutung des Hundes, u.a. als Hüter oder mindestens für die Jagd, höher gewesen sein.

Wie weit der Fischfang die Jagd ersetzte, ist fraglich, zumal in den Sedimenten sehr wenig Fischschuppen oder -wirbel aufgetreten sind ! Als Jagdbeute sind Gemse, Hirsch, Elch und Ur ebenso nachgewiesen wie Eichhörnchen und Reh (Mitteilung H.R. Stampfli 1989). Neue Erkenntnisse zu Jagd und Fischfang werden Untersuchungen am Fund von vier Hirschgeweih-Harpunen (als Fischspiesse ?) im Jahre 1987 ergeben.

Die Hypothese einer regelmässigen, teilzeitlichen Besiedlung des Wohnplatzes während nur einiger Monate im Jahr, ist nicht schlüssig zu belegen. Das Fehlen von Vorratsfunden einerseits, die zahlreiche Funde von intakten Werkzeugen (z.T. unter dem Gehhorizont = versteckt ??) andererseits, könnte aber auf eine solche teilnomadisierende Wohnform mit zwei bis drei Wohnplätzen im Jahresverlauf hinweisen. Lebensformen, die aus unterschiedlichen Weltgegenden als Viehwirtschaft im alpinen Raum, als wandernde Inuit-Clans im arktischen Gebiet oder als halbnomadisierende Viehzüchter vielerorts belegt sind.

10.2 f Résumé

Egolzwil 3 est un petit village au bord d'un lac disparu en Suisse centrale - près de Sursee/canton de Luzerne. Ce site préhistorique qui date du 5ème millénaire B.C. (4300 BC cal. Suter 1987), de l'âge d'Egolzwil (locus typicus), au début du Néolithique, a été reinvestigué par le Musée Nationale Suisse dans les années 1985-88.

125 differentes espèces de plantes, dont 4 céréales, trois blés et orge (Triticum monococcum, T. dicoccum et T. aestivum/durum, Hordeum vulgare), deux plantes oléagineuses (Papaver somniferum, Linum usitatissimum) et des légumes comme pois (Pisum sativum) ont été identifiées. Outre cela, environ 90% de toutes les espèces trouvées peuvent jouer un rôle plus ou moins important dans l'alimentation humaine ou pour le bétail. L'inventaire des plantes identifiées s'ajoute bien aux listes déjà etablies dans d'autres sites comparables.

Les concentrations des graines ont été très faibles dues à la sédimentation de la couche archéologique qui semble être perturbée par les eaux du petit lac. Par contre, la conservation du matériel organique semble être assez bonne voire même excellente. Vu le fait que Egolzwil 3 ne consiste que d'une seule couche organique plus ou moins épaisse, un changement de la végétation n'est pas à saisir dans les données recueillies. L'apparition de plantes aquatiques partout dans les couches organiques peut indiquer des inondations fréquentes qui aboutissaient probablement même par le déménagement de la population vers d'autres sites plus favorables.

10.3 e Summary

Egolzwil 3 is a locus typicus of a lakeshore settlement, dated about 4300 B.C cal. (Suter 1987), thus from the earliest neolithic period, in the central part (near Luzern) of Switzerland. An excavation team from the Swiss National Museum (Zürich) carried out investigations from 1985 to 1988.

125 different species of plants have been identified, among them four cereals: tree wheat species and barley (Triticum monococcum, T. dicoccum, T. aestivum/durum, Hordeum vulgare). In addition, oil plants: poppy (papaver somniferum) and linseed (linum usitatissimum), and peas (pisum sativum) were listed. Up to about 90% of all species have been of human use, as food for human beings or animals, as well as for firewood, timber or medical purpose etc. The set of identified species fits rather well with other results known from lakeshore settlements of that ancient period.

The concentrations of grains within the cultural layers are very low, being disturbed by frequent inondations of the nearby small lake. On the other hand, the status of conservation of the organic deposits - grains and seeds - appears often to be excellent. The village seems having been abandoned by the settlers by unknown reasons, one of them might have been inondations as there are many water plants to be found in almost all the sediments. There is no trace of fire or burning down of the settlement at all.

L. Anhang

Inhaltsverzeichnis

Literaturverzeichnis

Batschelet, E. 1980: Einführung in die Mathematik für Biologen. Heidelberg, New York. 557 S.

Bakels C.C. 1982: Zum wirtschaftlichen Nutzungsraum einer bandkeramischen Siedlung. In : J. Pavuk, Siedlungen der Kultur mit Linearbandkeramik in Europa. Archäologisches Institut der Slovakischen Akademie der Wissenschaften: Nitra, 9-16

Bakels C.C. 1983: Pflanzenreste aus Niederbayern - Beobachtungen in rezenten Ausgrabungen. In: Bayrische Bodendenkmalpflege 24/25: 157-166

Beijerinck, W. 1976: Zadenatlas der Nederlandsche Flora. Amsterdam. 316 S.

Behre, K.E. 1983: Ernährung und Umwelt der vikingerzeitlichen Siedlung Haitabu. Die Ausgrabungen in Haitabu 8, Neumünster. 219 S.

Behre, K.E. & Jacomet S. 1991: The ecological interpretation of archaeobotanical data. In: van Zeist, Wasylikowa, Behre, Progress in Old World Palaeobotany. Balkema Rotterdam: 81-108

Berggren, G. 1981: Atlas of Seeds. Part 3: Salicaceae-Cruciferae. Stockholm. 259 S.

Bertsch, K. 1932: Die Pflanzenreste der Pfahlbauten von Sipplingen und Langenrain am Bodensee. Bad. Fundberichte. 2: 305-320

Bertsch, K. 1941: Handbücher der praktischen Vorgeschichtsforschung. Band 1: Samen und Früchte. Stuttgart. 247 S.

Bill J. 1977: Gedanken zur jungsteinzeitlichen Siedlung Egolzwil 3. In: Festschrift Walter Drack (Herausgeber K. Stüber/A.Zürcher) Zürich: 17 - 23

Binz & Heitz 1986: A. Binz und Ch. Heitz, Schul- und Exkursionsflora für die Schweiz. 18. Auflage, Basel. 624 S.

Bollinger, Th. 1980: Samenkundliche Untersuchung von Rezentsedimenten aus Verlandungsserien am Ufer des Greifen- und Zürichsees. Diplomarbeit Univ. Basel. 97 S.

Bollinger, Th., Jacomet S. 1981: Resultate der Samen- und Holzanalysen. In: Ammann, B. et al.: Botanische Untersuchungen. Die neolithischen Ufersiedlungen von Twann. Schriftenreihe der Erziehungsdir. des Kantons Bern. 14: 35 - 67

Braun-Blanquet J. 1964: Pflanzensoziologie. 3. Auflage, Wien 865 S.

Brockmann-Jerosch H. 1918: Das Lauben und sein Einfluss auf die Vegetation der Schweiz. Jahresberichte der Geographisch-Ethnologischen Ges. Zürich 1917/18

Brockmann-Jerosch H. 1936: Futterlaubbäume und Speiselaubbäume. Berichte der Schweiz. Botanischen Gesellschaft 46: 594-613

Brombacher, Ch. 1986: Untersuchungen der botanischen Makroreste des prähistorischen Siedlungsplatzes Zürich-Mozartstasse I. Diss. Univ. Basel. 198 S.

Brombacher Ch., Dick, M. 1987: Die Untersuchung der botanischen Makroreste. In: Gross, E. et al.: Zürich "Mozartstrasse neolithische und bronzezeitliche Ufersiedlungen. Berichte der Zürcher Denkmalpflege, Monographien 4: 198-212

Burga C.A. 1988: Swiss Vegetation History during the last 18000 Years. Dept. of Geography, University of Zürich, Switzerland

Chisholm H. 1968: Rural Settlement and Land Use. London

Corillon, R. 1957: Les Cariophycées de France et de l'Europe occidentale. Bulletin de la Société Scientifique de Bretagne. XXXII Rennes. 499 S.

Couplan, F. 1983: La cuisine sauvage. Le régal végétal. Encyclopédie des plantes comestibles de l'Europe. Vol. 1. Paris. 447 S.

Couplan, F. 1984: La cuisine sauvage. Comment accomoder mille plantes oubliées. Encyclopédie des plantes comestibles de l'Europe. Vol. 2. Paris. 512 S.

Delaveau, P. et al. 1978: Geheimnisse und Heilkräfte der Pflanzen Zürich, Stuttgart, Wien. 465 S.

Dennell R.W. 1976: The Economic Importance of Plant Resources represented on Archaeological Sites. Journal of Archaeological Science 3: 229-247

Dennell R.W. 1979: Prehistoric Diet and Nutrition: some Food for Thought. World Archaeology 11: 121-135

Dick, M. 1989: Untersuchungen der botanischen Makroreste des prähistorischen Siedlungsplatzes Zürich-Mozartstrasse II. Diss. Univ. Basel 203 S.

Dick M., Jacomet S., Albrecht H. 1989: Untersuchung pflanzlicher Grossreste. In: B. Ruckstuhl, Hallstadtzeitliche Siedlungsgruben aus Neunkirch-Tobeläcker (SH). Jahrbuch d. SGUF 72: 91-96

Ehrendorfer, F. 1973: Liste der Gefässpflanzen Mitteleuropas. Stuttgart. 318 S.

Ellenberg H. 1978: Vegetation Mitteleuropas mit den Alpen in ökologischer Sicht. Stuttgart. 981 S.

Ellenberg, H. 1979: Zeigerwerte der Gefässpflanzen Mitteleuropas. Scripta Geobotanica IX. 122 S.

Farron C. 1989: Zwanzig Jahre Samensammlung - 80'000 Frucht- und Samentüten. Bauhinia 9: 69-76

Firbas F. 1949/1952: Waldgeschichte Mitteleuropas I und II. Jena/Stuttgart 480/256 S.

Fredskild, B. 1978: Seeds and Fruits from the Neolithic Settlement Weier, Switzerland, Botanisk Tidskrift. 72: 189-201

Gregg S. 1986: Forager-Farmer-Interaction: Processes in th Neolithic Colonization of Central Europe. Diss Univ. of Michigan, Univ. Microfilm: Ann Arbor MI, 346S.

Gross, E. et al. 1987: Zürich "Mozartstrasse"; Neolithische und bronzezeitliche Ufersiedlungen. Berichte der Zürcher Denkmalpflege. Monographien 4. 255 S.

Guyan W.U. 1954: Das jungsteinzeitliche Moordorf von Thayngen-Weier. In: Das Pfahlbauproblem, Schweiz. Gesellsch. für Ur- und Frühgesch., Schaffhausen: 223-272

Hantke, R. 1978: Eiszeitalter. Band 1, Thun. 450 S.

Hantke, R. 1967: Geologische Karte des Kantons Zürich und seiner Nachbargebiete. Vierteljahrsschr. Naturf. Ges. Zürich 112: 91-122

Hantke R. & E. Spiess 1981: Geologische Karte Sempachersee-Wauwilermoos. SMA, Lehrmittelverlag des Kt. Zürich

Härri F. 1940: Stratigraphie und Waldgeschichte des Wauwilermooses und ihre Verknüpfung mit den vorgeschichtlichen Siedlungen. Veröffentlichungen Geobot. Institut Rübel Zürich 17

Heer, O. 1865: Die Pflanzen der Pfahlbauten. Neujahrsbl. Naturf. Ges. Zürich für das Jahr 1866. 68: 1-54

Hegi, G. 1927: Illustrierte Flora von Mitteleuropa. Band 5(4), München. 386 S.

Heierli J. 1907: Urgeschichtliche Funde im Wauwilermoos. Geschichtsfreund 46, 1891; Neue Forschungen in Pfahlbauten. Correspondenzblatt d. Deutschen Gesellschaft für Anthropologie 38. 119 S.

Heitz-Weniger, A. 1976: Zum Problem des mittelholozänen Ulmenabfalls im Gebiet des Zürichsees (Schweiz). Bauhinia 5: 215-229

Heitz-Weniger, A. 1977: Zur Waldgeschichte im unteren Zürichseegebiet während des Neolithikums und der Bronzezeit. Ergebnisse pollenanalytischer Untersuchungen. Bauhinia. 6: 61-81

Heitz-Weniger, A. 1978: Pollenanalytische Untersuchungen an den neolithischen und spätbronzezeitlichen Seerandsiedlungen "Kleiner Hafner", "Grosser Hafner" und "Alpenquai" im untersten Zürichsee (Schweiz). Bot. Jahrb. Syst. 99: 48-107

Heitz, A., Jacomet, S. & Zoller, H. 1981: Vegetation, Sammelwirtschaft und Ackerbau im Zürichseegebiet zur Zeit der neolithischen und spätbronzezeitlichen Ufersiedlungen. Helvetica Archaeologica. 45/48: 139-152

Hellwig-Matthies M. 1990: Paläoethnobotanische Untersuchungen an mittelalterlichen und frühneuzeitlichen Pflanzenresten aus Braunschweig. Diss. Georg-August-Univ. Göttingen

Hillman, G. 1984: Interpretation of archaeological plant remains: Etnographic models from Greece. In: W. van Zeist & W. A Casarie: Plants and Ancient Man. Studies in Palaeo-Ethnobotany. Balkema. Rotterdam: 1-41

Höneisen M. 198 : Vue d'ensemble sur le Néolithique dans le Nord-Est de la Suisse. Schweiz. Landesmuseum Zürich

Hopf M. 1968: Früchte und Samen. In : Zürn, H. 1965: Das jungsteinzeitliche Dorf Ehrenstein (Kreis Ulm). Teil 1: Die Baugeschichte.
Veröff. Staat. Amt f. Denkmalpflege Stuttgart. Reihe A 10. 98 S.

Hufschmid, N. 1983: Pollenanalytische Untersuchungen zur postglazialen Vegetationsgeschichte rund um den Zürichsee anhand von unbeeinflussten Moor- und Seerandsedimenten. Diss. Univ. Basel. 126 S.

Jacomet, S. 1980: Botanische Makroreste aus den neolithischen Seeufersiedlungen des Areals "Pressehaus-Ringier" in Zürich (Schweiz). Stratigraphische und vegetationskundliche Auswertung. Vierteljahrsschr. Naturf. Ges. Zürich. 125(2): 139-152

Jacomet, S. 1981: Neue Untersuchungen botanischer Grossreste an jungsteinzeitlichen Seeufersiedlungen im Gebiet der Stadt Zürich (Schweiz).
Zeitschr. f. Archäologie. 15: 125-140

Jacomet, S. 1985: Botanische Makroreste aus den Sedimenten des neolithischen Siedlungsplatzes "AKAD-Seehofstrasse" am untersten Zürichsee.
Zürcher Studien zur Archäologie. 94 S.

Jacomet, S. 1987: Prähistorische Getreidefunde. Botanisches Institut der Univ. Basel, Abt. Pflanzensystematik und Geobotanik. 70 S.

Jacomet, S. 1987: Ackerbau, Sammelwirtschaft und Umwelt der Egolzwiler- und Cortaillod-Siedlungen auf dem "Kleinen Hafner" in Zürich. Ergebnisse samenanalytischer Untersuchungen. In: Suter P.J.: Zürich "Kleiner Hafner". Tauchgrabungen 1981-1984. Berichte der Zürcher Denkmalpflege, Monographien 3: 144-166

Jacomet, S. 1986: Kulturpflanzenfunde aus der neolithischen Seeufersiedlung Cham-St. Andreas. In: Jahrbuch der Schweizerischen Gesellschaft für Ur- und Frühgeschichte. Band 69/1986: 55 - 62

Jacomet, S., Brombacher, Ch., Dick, M. 1989: 'Archäobotanik am Zürichsee', Ackerbau, Sammelwirtschaft und Umwelt von neolithischen und bronzezeitlichen Seeufersiedlungen im Raum Zürich.
Denkmalpflege/Kantonsarchäologie des Kt. Zürich

Jacomet, S., Schibler, J. 1985: Die Nahrungsversorgung eines jungsteinzeitlichen Pfyner Dorfes am untersten Zürichsee. Archäologie der Schweiz. 8: 125-141

Jacomet, S., Schlichtherle, H. 1984: Der kleine Pfahlbauweizen Oswald Heer's. Neue Untersuchungen zur Morphologie neolithischer Nacktweizen-Ähren. In: W. van Zeist & W.A. Casparie: Plants and Ancient Man. Studies in Palaeo-Ethnobotany. Balkema. Rotterdam: 153-176

Jacomet S., Behre K.S. 1991: The ecological interpretation of archaeobotanical data. In: van Zeist, Wasylikowa, Behre, Progress in Old World Palaeobotany. Balkema Rotterdam: 81-108

Jaquat Ch. 1988A: Hauterive-Champréveyres 1. Les plantes de l'Age du Bronze. Catalogue des fruits et graines. Archéologie neuchâteloise 7. 163 S.

Jaquat Ch. 1988B: Hauterive-Champréveyres 2: Contribution à l'histoire de l'environnement et del'alimentation. Diss. Univ. Basel.

Jäger, K.D. 1966: Die pflanzlichen Grossreste aus der Burgwallgrabung Tornow. Kr. Calau. In: Hermann J.: Tornow und Vorberg: ein Beitrag zur Frühgeschichte der Lausitz. Schriften der Sektion Vor- und Frühgeschichte, Deutsche Akademie der Wissenschaften zu Berlin. 21: 164-189

Joos, M. 1976: Die Sedimente der neolithischen Station Feldmeilen-Vorderfeld und einige Überlegungen zur Sedimentation im Uferbereich. Antiqua 5: 106-142

Karg S. 1990: Pflanzliche Grossreste der jungsteinzeitlichen Ufersiedlungen Allesbach-Strandbad, Kr. Konstanz. In: Siedlungsarchäologie im Alpenvorland II; Forschungen und Berichte zur Ur- und Frühgeschichte in Baden-Würtemberg 37: 113-154

Kind H.J. 1989: Ulm-Eggingen, die Ausgrabungen 1982-1985 in der bandkeramischen Siedlung und der mittelalterlichen Wüstung. In: Siedlungsarchäologie im Alpenvorland II; Forschungen und Berichte zur Ur- und Frühgeschichte in Baden-Würtemberg 34: 363-412

Kirchhofer, W. 1982: Klimaatlas der Schweiz. 1. Lieferung Schweiz. Meteorolog. Anstalt Zürich.

Kislev, M.E. 1984: Botanical evidence for ancient naked wheats in the Near East. In: W. van Zeist & W.A. Casparie: Plants and Ancient Man. Studies in Palaeo-Ethnobotany. Balkema. Rotterdam: 141-152

Knörzer K.H. 1971: Urgeschichtliche Unkräuter im Rheinland. Ein Beitrag zur Entstehungsgeschichte der Segetalpflanzen. Vegetatio 23: 89-111

Körber-Grohne, U. 1964: Bestimmungsschlüssel für subfossile Gramineen-Fr□üchte. In: Probleme der Küstenforschung im südlichen Nordseegebiet 7. Hildesheim. 47 S.

Körber-Grohne, U. 1967: Geobotanische Untersuchungen auf der Feddersen Wierde. 1. Wiesbaden. 357 S.

Körber-Grohne, U. 1987: Nutzpflanzen in Deutschland, Kulturgeschichte und Biologie. Stuttgart. 490 S.

Krause, W. 1976: Characeen aus Bayern. Ber. Bayer. Bot. Ges. 47: 229-257

Krause, W. 1986: Zur Bestimmungsmöglichkeit subfossiler Characeen-Oosporen an Beispielen aus Schweizer Seen. Vierteljahrsschr. Naturf. Ges. Zürich. 131(4): 295-313

Kreuz A. 1988A: Holzkohlefunde der ältest-bandkeramischen Siedlung Friedberg-Buchenbrücken: Anzeiger für Brennholzauswahl und lebende Hecken. In: Der prähistorische Mensch und seine Umwelt. Festschrift Körber-Grohne. Forschungen und Berichte zur Ur- und Frühgeschichte in Baden-Würtemberg 31: 139-153

Kreuz A. 1988B: Die ersten Ökobauern ? Archäobotanische Untersuchung einer 7500 Jahre alten Siedlung in der Wetterau. Forschungen Frankfurt 1/2 (1988): 35-41

Kühn, H. 1966: Erwachen und Aufstieg der Menschheit. Fischer Frankfurt a/M 1966. 391 S.

Küster, H. 1985: Herkunft und Ausbreitungsgeschichte einiger Secalinetea-Arten. Tüxenia, Mitteilungen der floristisch-soziologischen Arbeitsgemeinschaft 5: 89-98

Küster H. 1986: Werden und Wandel der Kulturlandschaft im Alpenvorland. In: Germania 64, 1986, 2. Halbband: 533-559

Kuhn, N. 1967: Natürliche Waldgesellschaften und Waldstandorte der Umgebung von Zürich. Veröff. Geobot. Inst. Rübel Zürich 40. 84 S.

Landolt, E. 1977: Ökologische Zeigerwerte zur Schweizer Flora. Veröff. Geobot. Inst. Rübel Zürich. 64: 208 S.

Lang, G. 1967: Die Ufervegetation des westlichen Bodenseegebietes. Archiv f. Hydrobiol. Suppl. 32: 437-574

Lang, G. 1973: Die Vegetation des westlichen Bodenseegebietes Pflanzensoziologie. 17. 451 S.

Lüning, J., Meurers-Balke, J. 1980: Experimenteller Getreidebau im Hambacher Forst, Gemeinde Elsdorf, Kreis Bergheim/Rheinland. Bonner Jahrb. 180: 305-344

Maier U. 1988: Bot. Untersuchungen zu Umwelt und Wirtschaftsgeschichte der jungsteinzeitlichen Siedlung Ödenahlen im nördlichen Federseemoor. Jh. Ges. Naturkde. Würtemberg 143: 149-176

Maier U. 1990: Botanische Untersuchungen in Hornstaad-Hörnle 1A. In: Bericht der Römisch-Germanischen Kommission. Mainz.: 111-133

Mangold E. 1929: Nährstoffe und Futtermittel, Julius Springer Berlin. 568 S.

Maurizio, A. 1927: Die Geschichte unserer Pflanzennahrung von den Urzeiten bis zur Gegenwart. Berlin. 480 S.

Meurers-Balke, J. 1985: Experimente zum Anbau und zur Verarbeitung prähistorischer Getreidearten. In Archäologische Informationen 8: 8-17

Murphy P. & French C. 1988: The Exploitation of Wetlands. BAR Britisch Series 186

Neuweiler, E. 1905: Die prähistorischen Pflanzenreste Mitteleuropas mit besonderer Berücksichtigung der schweizerischen Funde. Vierteljahrsschr. Naturf. Ges. Zürich. 50: 23-134

Neuweiler, E. 1919: Die Pflanzenreste aus den Pfahlbauten am Alpenquai in Zürich und von Wollishofen. Vierteljahrsschr. Naturf. Ges. Zürich. 64: 617-648

Neuweiler, E. 1924: Pflanzenreste aus den Pfahlbauten des ehemaligen Wauwilersees. Mitt. Naturf. Ges. Luzern. 9: 301-323

Oberdorfer, E. 1957: Süddeutsche Pflanzengesellschaften. Pflanzensoziologie 10. Jena. 564 S.

Oberdorfer, E. 1977: Süddeutsche Pflanzengesellschaften I: Fels und Mauergesellschaften, alpine Fluren, Wasser-, Verlandungs- und Moorgesellschaften. Jena. 240 S.

Oberdorfer, E. 1978: Süddeutsche Pflanzengesellschaften II: Sand- und Trockenrasen, Heide- und Borstgras-Gesellschaften, alpine Magerrasen, Saum-Gesellschaften, Schlag- und Hochstaudenfluren. Stuttgart. 335 S.

Oberdorfer, E. 1979: Pflanzensoziologische Exkursionsflora. Stuttgart. 997 S.

Oberdorfer, E. 1983: Süddeutsche Pflanzengesellschaften III: Wirtschaftswiesen und Unkrautgesellschaften. Stuttgart 455 S.

Orcel, A. 1978: Analyse archéologique des sédiments.
In: Die neolithischen Ufersiedlungen von Twann. Schriftenreihe der Erziehungsdir. des Kantons Bern. 4. 233 S.

Piening U. 1981: Die verkohlten Pflanzenreste aus den Proben der Cortaillod- und Horgener Kultur. In: Ammann, B. et al. Botanische Untersuchungen. Die neolithischen Ufersiedlungen von Twann.
Schriftenreihe der Erziehungsdir. des Kantons Bern. 14: 69-88

Pott R. 1985: Vegetationsgeschichtliche und pflanzensoziologische Untersuchungen zur Niederwaldwirtschaft in Westfalen. Münster. Abhandl. Landesmuseum für Naturkunde 47/4: 3-75

Pott R. 1986: Der pollenanalytische Nachweis extensiver Waldbewirtschaftung in den Haubergen des Siegerlandes. In: K.E.Behre, Anthropogenic indicateors in pollen diagrams. Rotterdam & Boston: 125-134

Pott R. 1988A: Entstehung von Vegetationstypen und Pflanzengesellschaften unter dem Einfluss des Menschen. Düsseldorfer Geobot. Kolloquium 5: 27-54

Pott R. 1988B: Extensive anthropogene Vegetationsveränderungen und deren pollenanalytischer Nachweis. Flora 180: 153-160

Rasmussen P. 1988: Twigs as animal fodder in the Neolithicum. Elucidated by Pollen- and Macrofossil Analysis of Goat/Sheep Excrements and Wood Analysis of Twigs from the Site Egolzwil 3/LU. Kolloquium Basel, unver. Manuskript

Rasmussen P. 1989: Leaf foddering in the earliest Neolithic Acriculture. In: Acta archaeologica 60-1989. Kobenhavn 1989: 71-86

Rasmussen P. 1989: Leaf foddering of Livestock in the Neolithic: Archaebotanical Evidence from Weier, Switzerland. In: Journal of Danish Archaelogy. Vol 8/1989: 51 - 71

Rösch, M. 1985: Die Pflanzenreste der neolithischen Ufersiedlung von Hornstaad-Hörnle am westlichen Bodensee. In: Berichte zu Ufer- und Moorsiedlungen in Südwestdeutschland 2. Materialh. zur Vor und Frühgeschichte in Baden-Würtemberg 7: 164-189

Rösch M. 1987: Der Mensch als landschaftsprägender Faktor des westlichen Bodenseegebiets seit dem späten Atlantikum. Eiszeitalter und Gegenwart 37: 19-29

Scheffer, F., Schachtschabel, P. 1984: Lehrbuch der Bodenkunde. Stuttgart. 442 S.

Schindler, C. 1968: Zur Quartärgeologie zwischen dem untersten Zürichsee und Baden. Eclog. Geol. Helv. 61/2: 395-433.

Schindler, C. 1971: Geologie von Zürich und ihre Beziehung zu Seespiegelschwankungen. Vierteljahrsschr. Naturf. Ges. Zürich. 116: 283-315

Schindler, C. 1981: Geologische Unterlagen zur Beurteilung archäologischer Probleme in den Seeufergebieten. Helvetica Archaeologica. 45-48: 71-88

Schibler J. 1987: Die Stichprobenanalyse des Tierknochenmaterials. In: E. Gross et al., 'Zürich-Mozartstrasse', Neolithische und bronzezeitliche Ufersiedlungen. Berichte der Zürcher Denkmalpflege, Monographien 4: 190-197

Schlichtherle, H. 1979: Die Ausgrabungen 1973 - 1977 in den Ufersiedlungen Hornstaad "Hörnle" I. Befunde und Funde aus dem frühen Jungneolithikum am westlichen Bodensee. Diss. Univ. Freiburg.

Schlichtherle, H. 1985: Quantitative Untersuchungen an einem Profilsockel in Yverdon, Av. des Sports. Samen und Früchte. Freiburg i.Br. 43 S.

Speck, J. 1971: Pfahlbauten: Dichtung oder Wahrheit? Ein Querschnitt durch 125 Jahre Forschungsgeschichte. Helvetica Archaeologica. 45-48: 98-138

Speck J. 1990: Zur Siedlungsgeschichte des Wauwilermooses. In: 'Die ersten Bauern', Schweiz. Landesmuseum Zürich: 255-270

Stampfli H.R. 1976: Naturwissenschaftliche Beiträge. In: Das jungsteinzeitliche Jäger-Bauerndorf von Egolzwil 5 im Wauwilermoos, Archäologische Forschungen, Zürich: 125-140

Stöckli W.E. 1990: Der Beginn des Neolithikums in der Schweiz. In: 'Die ersten Bauern', Schweiz. Landesmuseum Zürich: 53-60

Stöckli W.E. 1990: Ein Siedlungsplatz im Neolithikum . Die neolithischen Ufersiedlungen von Twann im Kanton Bern. In: 'Die ersten Bauern', Schweiz. Landesmuseum Zürich: 307-310

Stotzer M.,Schweingruber F.H., Sebek M. 1976: Prähistorisches Handwerk. SGUF 8-27/Separatum

Suter, P.J. 1987: Zürich "Kleiner Hafner" 1981-1984. Berichte der Zürcher Denkmalpflege, Monographien 3. 380 S.

Suter, P.J., Schifferdecker F. 1986: Das Neolithikum im Schweizerischen Mittelland. In: Chronologie, Antiqua 15: 34-43.

Thenius E. 1974: Eiszeiten - einst und jetzt. Kosmos Bibliothek 284, Stuttgart, 64 S.

Troels-Smith J. 1955: Pollenanalytische Untersuchungen zu einigen schweizerischen Pfalbauproblemen. In: Das Pfahlbauproblem, Monographien zur Ur- und Frühgeschichte der Schweiz 11: 11-58

Troels-Smith J. 1981: Naturwissenschaftliche Beiträge zur Pfahlbauforschung. Archäologie der Schweiz 4: 98-111

Troels-Smith J. 1984: Stall-Feeding and Field Manuring in Switzerland about 6000 Years ago. Tools and Tillage, vol. V:I 1984: 13-25

Troll & Paffen 1968: C. Troll, K.H. Paffen, Karte der Jahreszeitenklimate der Erde. In: Erdkunde XVIII: 5-28

Tutin, T.G. et al. 1964-80: Flora Europaea Vol. 1-5. Cambridge.

Vogt, E. 1951: Das steinzeitliche Uferdorf Egolzwil 3 (Kt. Luzern) Zeitschrift für schweiz. Archäologie und Kunstgeschichte 12: 193 - 215.

Vogt, E. 1954: Pfahlbaustudien. In: Das Pfahlbauproblem. Monogr. Ur- und Frühgesch. Schweiz. 11: 117-219

Wegmüller S. 1976: Pollenanalytische Untersuchungen über die Siedlungsverhältnisse der frühneolithischen Station Egolzwil 5. In Egolzwil 5. Schweiz. Landesmuseum Zürich 1976: 141-150

Werner, H. 1885: Die Sorten und der Anbau des Getreides. In: Körnicke, F. & Werner, H.: Handbuch des Getreidebaues. Band 2. Berlin. 1007 S.

Willerding, U. 1970: Vor- und frühgeschichtliche Kulturpflanzenfunde in Mitteleuropa. Neue Ausgrabungen und Forschungen in Niedersachsen. 5: 287-375

Willerding, U. 1978: Die Paläo-Ethnobotanik und ihre Stellung im System der Wissenschaften. Ber. Deutsche Bot. Ges. 91: 3-30

Willerding, U. 1979: Paläo-Ethnobotanische Untersuchungen über die Entwicklung von Pflanzengesellschaften. In: R. Tüxen: Werden und Vergehen der Pflanzengesellschaften Ber. d. Internat. Vereinig. f. Veget.kunde. Vaduz: 61-109

Willerding, U. 1980: Zum Ackerbau der Bandkeramiker. Materialhefte zur Ur- und Frühgeschichte Niedersachsens. 16: 421-456

Willerding, U. 1983: Zum ältesten Ackerbau in Niedersachsen. In: Frühe Bauernkulturen in Niedersachsen. Archäologische Mitteilungen aus Nordwestdeutschland, in Beiheft 1: 179-219

Willerding, U. 1991: Präsenz, Erhaltung und Repräsentanz von Pflanzenresten in archäologischem Fundgut. In: van Zeist, Wasylikowa, Behre, Progress in Old World Palaeobotany. Balkema Rotterdam: 25-52

Winiger, J. 1976: Feldmeilen-Vorderfeld: Die Ausgrabungen 1970/71. Antiqua 5. 142 S.

Winiger J. 1981: Das Neolithikum der Schweiz. Basel

Wyss R. 1976, Stampfli HR et al.: Das jungsteinzeitliche Jäger-Bauerndorf von Egolzwil 5 im Wauwilermoos. Schweiz. Landesmuseum Zürich: 125 - 161

Wyss R. 1988. Die Bedeutung des Wauwilermooses für die Jungsteinzeitforschung. Archäologie der Schweiz 11: 39 - 52

Wyss R. 1988. Jungsteinzeitliche Bauerndörfer im Wauwilermoos. Neuere Forschungs- und Grabungsergebnisse. Gomolava - Chronologie und Stratigraphie der vorgeschichtlichen und antiken Kulturen der Donauniederung und Südosteuropas, Band 1, Symposium Runa 1986, Novi Sad 1988: 123 -144

Wyss R. 1989: Das Wauwilermoos, ein steinzeitliches Siedlungsgebiet von europäischer Bedeutung. ZfA Z. Archäologie Berlin: 151 - 169

Wyss R. 1989: Ein viehzüchterisch bedeutender Wohnplatz aus der zweiten Hälfte des 5. Jahrtausends v. Chr. Schweiz. Z. für Archäologie und Kunstgeschichte Band 46: 193 - 203

Wyss R. 1990: Ausgrabungen des Schweizerischen Landesmuseums im Wauwilermoos. In: 'Die ersten Bauern', Schweiz. Landesmuseum Zürich: 271- 284

Zeist van W., 1968: Prehistoric and early historic food plants in the Netherlands. Palaeohistoria 16, 223-371

Zeist van W. & Casparie W.A., 1974: Niederwil, a palaeobotanical study of a Swiss neolithic seashore settlement. Geologie en Mijnbouw 53, 415-428

Zoller H. & Kleiber H. 1971: Überblick der spät- und postglazialen Vegetationsgeschichte der Schweiz. Boissiera 19: 113-128

Zulliger H.: Die Pfahlbauer am Moossee. Schweiz. Jugendschriftenwerk Zürich, Heft 18

Zürn, H. 1965: Das jungsteinzeitliche Dorf Ehrenstein (Kreis Ulm). Teil 1: Die Baugeschichte. Veröff. Staat. Amt f. Denkmalpflege Stuttgart. Reihe A 10/1: 98 S.

Abkürzungen:

AKAD	Rettungsgrabung im Zürcher Seefeldquartier 1979
cal.	kalibriert
CO	Cortaillod
E3	Egolzwil 3
E3/LU 86/87	Egolzwil 3 Luzern, Grabungen 1986 und 1987
FB	Frühbronze
HO	Horgen / ZH
KH	Kleine Hafner , Stadt Zürich
L+M	Schweizerisches Landesmuseum, Zürich
MOZ	Rettungsgrabung Zürich-Mozartstrasse
Myt	Mythenschloss
PF	Pfyn
n.b.	nicht berechnet
pcs	Stück
pcs/l	Stück pro Liter
SB	Spätbronze
SK	Schnurkeramik
v.a.	vor allem
y	Jahr (engl.)
ZH	Zürich

Dokumentation

Teil	4/1	Resttypen nach ökologischen Gruppen geordnet
	4/2	Statistische Angaben zu den Resttypen
	4/3	Resttypen und Zeigerwerte nach Ellenberg (1979)
	4/4	Artenreichtum der Proben
	4/5	Statistische Angaben zu den Proben
	4/6	Sedimentologische Angaben zu den Proben
	4/8	Korrelationsliste Labornummer <> Bearbeitungsnummer
	4/10	Darstellung der Anteile der vier wichtigsten Cerealia in den Kulturschichtsedimenten im Zürichseeraum und in Egolzwil 3/LU (ohne Berücksichtigung von Dinkel und Hirse)
	Faltblatt	Checkliste zur Schichterhaltung (nach Jacomet, Brombacher & Dick 1989)

Alphabetische Liste aller 154 bestimmten Resttypen - nach ökologischen Gruppen geordnet

Deutsche Bezeichnung	Ökogruppe	Resttyp
Wasser-Pflanzen		
Biegsames Nixenkraut	1.	Najas flexilis (Willd.)Rostk.& Schm. unv.
Grosses Nixenkraut, Meer-Nixenkr.	1.	Najas marina L. s.l. unv.
Grosses Nixenkraut, Meer-Nixenkr.	1.	Najas marina L. s.l. vk.
Teichrose	1.	Nuphar lutea (L.)Sm. unv.
Weisse Seerose	1.	Nymphaea alba L. unv.
Durchwachsenes Laichkraut	1.	Potamogeton perfoliatus L. unv.
Zwerg-Laichkraut	1.	Potamogeton pusillus agg. unv.
Laichkräuter	1.	Potamogeton spec. unv.
Armleuchteralgen	1.1	Nitella, Tolypella, Chara unv.
Schwimmendes Laichkraut	1.2	Potamogeton natans L. (-Typ) unv.
Ufer-Pflanzen		
Schilfrohr	2.1	Phragmites australis (Cav.)Trin.ex Steud. unv.
Seebinse	2.1	Schoenoplectus lacustris (L.)Palla unv.
Seebinse	2.1	Schoenoplectus lacustris (L.)Palla vk.
Steife Segge	2.2	Carex elata All. / gracilis Curt. (-Typ) unv.
Schein-Zypergras-Segge	2.2	Carex pseudocyperus L. unv.
Braunes Zypergras	2.3	Cyperus fuscus L. unv.
Sumpf-Labkraut	2/3.	Galium palustre agg. unv.
Ufer-Wolfstrapp	2/3.	Lycopus europaeus L. unv.
Acker-Minze	2/3.	Mentha arvensis L. unv.
Fieberklee	2/3.	Menyanthes trifoliata L. unv.
Wassermiere	2/3.	Myosoton aquaticum (L.)Moench unv.
Gelbe Segge	3.	Carex flava L. / pendula Huds. (-Typ) unv.
Blaues Pfeifengras	3.	Molinia caerulea agg. unv.
Blutauge	3.	Potentilla palustris (L.)Scop. unv.
Gelbe Wiesenraute	3.	Thalictrum flavum L. unv.
Blutwurz,Fingerkraut	3.1/ 8.3	Potentilla erecta (L.)R„uschel unv.
Bruch- und Auenwald		
Schwarz-Erle	4.	Alnus glutinosa (L.)Gaertn vk.
Schwarz-Erle	4.	Alnus glutinosa (L.)Gaertn. Zapfen unv.
Schwarz-Erle	4.	Alnus glutinosa (L.)Gaertn. unv.
Gewöhnliches Hexenkraut	4.	Circaea lutetiana L. unv.
Holz-Apfelbaum	4.	Malus sylvestris agg. Pericarpe unv.
Holz-Apfelbaum	4.	Malus sylvestris agg. Pericarpe vk.
Holz-Apfelbaum	4.	Malus sylvestris agg. Same unv.
Holz-Apfelbaum	4.	Malus sylvestris agg. Same vk.
Gewöhnliche Judenkirsche	4.	Physalis alkekengi L. unv.
Kratzbeere	4.	Rubus caesius L. unv.
Bittersüsser Nachtschatten	4.	Solanum dulcamara L. unv.
Wald-Ziest	4.	Stachys sylvatica L. unv.
Wald-Pflanzen		
Erle	4.-6.	Alnus spec. unv.
Hänge-Birke	4.-6.	Betula pendula Roth Fruchtschuppe unv.
Birke (total)	4.-6.	Betula pendula / pubescens (alba-Typ) unv.
Moor-Birke	4.-6.	Betula pubescens Ehrh. unv.
Birke	4.-6.	Betula spec. männl. Antheren (Kätzchen) unv.
Birke	4.-6.	Betula spec. männl. Antheren (Kätzchen) vk.
Gewöhnliche Waldrebe	4.-6.	Clematis vitalba L. unv.
Wald-Nabelmiere, Dreinervige-N.	4.-6.	Moehringia trinervia (L.)Clariv. unv.

Deutsche Bezeichnung	Ökogruppe	Resttyp
Neckermoos	4.-6.	Neckera crispa Hedw. unv.
Ährige Teufelskralle	4.-6.	Phyteuma spicatum L. unv.
Eiche	4.-6.	Quercus spec. (Eicheln ganze/Bruchstücke) unv.
Hain-Ampfer	4.2	Rumex sanguineus L. unv.
Wald-Bergminze	5.	Calamintha sylvatica Bromf. unv. (C. nepeta agg.)
Hasel	5./ 7.2/ 7.3	Corylus avellana L. unv.
Hasel	5./ 7.2/ 7.3	Corylus avellana L. vk.
Weisstanne	6.	Abies alba Mill. Nadeln unv.
Weisstanne	6.	Abies alba Mill. Nadeln vk.
Wald-Segge	6.	Carex sylvatica Huds. unv.
Goldnessel	6.	Lamiastrum galeobdolon agg. unv.
Wald-Veilchen	6.	Viola reichenbachiana Jord.ex Boreau unv.
Kriechender Günsel	6./ 8.2	Ajuga reptans L. unv.
Waldschlag-Pflanzen		
Wald-Erdbeere	7.1	Fragaria vesca L. unv.
Behaartes Johanniskraut	7.1	Hypericum hirsutum L. unv.
Brombeere	7.1	Rubus fruticosus agg. unv.
Brom-/Him-/Kratzbeere	7.1	Rubus fruticosus agg. / idaeus L. unv.
Himbeere	7.1	Rubus idaeus L. unv.
Schwarzer - / Trauben-Holunder	7.1	Sambucus nigra L. / racemosa L. unv.
Gewöhnlicher Klettenkerbel	7.1	Torilis japonica agg. unv.
Waldrand-Pflanzen		
Gewöhnlicher Odermennig	7.2	Agrimonia eupatoria L. unv.
Büschel-Nelke, Rauhe Nelke	7.2	Dianthus armeria L. unv.
Hecken-Knöterich	7.2	Fallopia dumetorum (L.)Holub unv.
Echtes Johanniskraut, Hartheu	7.2	Hypericum perforatum L. unv.
Gewöhnlicher Dost, Wilder Majoran	7.2	Origanum vulgare L. unv.
Gewöhnlicher Dost, Wilder Majoran	7.2	Origanum vulgare L. vk.
Rose	7.2	Rosa spec. "Same" unv.
Tag-Lichtnelke	7.2	Silene dioica (L.)Clairv. unv.
Gundelrebe	7.2/ 10.2/ 8.	Glechoma hederacea L. unv.
Borstige Bergminze, Wirbeldost	7.3	Clinopodium vulgare L. unv.
Borstige Bergminze, Wirbeldost	7.3	Clinopodium vulgare L. vk.
Nickendes Leimkraut	7.3	Silene nutans agg. unv.
Wiesen-Pflanzen		
Bleiche Segge	8.	Carex pallescens L. (-Typ) unv.
Gewöhnliches Hornkraut	8.	Cerastium fontanum agg. (ssp holosteoides) unv.
Thymian	8.	Thymus spec. unv.
Wiesen-Bärenklau	8.2	Heracleum sphondylium L. unv.
Gemeine Hainsimse	8.2	Luzula campestris (L.)D.C. - Typ unv.
Kleine Brunelle	8.2/ 10.2	Prunella vulgaris L. unv.
Kultur-Pflanzen		
Echte Sellerie	9.1	Apium graveolens L. unv.
Getreide	9.1	Cerealia Körner vk.
Getreide	9.1	Cerealia Spindelglieder/Spelzen vk.
Gerste	9.1	Hordeum TOTAL Körner vk.
Gerste	9.1	Hordeum TOTAL Spindelgl. etc. vk.
Nacktgerste	9.1	Hordeum vulgare L. Nacktgerste Spindelglieder vk.
Mehrzeilige Gerste	9.1	Hordeum vulgare L. Spelzgerste Körner vk.
Mehrzeilige Gerste	9.1	Hordeum vulgare L. s.l. Körner vk.
Mehrzeilige Gerste	9.1	Hordeum vulgare L. s.l. Spindelglieder vk.

Deutsche Bezeichnung	Ökogruppe	Resttyp
Flachs	9.1	Linum usitatissimum L. Kapselsegment unv.
Flachs	9.1	Linum usitatissimum L. Kapselsegment vk.
Flachs	9.1	Linum usitatissimum L. Same vk.
Schlaf-Mohn	9.1	Papaver somniferum L. unv.
Schlaf-Mohn	9.1	Papaver somniferum L. vk.
Erbse	9.1	Pisum sativum L. Same vk.
Weizen	9.1	Triticum TOTAL Körner vk.
Weizen	9.1	Triticum TOTAL Spindelgl. etc. vk.
Saat-Weizen / Hart-Weizen	9.1	Triticum aestivum L. / durum Desf. Körner vk.
Saat-Weizen / Hart-Weizen	9.1	Triticum aestivum L. / durum Desf. Spindelgl. vk.
Emmer	9.1	Triticum dicoccum Schübl Körner vk.
Einkorn	9.1	Triticum monococcum L. Körner vk.
Einkorn (2-körnig)	9.1	Triticum monococcum (2-körnig) L. Körner vk.
Einkorn / Emmer	9.1	Triticum monococcum L. / dicoccum Schübl K. vk.
Weizen	9.1	Triticum spec. Körner vk.
Sommer-Segetalia		
Hundspetersilie	9.2	Aethusa cynapium L. unv.
Acker-Gauchheil	9.2	Anagallis arvensis L. unv.
Rüben-Kohl	9.2	Brassica rapa L. ssp campestris unv.
Vielsamiger Gänsefuss	9.2	Chenopodium polyspermum L. unv.
Pfirsichblättriger Knöterich, Floh-K.	9.2	Polygonum persicaria L. unv.
Pfirsichblättriger Knöterich, Floh-K.	9.2	Polygonum persicaria L. vk.
Acker-Ziest	9.2	Stachys arvensis (L.)L. unv.
Vogelmiere, Hühnerdarm	9.2	Stellaria media agg. unv.
Weisser Gänsefuss	9.2/ 10.2	Chenopodium album agg. unv.
Schwarzer Nachtschatten	9.2/ 7.1	Solanum nigrum L. emend.Miller unv.
Einjähriger Ziest / Acker-Ziest	9.2/9.3	Stachys annua (L.) / arvensis (L.)L. (-Typ) unv.
Winter-Segetalia		
Saat-Leindotter	9.3	Camelina sativa agg. unv.
Winden-Knöterich	9.3	Fallopia convolvulus (L.)A.L"ve unv.
Kretische Flachsnelke	9.3	Silene cretica L. unv.
Gezähnter Feldsalat	9.3	Valerianella dentata (L.)Pollich unv.
Stiefmütterchen	9.3	Viola tricolor agg. unv.
Kletten-Labkraut	9.3/ 10./ 7.2	Galium aparine agg. (inkl. G. spurium) unv.
Kletten-Labkraut	9.3/ 10./ 7.2	Galium aparine agg. (inkl. G. spurium) vk.
Acker-Glockenblume	9.3/ 7.3	Campanula rapunculoides-Typ unv.
Ruderal-Pflanzen		
Grosse Klette	10.	Arctium lappa L. unv.
Kleine Klette	10.	Arctium minus Bernh. s.str. unv.
Rauhe Segge	10.	Carex hirta L. unv.
Acker-Kratzdistel	10.	Cirsium arvense L. unv.
Gewöhnliche Kratzdistel	10.	Cirsium vulgare (Savi)Ten. unv.
Rainkohl	10.	Lapsana communis L. unv.
Pastinak	10.	Pastinaca sativa L. unv.
Gewöhnliches Bitterkraut	10.	Picris hieracioides L. unv.
Grosser Wegerich	10.	Plantago major L. (ssp major) unv.
Vogel-Knöterich	10.	Polygonum aviculare agg. unv.
Rauhe Gänsedistel	10.	Sonchus asper (L.)Hill unv.
Grosse Brennessel	10.	Urtica dioica L. unv.
Gewöhnliches Eisenkraut	10.	Verbena officinalis L. unv.
Gewöhnlicher Hohlzahn	10.2	Galeopsis tetrahit agg. (-Typ) unv.
Gewöhnlicher Hohlzahn	10.2	Galeopsis tetrahit agg. (-Typ) vk.
Kriechender Hahnenfuss	10.2	Ranunculus repens L. unv.

Deutsche Bezeichnung	Ökogruppe	Resttyp
Weisse Lichtnelke	10.2	Silene alba (Mill.)E.H.L. Krause unv.
Weisse Lichtnelke	10.2	Silene alba (Mill.)E.H.L. Krause vk.
Wilde,Gelbe Rübe	10.3	Daucus carota L. unv.
ohne feste Zuordnung		
Klette		Arctium spec. unv.
Glockenblume (total)		Campanula spec. unv.
Seggen (total)		Carex spec. unv.
Simsen (total)		Luzula spec. unv.
Minzen (total)		Mentha spec unv.
Hahnenfuss		Ranunculus spec. vk.
Ampfer		Rumex spec. unv.
Ampfer		Rumex spec. vk.

Alphabetische Liste aller 154 bestimmten Resttypen

RESTTYP	< alle Proben Anzahl	Stetigkeit	> Konzentr.	Stetigkeit < Organisch	< Konzentration >	Seekreide	Lehm
Abies alba Mill. Nadeln unv.	2464	76	38.18	81.69	38.52	12.18	96.04
Abies alba Mill. Nadeln vk.	1	1	0.01	0	0.00	0.00	0.12
Aethusa cynapium L. unv.	2	2	0.03	2.82	0.04	0.00	0.00
Agrimonia eupatoria L. unv.	1	1	0.01	1.41	0.02	0.00	0.00
Ajuga reptans L. unv.	3	3	0.04	4.23	0.06	0.00	0.00
Alnus glutinosa (L.)Gaertn vk.	5	3	0.08	2.82	0.07	0.00	0.37
Alnus glutinosa (L.)Gaertn. Zapfen unv.	5	4	0.09	4.23	0.07	0.00	0.41
Alnus glutinosa (L.)Gaertn. unv.	77	33	1.26	42.25	1.66	0.24	0.44
Alnus spec. unv.	1	1	0.01	1.41	0.01	0.00	0.00
Anagallis arvensis L. unv.	2	2	0.02	2.82	0.03	0.00	0.00
Apium graveolens L. unv.	1	1	0.01	1.41	0.01	0.00	0.00
Arctium lappa L. unv.	12	6	0.20	7.04	0.23	0.00	0.37
Arctium minus Bernh. s.str. unv.	8	6	0.07	8.45	0.10	0.00	0.00
Arctium spec. unv.	2	2	0.04	1.41	0.01	0.00	0.37
Betula pendula Roth Fruchtschuppe unv.	21	9	0.22	9.86	0.17	0.00	1.14
Betula pendula / pubescens (alba-Typ) unv.	488	52	5.82	56.34	2.80	1.69	38.47
Betula pubescens Ehrh. unv.	9	5	0.09	2.82	0.06	0.00	0.60
Betula spec. männl. Antheren (Kätzchen) unv.	2	2	0.02	2.82	0.03	0.00	0.00
Betula spec. männl. Antheren (Kätzchen) vk.	2	2	0.02	2.82	0.03	0.00	0.00
Brassica rapa L. ssp campestris unv.	197	50	2.33	66.2	3.09	0.00	1.49
Calamintha sylvatica Bromf. unv. (C. nepeta agg.)	8	6	0.13	8.45	0.18	0.00	0.00
Camelina sativa agg. unv.	9	5	0.12	5.63	0.13	0.00	0.28
Campanula rapunculoides-Typ unv.	5	3	0.10	2.82	0.04	0.00	0.74
Campanula spec. unv.	6	3	0.06	4.23	0.08	0.00	0.00
Carex elata All. / gracilis Curt. (-Typ) unv.	8	5	0.12	5.63	0.11	0.22	0.00
Carex flava L. / pendula Huds. (-Typ) unv.	11	6	0.21	7.04	0.24	0.00	0.41
Carex hirta L. unv.	18	12	0.25	16.9	0.36	0.00	0.00
Carex pallescens L. (-Typ) unv.	2	1	0.02	1.41	0.03	0.00	0.00
Carex pseudocyperus L. unv.	162	43	2.09	57.75	2.79	0.00	1.24
Carex sylvatica Huds. unv.	1	1	0.01	1.41	0.02	0.00	0.00
Carex TOTAL unv.	8	2	0.08	0	0.00	0.00	0.93
Cerastium fontanum agg. (ssp holosteoides) unv.	41	21	0.47	29.58	0.66	0.00	0.00
Cerealia Körner vk.	2	2	0.04	2.82	0.06	0.00	0.00
Cerealia Spindelglieder/Spelzen vk.	1	1	0.01	1.41	0.02	0.00	0.00
Chenopodium album agg. unv.	245	43	2.60	56.34	3.41	0.68	0.62
Chenopodium polyspermum L. unv.	26	17	0.34	23.94	0.49	0.00	0.00
Circaea lutetiana L. unv.	10	7	0.15	9.86	0.21	0.00	0.00
Cirsium arvense L. unv.	4	3	0.03	2.82	0.04	0.00	0.00
Cirsium vulgare (Savi)Ten. unv.	3	2	0.02	2.82	0.06	0.00	0.00
Clematis vitalba L. unv.	5	4	0.06	5.63	0.09	0.00	0.00
Clinopodium vulgare L. unv.	44	27	0.51	38.03	0.72	0.00	0.00
Clinopodium vulgare L. vk.	1	1	0.06	1.41	0.08	0.00	0.00
Corylus avellana L. unv.	550	64	7.10	83.1	8.69	1.30	7.70
Corylus avellana L. vk.	2	1	0.01	1.41	0.02	0.00	0.00
Cyperus fuscus L. unv.	7	5	0.09	7.04	0.13	0.00	0.00
Daucus carota L. unv.	44	20	0.65	25.35	0.71	0.00	1.67
Dianthus armeria L. unv.	2	2	0.02	2.82	0.02	0.00	0.00
Fallopia convolvulus (L.) A. Lve unv.	87	20	1.02	25.35	1.36	0.09	0.41
Fallopia dumetorum (L.) Holub unv.	4	3	0.03	4.23	0.04	0.00	0.00

	Anzahl	Stetigkeit	Konz.	Stet. org.	Org.	Seekreide	Lehm
Fragaria vesca L. unv.	3405	76	42.14	92.96	56.46	8.63	5.59
Galeopsis tetrahit agg. (-Typ) unv.	73	33	1.00	46.48	1.41	0.00	0.00
Galeopsis tetrahit agg. (-Typ) vk.	9	5	0.16	7.04	0.23	0.00	0.00
Galium aparine agg. (inkl. G. spurium) unv.	1	1	0.03	1.41	0.04	0.00	0.00
Galium aparine agg. (inkl. G. spurium) vk.	1	1	0.02	1.41	0.02	0.00	0.00
Galium palustre agg. unv.	1	1	0.01	1.41	0.02	0.00	0.00
Glechoma hederacea L. unv.	1	1	0.01	1.41	0.01	0.00	0.00
Heracleum sphondylium L. unv.	5	4	0.06	5.63	0.08	0.00	0.00
Hordeum TOTAL Körner vk.	65	34	1.05	45.07	1.39	0.00	0.65
Hordeum TOTAL Spindelgl. etc. vk.	21	8	0.15	11.27	0.21	0.00	0.00
Hordeum vulgare L. Nacktgerste Spindelgl. vk.	9	6	0.11	8.45	0.16	0.00	0.00
Hordeum vulgare L. Spelzgerste Körner vk.	1	1	0.01	1.41	0.01	0.00	0.00
Hordeum vulgare L. s.l. Körner vk.	64	33	1.03	43.66	1.37	0.00	0.65
Hordeum vulgare L. s.l. Spindelglieder vk.	12	8	0.15	11.27	0.21	0.00	0.00
Hypericum hirsutum L. unv.	5	4	0.04	5.63	0.06	0.00	0.00
Hypericum perforatum L. unv.	30	14	0.36	19.72	0.50	0.00	0.00
Lamiastrum galeobdolon agg. unv.	3	2	0.03	2.82	0.04	0.00	0.00
Lapsana communis L. unv.	47	27	0.66	36.62	0.92	0.05	0.00
Linum usitatissimum L. Kapselsegment unv.	30	2	0.35	2.82	0.50	0.00	0.00
Linum usitatissimum L. Same unv.	307	53	4.75	69.01	5.89	0.35	5.59
Linum usitatissimum L. Same vk.	1	1	0.06	1.41	0.08	0.00	0.00
Luzula campestris (L.)D.C. - Typ unv.	7	5	0.08	7.04	0.11	0.00	0.00
Luzula spec. unv.	2	2	0.03	2.82	0.04	0.00	0.00
Lycopus europaeus L. unv.	32	14	0.46	19.72	0.65	0.00	0.00
Malus sylvestris agg. Pericarpe unv.	122	32	1.71	42.25	2.34	0.12	0.28
Malus sylvestris agg. Pericarpe vk.	4	4	0.05	4.23	0.04	0.00	0.28
Malus sylvestris agg. Same unv.	29	17	0.39	23.94	0.55	0.00	0.00
Malus sylvestris agg. Same vk.	9	7	0.14	8.45	0.15	0.00	0.37
Mentha arvensis L. unv.	2	2	0.04	1.41	0.01	0.00	0.37
Mentha spec unv.	1	1	0.01	1.41	0.01	0.00	0.00
Menyanthes trifoliata L. unv.	9	8	0.21	9.86	0.20	0.00	0.74
Moehringia trinervia (L.)Clariv. unv.	85	31	1.02	42.25	1.31	0.00	1.03
Molinia caerulea agg. unv.	44	21	0.62	23.94	0.68	0.32	0.83
Myosoton aquaticum (L.)Moench unv.	40	20	0.53	22.54	0.45	1.00	0.37
Najas flexilis (Willd.)Rostk.& Schm. unv.	5744	92	87.10	94.37	68.97	195.81	32.00
Najas marina L. s.l. unv.	4170	95	79.37	97.18	42.14	247.14	55.18
Najas marina L. s.l. vk.	1	1	0.01	0	0.00	0.00	0.12
Neckera crispa Hedw. unv.	15	2	0.19	2.82	0.27	0.00	0.00
Nitella, Tolypella, Chara unv.	0	1	0.14	1.41	0.20	0.00	0.00
Nuphar lutea (L.)Sm. unv.	2	2	0.02	2.82	0.03	0.00	0.00
Nymphaea alba L. unv.	11	8	0.14	11.27	0.20	0.00	0.00
Origanum vulgare L. unv.	40	20	0.49	26.76	0.66	0.00	0.21
Origanum vulgare L. vk.	3	3	0.03	2.82	0.02	0.00	0.12
Papaver somniferum L. unv.	4662	82	61.18	95.77	76.31	10.64	56.45
Papaver somniferum L. vk.	1	1	0.01	1.41	0.02	0.00	0.00
Pastinaca sativa L. unv.	4	4	0.06	5.63	0.08	0.00	0.00
Phragmites australis (Cav.)Trin.ex Steud. unv.	2	2	0.02	2.82	0.03	0.00	0.00
Physalis alkekengi L. unv.	118	42	1.42	56.34	1.71	0.85	0.62
Phyteuma spicatum L. unv.	18	10	0.21	14.08	0.30	0.00	0.00
Picris hieracioides L. unv.	5	5	0.11	5.63	0.13	0.00	0.21
Pisum sativum L. Same vk.	29	13	0.43	18.57	0.65	0.00	0.00
Plantago major L. (ssp major) unv.	48	11	0.68	15.49	0.95	0.00	0.00
Polygonum aviculare agg. unv.	3	3	0.05	4.23	0.08	0.00	0.00

	Anzahl	Stetigkeit	nzentrati	Stet. org.	Org.	Seekreide	Lehm
Polygonum persicaria L. unv.	122	38	1.31	50.7	1.77	0.24	0.13
Polygonum persicaria L. vk.	4	3	0.07	4.23	0.10	0.00	0.00
Potamogeton natans L. (-Typ) unv.	6	3	0.06	4.23	0.09	0.00	0.00
Potamogeton perfoliatus L. unv.	24	15	0.29	19.72	0.36	0.00	0.41
Potamogeton pusillus agg. unv.	4	2	0.03	2.82	0.04	0.00	0.00
Potamogeton spec. unv.	13	9	0.18	8.45	0.18	0.23	0.08
Potentilla erecta (L.)R„uschel unv.	15	9	0.19	9.86	0.21	0.00	0.45
Potentilla palustris (L.)Scop. unv.	2	1	0.03	1.41	0.04	0.00	0.00
Prunella vulgaris L. unv.	39	21	0.52	28.17	0.68	0.00	0.41
Quercus spec. (Eicheln ganze/Bruchstücke) unv.	28	14	0.46	16.9	0.48	0.00	1.36
Ranunculus repens L. unv.	28	20	0.38	26.76	0.51	0.00	0.28
Ranunculus spec. vk.	1	1	0.01	1.41	0.01	0.00	0.00
Rosa spec. "Same" unv.	116	38	1.74	52.11	2.40	0.00	0.37
Rubus caesius L. unv.	62	31	0.70	43.66	0.99	0.00	0.00
Rubus fruticosus agg. unv.	1515	72	15.98	92.96	22.03	1.14	1.43
Rubus fruticosus agg. / idaeus L. unv.	7	4	0.13	4.23	0.10	0.00	0.74
Rubus idaeus L. unv.	3601	71	40.46	88.73	56.25	1.05	3.72
Rumex sanguineus L. unv.	2	2	0.02	2.82	0.03	0.00	0.00
Rumex spec. unv.	48	20	0.55	28.17	0.78	0.00	0.00
Rumex spec. vk.	1	1	0.01	0	0.00	0.00	0.21
Sambucus nigra L. / racemosa L. unv.	57	20	0.88	25.35	1.09	0.00	1.19
Schoenoplectus lacustris (L.)Palla unv.	19	13	0.22	15.49	0.28	0.03	0.16
Schoenoplectus lacustris (L.)Palla vk.	1	1	0.01	0	0.00	0.05	0.00
Silene alba (Mill.)E.H.L. Krause unv.	6	5	0.07	7.04	0.10	0.00	0.00
Silene alba (Mill.)E.H.L. Krause vk.	2	1	0.03	1.41	0.04	0.00	0.00
Silene cretica L. unv.	15	6	0.37	8.45	0.53	0.00	0.00
Silene dioica (L.)Clairv. unv.	19	12	0.21	16.9	0.30	0.00	0.00
Silene nutans agg. unv.	21	11	0.32	14.08	0.43	0.05	0.00
Solanum dulcamara L. unv.	10	9	0.11	12.68	0.16	0.00	0.00
Solanum nigrum L. emend.Miller unv.	11	7	0.10	9.86	0.15	0.00	0.00
Sonchus asper (L.)Hill unv.	4	3	0.05	4.23	0.07	0.00	0.00
Stachys annua (L.) / arvensis (L.)L. (-Typ) unv.	3	2	0.04	2.82	0.06	0.00	0.00
Stachys arvensis (L.)L. unv.	22	13	0.35	18.31	0.49	0.00	0.00
Stachys sylvatica L. unv.	15	12	0.18	16.9	0.25	0.00	0.00
Stellaria media agg. unv.	33	19	0.44	25.35	0.55	0.00	0.56
Thalictrum flavum L. unv.	1	1	0.01	1.41	0.01	0.00	0.00
Thymus spec. unv.	3	3	0.03	4.23	0.05	0.00	0.00
Torilis japonica agg. unv.	1	1	0.01	1.41	0.02	0.00	0.00
Triticum TOTAL Körner vk.	67	37	0.83	49.3	1.11	0.00	0.52
Triticum TOTAL Spindelgl. etc. vk.	33	21	0.44	26.76	0.53	0.00	0.68
Triticum aestivum L./durum Desf. Körner vk.	56	33	0.71	43.66	0.93	0.00	0.52
Triticum aestivum L./durum Desf. Spindelgl. vk.	33	21	0.44	26.76	0.53	0.00	0.68
Triticum dicoccum Schübl Körner vk.	1	1	0.01	1.41	0.02	0.00	0.00
Triticum monococcum L. Körner vk.	2	2	0.02	2.82	0.03	0.00	0.00
Triticum monococcum (2-körnig) L. Körner vk.	1	1	0.01	1.41	0.02	0.00	0.00
Triticum monococcum L./dicoccum Körner vk.	1	1	0.01	1.41	0.01	0.00	0.00
Triticum spec. Körner vk.	6	6	0.08	8.45	0.11	0.00	0.00
Urtica dioica L. unv.	86	33	1.11	45.07	1.54	0.00	0.16
Valerianella dentata (L.)Pollich unv.	3	2	0.04	2.82	0.06	0.00	0.00
Verbena officinalis L. unv.	2	2	0.03	2.82	0.04	0.00	0.00
Viola reichenbachiana Jord.ex Boreau unv.	1	1	0.01	1.41	0.02	0.00	0.00
Viola tricolor agg. unv.	5	3	0.06	4.23	0.08	0.00	0.00

Anhang 4 / 3

Alphabetische Liste aller 154 bestimmten Resttypen mit Zeigerwerten nach Ellenberg 1979

RESTTYP	Lichtzahl	Temperaturz.	Kontinentalität	Feuchtigkeitszahl	Reaktionszahl	Nitratzahl
	L	T	K	F	R	N
Abies alba Mill. Nadeln unv.	3	5	4	0	0	0
Abies alba Mill. Nadeln vk.	3	5	4	0	0	0
Aethusa cynapium L. unv.	6	5	3	5	8	7
Agrimonia eupatoria L. unv.	7	6	4	4	8	4
Ajuga reptans L. unv.	6	0	2	6	0	6
Alnus glutinosa (L.)Gaertn vk.	0	0	0	0	0	0
Alnus glutinosa (L.)Gaertn. Zapfen unv.	5	5	3	9	6	0
Alnus glutinosa (L.)Gaertn. unv.	5	5	3	9	6	0
Alnus spec. unv.	0	0	0	0	0	0
Anagallis arvensis L. unv.	6	6	3	5	0	6
Apium graveolens L. unv.	0	0	0	0	0	0
Arctium lappa L. unv.	9	5	4	5	7	9
Arctium minus Bernh. s.str. unv.	9	5	3	5	8	9
Arctium spec. unv.	0	0	0	0	0	0
Betula pendula Roth Fruchtschuppe unv.	7	0	0	0	0	0
Betula pendula / pubescens (alba-Typ) unv.	7	0	0	0	0	0
Betula pubescens Ehrh. unv.	7	0	0	0	3	3
Betula spec. männl. Antheren (Kätzchen) unv.	0	0	0	0	0	0
Betula spec. männl. Antheren (Kätzchen) vk.	0	0	0	0	0	0
Brassica rapa L. ssp campestris unv.	0	0	0	0	0	0
Calamintha sylvatica Bromf. unv. (C. nepeta agg.)	8	7	3	3	9	3
Camelina sativa agg. unv.	7	6	7	3	8	3
Campanula rapunculoides-Typ unv.	6	6	4	4	8	4
Campanula spec. unv.	0	0	0	0	0	0
Carex elata All. / gracilis Curt. (-Typ) unv.	8	5	2	10	0	4
Carex flava L. / pendula Huds. (-Typ) unv.	8	4	2	8	8	2
Carex hirta L. unv.	7	6	3	6	0	5
Carex pallescens L. (-Typ) unv.	7	4	3	6	4	4
Carex pseudocyperus L. unv.	7	6	3	10	6	5
Carex sylvatica Huds. unv.	2	5	3	5	7	5
Carex TOTAL unv.	0	0	0	0	0	0
Cerastium fontanum agg. (ssp holosteoides) unv.	6	3	4	5	3	6
Cerealia Körner vk.	0	0	0	0	0	0
Cerealia Spindelglieder/Spelzen vk.	0	0	0	0	0	0
Chenopodium album agg. unv.	0	0	0	4	0	7
Chenopodium polyspermum L. unv.	6	5	4	6	0	8
Circaea lutetiana L. unv.	4	5	3	6	7	7
Cirsium arvense L. unv.	8	0	0	0	0	7
Cirsium vulgare (Savi)Ten. unv.	8	5	3	5	0	8
Clematis vitalba L. unv.	7	7	3	5	7	7
Clinopodium vulgare L. unv.	7	5	3	4	7	3
Clinopodium vulgare L. vk.	7	5	3	4	7	3
Corylus avellana L. unv.	6	5	3	0	0	0
Corylus avellana L. vk.	6	5	3	0	0	0
Cyperus fuscus L. unv.	9	6	4	9	0	6
Daucus carota L. unv.	8	6	5	4	0	4
Dianthus armeria L. unv.	6	6	3	5	3	3
Fallopia convolvulus (L.)A.L"ve unv.	7	0	0	0	0	0
Fallopia dumetorum (L.)Holub unv.	6	5	4	5	0	6

Liste der statistisch ausgewerteten Proben (100 Stück) - Probendaten [in g / ml]

		< vor Schlämmung			>	nach	Schlämm-
				< Wassergesättigt	>	Schlämmun	Verlust
PROBE	Artenzahl	Volumen	Gewicht	Volumen	Gewicht	Volumen	in %
E3_86_1	29	600	862	1050	1290	615	41
E3_86_2	29	490	569	700	860	495	29
E3_86_3	18	510	617	610	840	365	40
E3_86_4	23	500	502	711	670	445	37
E3_86_5	31	450	663	810	970	440	46
E3_86_6	19	500	723	690	1000	430	38
E3_86_7	14	720	729	980	1080	580	41
E3_86_8	27	480	727	1100	1150	750	32
E3_86_62	29	900	1217	1550	1598	700	55
E3_86_67	20	1180	1192	1400	1620	675	52
E3_86_68	26	850	931	1170	1410	625	47
E3_86_63	28	700	1031	1450	1420	680	53
E3_86_70	19	1020	1321	1630	1730	905	44
E3_86_71	20	1700	2429	1600	2710	315	80
E3_86_36	28	900	821	1360	1430	685	50
E3_86_30	46	800	1011	1430	1229	770	46
E3_86_29	28	870	921	1290	1130	835	35
E3_86_28	36	1100	769	1290	1070	675	48
E3_86_52	41	1200	896	1230	1090	520	58
E3_86_55	22	1300	1004	1130	1300	555	51
E3_86_54	24	1050	912	1100	1090	635	42
E3_86_121	22	1550	1402	1300	1630	445	66
E3_86_122	15	1425	1290	1430	1610	420	71
E3_86_37	37	1250	1009	1210	1270	665	45
E3_86_123	33	1200	908	1100	1300	590	46
E3_86_108	29	1000	937	970	1100	310	68
E3_86_103	27	807	731	730	890	610	16
E3_86_136	2	491	761	600	1110	300	50
E3_86_137	5	300	420	260	470	130	50
E3_86_138	3	270	327	250	430	165	34
E3_86_139	2	300	474	300	520	160	47
E3_86_41	13	930	541	1000	708	485	52
E3_86_45	15	800	554	630	297	200	68
E3_86_50	15	730	501	520	361	395	24
E3_87_0701	2	400	650	400	650	150	62
E3_87_0702	4	800	1000	800	1000	125	84
E3_87_0703	3	700	618	700	618	85	88
E3_87_0704	3	500	600	500	600	85	83
E3_87_0705	21	700	598	540	670	95	82
E3_87_0706	16	400	492	350	431	110	69
E3_87_0707	17	1200	997	1200	1238	640	47
E3_87_0708	23	180	200	180	200	155	14
E3_87_0709	16	400	680	400	880	345	14
E3_87_0710	13	780	900	900	1000	680	24
E3_87_0711	31	425	234	375	335	325	13
E3_87_0712	33	1000	693	825	888	650	21
E3_87_0713	9	1500	1560	1050	1748	560	47
E3_87_0714	8	870	1400	867	1400	600	31
E3_87_539a	10	630	583	480	530	190	60

	Artenzahl	Volumen	Gewicht	Volumen	Gewicht	Volumen	Schlämm-V.
E3_87_0601	3	2000	1629	1850	2185	155	92
E3_87_0602	2	1800	1420	1800	1721	325	82
E3_87_0603	4	1400	959	1000	1210	220	78
E3_87_0604	10	1500	1011	1200	1289	150	88
E3_87_0605	36	500	388	400	504	185	54
E3_87_0606	32	1500	1117	1600	1439	615	62
E3_87_0607	40	800	1037	800	1222	485	39
E3_87_0608	6	400	561	400	638	150	62
E3_87_0609	20	250	412	300	500	150	50
E3_87_0610	33	1200	1416	1400	2072	860	39
E3_87_0611	6	200	230	200	255	130	35
E3_87_0612	12	1400	2018	1400	2433	530	62
E3_87_539	10	630	583	480	530	190	60
83_87_det1	1	300	210	300	230	60	80
E3_87_det2	0	160	115	160	120	30	81
E3_86_75	42	1000	728	850	984	670	21
E3_86_76	25	900	628	650	841	535	18
E3_86_78	24	1050	690	950	800	670	29
E3_86_79	17	1120	756	1000	905	610	39
E3_87_627	21	960	681	780	879	570	27
E3_87_625	19	1250	741	950	1075	710	25
E3_87_630	26	570	396	470	495	380	19
E3_87_635	18	760	496	590	639	510	14
E3_87_525	25	850	697	700	803	630	10
E3_87_529	19	650	447	600	600	465	22
E3_87_531	26	725	454	575	591	455	21
E3_87_580	23	750	519	680	684	610	10
E3_87_547	22	950	839	850	1047	330	61
E3_87_549	23	1000	832	850	929	390	54
E3_87_548	17	720	501	630	663	300	52
E3_87_632	32	630	451	650	666	230	65
E3_87_535	19	550	407	650	663	470	28
E3_87_537	22	750	504	850	807	540	36
E3_87_538	19	800	507	900	598	470	48
E3_87_598	20	1050	693	940	825	570	39
E3_87_510	19	700	493	520	721	260	50
E3_87_512	44	800	508	650	729	395	39
E3_87_515	20	630	517	600	771	490	18
E3_87_516	27	490	420	500	550	310	38
E3_86_59	15	725	509	650	429	520	20
E3_86_86	17	730	421	480	300	380	21
E3_86_22	23	820	513	825	680	515	38
E3_86_25	24	790	551	710	700	420	41
E3_86_26	36	730	506	620	405	490	21
E3_86_87	18	700	480	680	590	470	31
E3_86_92	32	830	481	790	610	450	43
E3_86_140	6	330	519	320	550	145	55
E3_87_500	4	270	338	240	400	100	58
E3_87_640	13	530	674	470	819	260	45
E3_87_570	8	310	428	249	460	140	44
E3_87_641	21	690	529	610	740	480	21

Liste der statistisch ausgewerteten Proben - Sedimentbeschreibungen

PROBEN 86	Profil-position	Sediment-Typ	Lokalisation in der Fläche	Ergänzungen zum Sedimenttyp
Fläche				
E3_86_1	0	OR (org.)	nähe Lehmplatte(nrand) 5/86	-
E3_86_2	0	OR (org.)	nähe Lehmplatte(nrand) 5/86	-
E3_86_3	0	OR (org.)	-	-
E3_86_4	0	OR (org.)	-	-
E3_86_5	0	OR s (org./leicht sandig)	-	-
E3_86_6	0	OR (org.)	-	-
E3_86_7	0	OR (org.)	-	-
E3_86_8	0	OR (org.)	-	-
E3_86_62	0	ORi s (org./Silt/Sand)	-	-
E3_86_67	0	ORi l(org./siltig/lehmig)	Lehmplattenrand 4/86	-
E3_86_68	0	ORr s(org./Rinde/sandig)	-	-
E3_86_63	0	ORt (org./tonig)	-	-
E3_86_70	0	OR sl (org./Sand/Lehm)	Lehmplatte 4/86	-
E3_86_71	0	ORlt (org./Lehm/Ton)	Lehmplatte 4/86	-
E3_86_36	0	OR s (org./sandig)	Lehmplatte 2/86	-
E3_86_30	0	OR lt(org./Lehm/Ton)	nähe Lehmplatte(nrand) 2+3/86	-
E3_86_29	0	OR (org.)	Lehmplatte(nrand) 2/86	-
E3_86_28	0	OR (org.)	nähe Lehmplatte(nrand) 2+3/86	-
E3_86_52	0	ORc (org./Seekreide)	-	-
E3_86_55	0	ORc (org./Seekreide)	-	-
E3_86_54	0	ORs (org./sandig)	Lehmplattenausläufer	-
E3_86_121	0	ORis(org./Silt/viel Sand)	nähe Lehmplatte(nrand) 5/86	-
E3_86_122	0	ORs (org./viel Sand)	-	-
E3_86_37	0	OR (org.)	Lehmplattenausläufer	-
E3_86_123	0	OR (org.)	-	-
E3_86_108	0	ORcs (org./Sand/Seekr.)	-	-
E3_86_103	0	ORk c (org./Kies/Seekr.)	-	-
E3_86_136	0	CL (Seekreide)	-	-
E3_86_137	0	CLs (Seekreide/Sand)	-	-
E3_86_138	0	CL (Seekreide)	-	-
E3_86_139	0	CL (Seekreide)	-	-
E3_86_41	0	OR k (org./Kies)	-	wenig anorg./viel groborg.Mat.
E3_86_45	0	OR (org.- sehr fein)	-	-
Profil 7				
E3_87_0701	1	CL (Seekreide)	Lehmplatte 7/87	untere Seekreidenkante
E3_87_0702	2	CL (Seekreide)	Lehmplatte 7/87	untere Seekreide
E3_87_0703	3	CL o(Seekr./leicht org.)	Lehmplatte 7/87	Seekreide (durchwurzelt)
E3_87_0704	4	CL LL (Seekr./wenig Lehm)	Lehmplatte 7/87	(1.Lehmlage)/CL/Wurzeln
E3_87_0705	5	LLo c(Seekr./org./Lehm)	Lehmplatte 7/87	1.Lehmlage/KS-CL
E3_87_0706	6	ORs c (org./Sand/Seekr.)	Lehmplatte 7/87	Kontakt CL-KS/ kein Lehm !
E3_87_0707	7	ORs (org./stark sandig)	Lehmplatte 7/87	1.verschwemmte KS-Phase ?
E3_87_0708	8	ORs (org./stark sandig)	Lehmplatte 7/87	1.Kulturschicht-Phase
E3_87_0709	9	LLo s (Lehm/org./Sand)	Lehmplatte 7/87	2.Lehmlage, unterer Teil
E3_87_0710	10	LLo h (org./Lehm/Holzk.)	Lehmplatte 7/87	2.Lehmlage, oberer Teil
E3_87_0711	11	OR s(org./wenig Sand)	Lehmplatte 7/87	Übergang zu 2.KS-Phase
E3_87_0712	12	ORht (org./Holz/Ton)	Lehmplatte 7/87	2.Kultuschicht-Phase
E3_87_0713	13	LL s (Lehm/wenig Sand)	Lehmplatte 7/87	3.Lehmlage, unterer Teil
E3_87_0714	14	LLk (Lehm/Kies)	Lehmplatte 7/87	3.Lehmlage, oberer Teil
E3_87_539a	15	CL l o (Seekr./Lehm/org.)	Übergang zu CL	wenig org. Mat.einschlüsse

PROBEN 87	Profil-position	Sediment-Typ	Lokalisation in der Fläche	Ergänzungen zum Sedimenttyp
Profil 6				
E3_87_0601	1	CL (Seekreide)	Lehmplatte 6/87	untere Seekreidenkante
E3_87_0602	2	CL (Seekreide)	Lehmplatte 6/87	Seekreide
E3_87_0603	3	CL (Seekreide)	Lehmplatte 6/87	Seekreide
E3_87_0604	4	CLLL o (Seekr./org./Lehm)	Lehmplatte 6/87	1.Lehmlage
E3_87_0605	5	OR Lcs (org./Seekr./Sand)	Lehmplatte 6/87	untere 1.KS-Phase
E3_87_0606	6	ORsr (org./Rinde/Sand)	Lehmplatte 6/87	obere 1.KS-Phase
E3_87_0607	7	ORLL k (org./Lehm/Kies)	Lehmplatte 6/87	Übergang 2.Lehmlage, unt. T.
E3_87_0608	8	LL o (Lehm/leicht org.)	Lehmplatte 6/87	2.Lehmlage ,oberer Teil
E3_87_0609	9	LLs o (Lehm/Sand/org.)	Lehmplatte 6/87	Übergang zu 2.KS-Phase
E3_87_0610	10	ORr (org./Rinde)	Lehmplatte 6/87	2.KS-Phase
E3_87_0611	11	LLOR s (Lehm/org./Sand)	Lehmplatte 6/87	2.Lehmlage, unterer Teil
E3_87_0612	12	LLk (Lehm/Kies)	Lehmplatte 6/87	2.Lehmlage, oberer Teil
E3_87_539	13	CL l o (Seekr./Lehm/org.)	Übergang zu CL	wenig org. Mat.einschlüsse
Fläche				
83_87_det1	0	- (Flaschen-Inhalt)	Flascheninhalt	ohne Grabungsnummer
E3_87_det2	0	- (Flaschen-Inhalt)	Flascheninhalt	ohne Grabungsnummer
E3_86_75	0	OR s (org./wenig Sand)	Lehmplatte 4/86	-
E3_86_76	0	OR (org.)	nähe Lehmplatte(nrand) 4/86	-
E3_86_78	0	OR (org.)	nähe Lehmplatte(nrand) 4/86	-
E3_86_79	0	OR (org.)	-	-
E3_87_627	0	OR (org.)	-	-
E3_87_625	0	OR (org.)	-	-
E3_87_630	0	OR (org.)	-	-
E3_87_635	0	OR (org.)	-	-
E3_87_525	0	OR s (org./wenig Sand)	-	-
E3_87_529	0	OR (org.)	-	-
E3_87_531	0	ORs (org./sandig)	Lehmplatte 4/87	-
E3_87_580	0	OR (org.)	nähe Lehmplatte 4/87	-
E3_87_547	0	OR si (org./Sand/Silt)	-	-
E3_87_549	0	OR si (org./Sand/Silt)	-	-
E3_87_548	0	OR si (org./Sand/Silt)	-	-
E3_87_632	0	ORs (org./Sand)	-	-
E3_87_535	0	OR s (org./wenig Sand)	nähe Lehmplatte(nrand) 7/87	-
E3_87_537	0	OR (org.)	nähe Lehmplatte(nrand) 7/87	-
E3_87_538	0	OR s (org./wenig Sand)	nähe Lehmplatte(nrand) 7/87	-
E3_87_598	0	OR s (org./wenig Sand)	Lehmplatte 7/87	-
E3_87_510	0	ORs (organisch/sandig)	-	-
E3_87_512	0	OR (org.)	Lehmplatte 2/87	-
E3_87_515	0	OR (org.)	-	-
E3_87_516	0	OR s (org./wenig Sand)	-	-
E3_86_50	0	OR (org.)	-	-
E3_86_59	0	OR (org.)	-	-
E3_86_86	0	OR (org.)	-	kein anorganisches Material !
E3_86_22	0	ORts (org./Sand/Ton)	-	
E3_86_25	0	OR s (org./wenig Sand)	zw. Lehmplatten 1+2/86	-
E3_86_26	0	OR t (org./wenig Ton)	zw. Lehmplatten 1+2/86	kein anorganisches Material !
E3_86_87	0	OR c (org./Seekreide)	-	-
E3_86_92	0	OR t (org./wenig Ton)	-	-
E3_86_140	0	CL (Seekreide)	-	-
E3_87_500	0	CL s (Seekreide/sandig)	-	-
E3_87_640	0	CLo (Seekreide/org.)	-	-
E3_87_570	0	CL o (Seekr./leicht org.)	-	-
E3_87_641	0	OR CLs (org./Seekr./Sand)	-	(grosser Stein!)

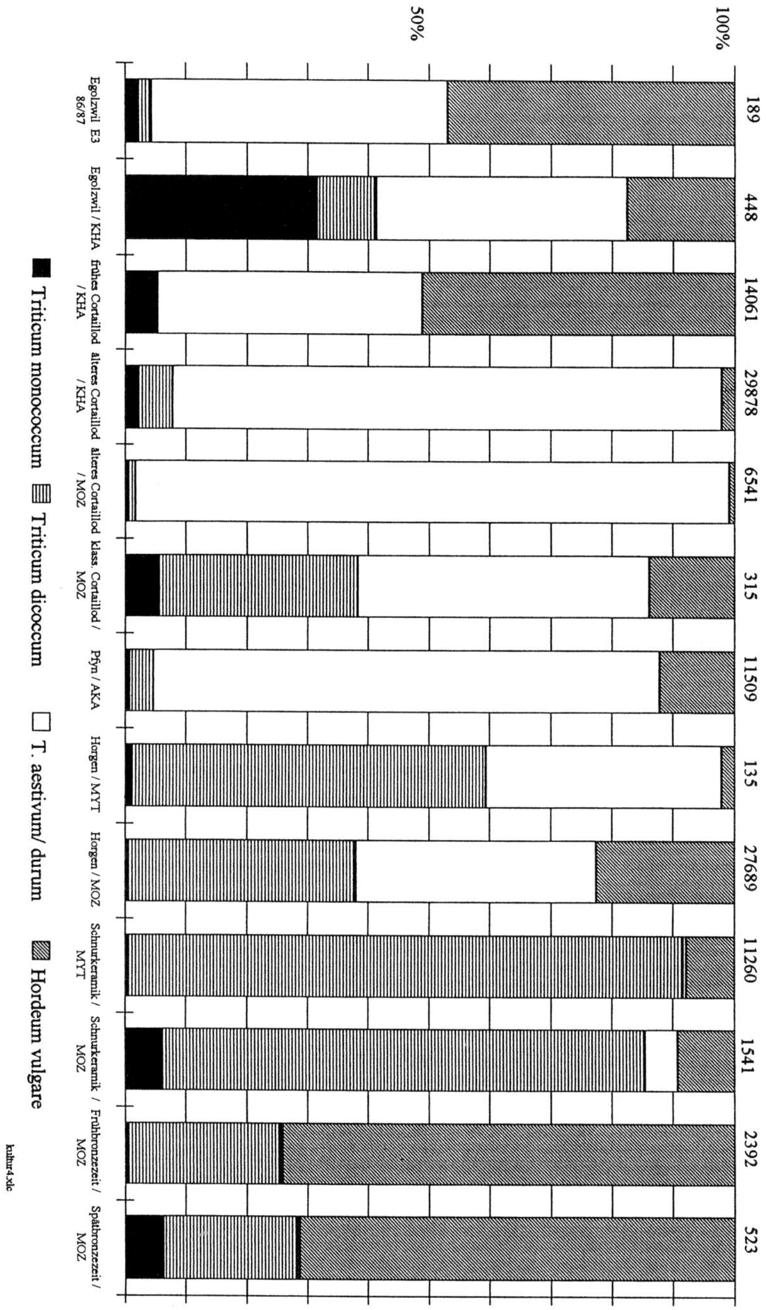

Vergleich der Cerealia-Anteile in Sedimenten aus dem Zürichseeraum und Egolzwil 3/LU (absolute Stückzahlen in der Kopfzeile) / übersi.xls